道路危险货物运输从业人员培训丛书

道路危险货物运输

从业人员培训教材

○ 交通部公路司　组织编写

人民交通出版社

内 容 摘 要

本书是道路危险货物运输从业人员培训丛书之一，内容共分五篇，包括道路危险货物运输基础知识篇、驾驶人员从业知识篇、押运人员从业知识篇、装卸人员从业知识及道路危险货物运输管理知识篇、新技术应用推广篇。它既是道路危险货物运输从业人员上岗培训教材，又是各级运政管理人员依法行政，科学、规范执法的实用手册，也可作为大、中专院校相关专业的教学参考书。

图书在版编目（CIP）数据

道路危险货物运输从业人员培训教材/交通部公路司组织编写．—北京：人民交通出版社，2005.4

ISBN 978-7-114-05541-6

Ⅰ.道… Ⅱ.交… Ⅲ.公路运输－危险货物运输－技术培训－教材 Ⅳ.U492.8

中国版本图书馆 CIP 数据核字（2005）第 036723 号

道路危险货物运输从业人员培训丛书

书　　名：道路危险货物运输从业人员培训教材
著 作 者：交通部公路司
责任编辑：黄兴娜
出版发行：人民交通出版社
地　　址：（100011）北京市朝阳区安定门外外馆斜街3号
网　　址：http：//www.ccpress.com.cn
销售电话：（010）59757969，59757973
总 经 销：北京中交盛世书刊有限公司
经　　销：各地新华书店
印　　刷：北京交通印务实业公司
开　　本：787×960　1/16
印　　张：24.75
字　　数：398千
版　　次：2005年8月　第1版
印　　次：2009年2月　第10次印刷
书　　号：ISBN 978-7-114-05541-6
印　　数：140001～160000册
定　　价：48.00元
（如有印刷、装订质量问题的图书由本社负责调换）

在您所从事的工作中，任何细微的麻痹和疏忽都可能导致一场无法想象的巨大灾难，都可能会夺去您和很多无辜的人的生命和幸福，对环境造成巨大的破坏，您以前取得的一切经济效益也将不复存在。请您一定——

按 章 操 作，

注 意 安 全！

前言

道路运输业具有机动、灵活和“门到门”运输的特点，在我国的危险货物运输方面发挥了重要作用。目前，我国从事道路危险货物运输企业(单位)约有5000家，专用车辆近10万辆、从业人员20多万人。为保障道路危险货物运输安全，《中华人民共和国安全生产法》、《危险化学品安全管理条例》和《中华人民共和国道路运输条例》都明确规定，从事特种作业人员，必须经过专业培训，取得特种作业操作资格证书，方可上岗作业。为了全面贯彻落实《中华人民共和国安全生产法》、《危险化学品安全管理条例》和《中华人民共和国道路运输条例》，交通部颁发了《关于发布道路危险货物运输从业人员培训教学计划与教学大纲的通知》(交公路发〔2005〕181号)；并组织有关专家编写了道路危险货物运输从业人员培训丛书。旨在加强道路危险货物运输从业人员培训，提高其专业技术水平和规范操作的能力，从运输生产制度和源头上切实减少、杜绝重大责任事故的发生。

本丛书包括《道路危险货物运输从业人员培训教材》、《道路危险货物运输安全监管手册——政策、法规篇》、《道路危险货物运输安全监管手册——国家、行业标准篇》、《道路危险货物运输重大事故案例》(内部发行)和《道路危险货物运输安全简明手册》，注重基本常识和操作，突出实用性和可操作性。它既是道路危险货物运输从业人员上岗培训教材，又是各级运政管理人员依法行政，科学、规范执法的实用手册，也可作为大、中专院校相关专业的教学参考书。

本丛书在编写过程中，得到了江苏、山西、天津、广西、广东、吉林、上海、北京等省、自治区、直辖市运输管理局、道路危险货物运输企业(单位)和长安大学的大力支持，许多同志提供了丰富的资料，并提出了许多宝贵的修改意见，使丛书内容更加丰富、充实，在此一并表示感谢!由于编写时间仓促，加之水平有限，书中难免存在错误和不妥之处，诚望读者批评指正。

本丛书编审委员会

编写说明

随着国民经济建设速度的加快，各行业对危险货物的需求量不断增加。且因道路运输的明显特点，大部分危险货物是通过道路运输来完成的。由于危险货物具有爆炸、易燃、毒害、腐蚀和放射性等危险性，对人们的安全具有一定的潜在危险，完成运输任务是一项技术性和专业性很强的工作，在运输操作过程中稍有不慎，便可能对生命、财产和环境造成损失。因此，必须要求从事道路危险货物运输的驾驶人员、装卸人员、押运人员以及从事本行业管理的人员了解危险货物的基本知识，掌握所从事职业的相关技能和管理知识，按章操作，严格执行国家和行业管理的法规和标准等，切实做到“安全第一、预防为主”。

2002年国务院重新颁布的《危险化学品安全管理条例》(国务院令2002年第344号)中明确规定要对危险货物运输从业人员进行培训。交通部领导对此项工作特别重视，为落实国务院《危险化学品安全管理条例》的相关精神，组织人员结合我国道路危险货物运输的实际情况，在修订完成《道路危险货物运输管理规定》(中华人民共和国交通部令2005年第9号)、《汽车运输危险货物规则》(JT 617—2004)、《汽车运输、装卸危险货物作业规程》(JT 618—2004)和《道路运输危险货物车辆标志》(GB 13392—

2005）的基础上，按照培训对象的不同编写了本书，以使从业人员能较全面了解和掌握危险货物运输相关专业知识，提高从业人员的业务水平。

本书的编写工作得到交通部公路司的认真指导；得到四川、江苏、山西、天津、陕西省交通厅运输管理局以及长安大学、中国道路运输协会的大力支持，特此表示感谢！

本书共分五篇，由交通部公路司严季、长安大学刘浩学、李晓霞统稿。编写分工为：第一篇第一章长安大学刘浩学；第一篇第二章长安大学陈引社；第一篇第三、五、七、八章江苏省交通厅运输管理局晏远春；第一篇第四章长安大学李晓霞；第一篇第六章长安大学何公定；第二篇天津市交通局公路运输管理处李波；第三篇第一、三章中国道路运输协会高丰；第三篇第二章江苏省交通厅运输管理局晏远春；第四篇山西省交通厅运输管理局张海珠；第五篇交通部公路司严季组织编写。

在编写过程中，由于作者水平有限，加之时间仓促，书中难免有不妥之处，敬请有关专家、学者和从事危险货物运输的工作者批评指正，以便完善。

目 录

第一篇 基础知识篇

第一章 概述……3
第二章 道路危险货物运输法规及标准简介……5
第一节 道路危险货物运输行政法规……5
第二节 道路危险货物运输技术标准……8
第三章 道路危险货物运输管理……12
第一节 道路危险货物运输企业资质要求……12
第二节 道路危险货物运输管理的特点……13
第三节 道路危险货物运输企业管理的内容……15
第四节 道路危险货物运输行业管理的内容……24
第五节 道路危险货物运输管理人员的基本要求……30
第四章 危险货物的分类与相关特性……32
第一节 货物物理及化学特性……32
第二节 危险货物分类及品名编号……43
第三节 各类危险货物定义及特性……46
第五章 《危险货物品名表》及其适用……107
第一节 《危险货物品名表》的结构和作用……107
第二节 危险货物运输的限制与相关免除……116
第六章 危险货物运输包装常识……121

第一节　危险货物运输包装基本要求 121
第二节　危险货物运输包装分类 127
第三节　危险货物运输包装标志 136
第四节　危险货物运输包装英文标识 142
第七章　道路危险货物运输托运及承运 144
第一节　道路危险货物运输托运人责任 144
第二节　道路危险货物运输承运人责任 148
第三节　道路危险货物运输受理 155
第四节　道路危险货物运输相关文件 156
第八章　道路危险货物运输事故应急预案 166
思考题 175

第二篇　驾驶人员篇

第一章　道路危险货物运输驾驶人员基本要求 179
第一节　道路危险货物运输驾驶人员职业道德 .. 179
第二节　道路危险货物运输驾驶人员基本要求 .. 182
第二章　道路危险货物运输车辆基本要求 184
第一节　道路危险货物运输车辆车型要求 184
第二节　道路危险货物运输车辆基本要求 190
第三章　道路危险货物运输安全及事故应急措施 .. 199

第一节　爆炸品运输安全及事故应急措施 …… 199
第二节　压缩气体和液化气体运输安全及事故应急措施 …… 200
第三节　易燃液体运输安全及事故应急措施 …… 201
第四节　易燃固体、自燃物品和遇湿易燃物品运输安全及事故应急措施 …… 202
第五节　氧化剂和有机过氧化物运输安全及事故应急措施 …… 204
第六节　毒害品和感染性物品运输安全及事故应急措施 …… 205
第七节　放射性物品运输安全及事故应急措施 …… 207
第八节　腐蚀品运输安全及事故应急措施 …… 209
第九节　杂类运输安全及事故应急措施 …… 210
第四章　道路危险货物运输事故典型案例分析 …… 211
案例一　“2002.4.11”107国道重大恶性交通事故 …… 211
案例二　“2003.9.26”沪宁高速公路危险品车辆撞车事故 …… 213
思考题 …… 214

第三篇　押运人员篇

第一章　概述 219

第一节　道路危险货物运输押运人员素质 219

第二节　道路危险货物运输押运人员须知 220

第二章　道路危险货物运输押运安全及事故应急措施 223

第一节　道路危险货物运输押运安全基本要求 ... 223

第二节　道路各类危险货物运输押运安全 227

第三节　道路危险货物运输押运事故应急措施 ... 243

第四节　常见火灾事故及其防范措施 244

第五节　医疗急救常识 248

第六节　道路危险货物运输事故的报告和上报程序 254

第三章　道路危险货物运输押运事故典型案例分析 256

案例一　"2001.1.20"上海市松江区液化气罐车泄漏事故 256

案例二　"2002.5.15"重庆市綦江县液氨罐车倾覆事故 259

思考题 262

第四篇　装卸管理人员篇

第一章　概述 265

第二章　道路危险货物运输装卸条件及基本要求 ... 270

第一节　道路危险货物运输装卸管理人员要求及车辆条件 270

第二节　道路危险货物运输装卸机具及设备条件... 271

第三节　道路危险货物运输装卸基本要求 273

第三章　道路危险货物运输装卸安全及事故应急措施 280

第一节　道路各类危险货物运输装卸安全及事故应急措施 280

第二节　道路散装危险货物和集装箱危险货物运输装卸安全 304

第四章　道路危险货物运输装卸事故典型案例分析 307

案例一　“2000.10.29”广西壮族自治区大化县酒精罐车爆炸事故 307

案例二　“2004.3.20”京沪高速公路二硫化碳车辆泄漏爆炸事故 309

思考题 311

第五篇　新技术应用推广篇

第一章　概述 315
第二章　“悍士防御性驾驶技术”——三层空间驾驶法 316
第三章　道路危险货物运输车辆安全实时监控管理系统 320
第四章　车辆抢险救援无火花堵漏技术 324
第五章　道路集装箱运输的产生、发展与新产品 ... 327
第六章　HAN 阻隔防爆运油（气）槽车 334
第七章　罐车用内置式安全止流底阀 337

附录

附录一　道路运输危险货物车辆标志牌图形 341
附录二　道路运输危险货物车辆标志牌悬挂位置 .. 347
附录三　危险货物运输包装英文标识主要用语表 .. 349
附录四　集装箱装运危险货物装箱证明书 353
附录五　各类危险货物事故应急措施说明 355
附录六　危险货物配装表 362
附录七　液体危险货物与罐体材质的相容性 365
附录八　道路危险货物运输从业人员培训教学计划与教学大纲 369
参考文献 379

第一篇　基础知识篇

JICHUZHISHIPIAN

第一章　概　述

随着我国国民经济建设速度的加快,公路建设取得重大进展。2003 年公路建设投资达到 3000 亿元,全国公路通车里程 181 万 km,其中高速公路 3 万 km。公路建设的发展为道路运输提供了良好的平台,使得公路运输能力快速提高,客货运输量持续增长,2003 年公路完成货运量116.0 亿 t、货物周转量 7099.5 亿 t·km,分别比 2002 年增长 3.91% 和4.67%,占国家综合运输体系中完成的总运输量比率分别为 74.38% 和 13.22%。

由于国家经济建设发展以及工农业生产和人民生活水平的提高,对危险货物运输的需求越来越大,道路危险货物的运输量不断上升。据有关部门统计,近几年我国每年通过公路运输的危险货物约在 1 亿 ~ 2 亿 t。除运输量上升以外,道路危险货物运输的品种越来越多,危险特性越来越复杂,危险程度也越来越高。据世界卫生组织统计,目前仅用于工农业的化工物质就达 60 万种,并且每年还要增加 3000 余种,在这些物质中,有明显或潜在危险的就达 3 万余种。

道路危险货物运输已覆盖了爆炸品,压缩气体和液化气体,易燃液体,易燃固体、自燃物品和遇湿易燃物品,氧化剂和有机过氧化物,毒害品和感染性物品,放射性物品,腐蚀品和杂类等 9 类危险物品。危险货物一般都是现代工业原料或产品,每种危险货物都以其特殊的物理、化学性能要求在其运输、装卸过程中予以特殊的防护,以免发生事故而造成灾害。这些货物虽然在运输过程中存在着各种潜在危害,但并不因此影响其应用范围的扩大及运输需求的增长。

近几年由于社会对危险货物的需求量增长迅速,加之我国危险货物运输行业的基础比较薄弱,从业人员,包括管理人员素质也不能适应现代危险货物运输形势的需要,使得道路危险货物运输事故频繁发生,事故造成的危害程度也越来越严重。一次事故就可能有几吨甚至 10 多吨剧毒或腐蚀性或易燃危险货物泄漏侵入环境,进而造成对生态的严重破坏和污染,并对人民生命财产产生严重威胁,给国家造成严重经济损失和不良的社会影响。

2000 年 9 月 29 日凌晨 4 时左右,陕西丹凤县境内铁峪铺镇化庙村,一辆载有5.2t液体危险货物的卡车翻入312国道丹凤县汉江支流铁峪铺河内，其中5.1t溢出，造成人畜饮水污染。铁峪铺河是汉江的三级支流，距汉江上游的丹江口水库进水口荆紫关110km左右，一旦污染河水流入汉江将对汉江甚至长江水域造成严重后果。由于采取了紧急措施，经过当地有关部门的不懈努力，才控制住事故的扩大，汉江下游的襄樊、武汉等地才没有受到影响，丹江口水库也无异常变化。由此可以看出，危险货物的安全运输至关重要。

我国现有道路危险货物运输企业(单位)5000余家，运输危险货物车辆近10万余辆，从业人员20万人以上，遍布全国各大中城市和幅员辽阔的农村。与普通货物运输相比，由于危险货物具有爆炸、易燃、毒害、腐蚀、放射性等危害特性，在运输、装卸过程中稍有不慎，便可能造成人员伤亡、财产损失和环境污染，因此对危险货物运输的安全性要求就不能等同于普通货物的。有的危险货物装卸作业有特殊要求；有的危险货物必须采取特殊的安全措施才可以运输；而有的危险货物的运输还必须按有关部门规定的路线、时间进行。所有这些充分体现了危险货物运输与一般货物运输的不同，也对相关的从业人员提出了相对较高的要求。但从目前危险货物运输行业从业人员的基本情况来看，不论其文化基础还是专业知识都与相关的要求有一定的差距，因此迫切需要对危险货物运输行业从业人员进行相关知识的技术培训，以适应形势发展的需要。

本书吸取以往培训工作的经验和教训，将基础知识和专业知识相对分开，且在专业知识中将驾驶人员、押运人员和装卸管理人员需掌握的知识分开，以使教材内容更具有针对性，愿它能为我国危险货物安全运输发挥应有的作用。

第二章 道路危险货物运输法规及标准简介

由于危险货物具有爆炸、易燃、毒害、腐蚀、放射性等各类性质，因此，加强对道路危险货物的运输、储存、装卸、包装等环节的安全管理，避免事故发生，是道路运输管理工作的一项十分重要的内容。在经济社会不断发展和道路危险货物运输量逐年增长的情况下，道路危险货物运输管理已迫切需要通过一系列的法律、法规和强制性技术标准等，完善管理体制，强化管理手段，改善管理方式，提高管理效率，推进管理工作规范化。

改革开放以来，随着国家法制化进程的加快，我国十分重视对危险货物运输的立法管理，颁布实施了一系列涉及有关危险货物运输的法律、法规、条例和强制性技术标准，对加强道路危险货物运输管理起到了积极的推动作用。

第一节 道路危险货物运输行政法规

目前，我国涉及道路危险货物运输的有关法律规定、法规、条例等，基本上涵盖了道路危险货物运输的各个环节，初步形成了较为完善的法律法规体系。

一、国家有关规定的法律、条例

我国道路危险货物运输的主要法规是《危险化学品安全管理条例》、《中华人民共和国道路运输条例》，涉及道路危险货物运输的法规有《中华人民共和国安全生产法》、《中华人民共和国刑法》、《中华人民共和国固体废物污染环境防治法》、《中华人民共和国道路交通安全法》、《特种设备安全监察条例》和《医疗废物管理条例》等。

二、国务院有关条例的主要内容

1.《危险化学品安全管理条例》(国务院令 2002 年第 344 号)

国务院对危险化学品安全管理十分重视。国务院 2002 年 3 月 15 日起施行的《危险化学品安全管理条例》，是现行危险化学品货物运输安全管理法规中内容全面、层次最高的行政法规。

该条例涉及道路危险货物运输的规定主要有:①在中华人民共和国境内生产、经营、储存、运输、使用危险化学品和处置废弃危险化学品,必须遵守本条例和国家有关安全生产的法律、其他行政法规的规定。②本条例所称危险化学品,包括爆炸品、压缩气体和液化气体、易燃液体、易燃固体、自燃物品和遇湿易燃物品、氧化剂和有机过氧化物、有毒品和腐蚀品等。危险化学品列入以国家标准公布的《危险货物品名表》(GB 12268—90);剧毒化学品目录和未列入《危险货物品名表》的其他危险化学品,由国务院经济贸易综合管理部门会同国务院公安、环境保护、卫生、质检、交通部门确定并公布。③交通部门负责危险化学品公路、水路运输单位及其运输工具的安全管理,对危险化学品水路运输安全实施监督,负责危险化学品公路、水路运输单位、驾驶人员、船员、装卸管理人员和押运人员的资质认定,并负责前述事项的监督检查。④国家对危险化学品的运输实行资质认定制度;未经资质认定,不得运输危险化学品。危险化学品运输企业必须具备的条件由国务院交通部门规定。⑤危险化学品运输企业,应当对其驾驶人员、船员、装卸管理人员、押运人员进行有关安全知识培训;驾驶人员、船员、装卸管理人员、押运人员必须掌握危险化学品运输的安全知识,并经所在地设区的市级人民政府交通部门考核合格(船员经海事管理机构考核合格),取得上岗资格证,方可上岗作业。危险化学品的装卸作业必须在装卸管理人员的现场指挥下进行。⑥运输危险化学品的驾驶人员、船员、装卸管理人员和押运人员必须了解所运载的危险化学品的性质、危害特性、包装容器的使用特性和发生意外时的应急措施。运输危险化学品,必须配备必要的应急处理器材和防护用品。⑦通过公路运输危险化学品的,托运人只能委托有危险化学品运输资质的运输企业承运;通过公路运输剧毒化学品的,托运人应当向目的地的县级人民政府公安部门申请办理剧毒化学品公路运输通行证;托运人不得在托运的普通货物中夹带危险化学品,不得将危险化学品匿报或者谎报为普通货物托运。⑧通过公路运输危险化学品,必须配备押运人员,并随时处于押运人员的监管之下,不得超装、超载,不得进入危险化学品运输车辆禁止通行的区域;确需进入禁止通行区域的,应当事先向当地公安部门报告,由公安部门为其指定行车时间和路线,运输车辆必须遵守公安部门规定的行车时间和路线。⑨剧毒化学品在公路运输途中发生被盗、丢失、流散、泄漏等情况时,承运人及押运人员必须立即向当地公安部门报告,并采取一切可能的警示措施。公安部门接到报告后,应当立即向其他有关部门通报情况;有关部门应当采取必要的安全措施。

该条例作出了在我国境内生产、储存、经营、运输和使用化学危险物品的单位和个人应遵守的基本规定,是各级国务院主管部门制定相应管理规章的基本依据。

2.《中华人民共和国道路运输条例》(中华人民共和国国务院令 2004 年第 406 号)

国务院 2004 年 7 月 1 日起施行的《中华人民共和国道路运输条例》,对道路危险货物运输开业、经营、人员配备、安全生产制度等方面也有明确的规定。该条例第二十四条规定,申请从事危险货物运输经营的,除符合第二十二、第二十三条等有关规定外,还应当具备四项条件:①有 5 辆以上经检验合格的运输危险货物专用车辆、设备;②有经所在地设区地市级人民政府交通部门考试合格,取得上岗资格证的驾驶人员、装卸管理人员、押运人员;③运输危险货物专用车辆配有必要的通讯工具;④有健全的安全生产管理制度。第二十七条规定,运输危险货物应当采取必要措施,防止危险货物燃烧、爆炸、辐射、泄漏等。第二十八条规定,运输危险货物应当配备必要的押运人员,保证危险货物处于押运人员的监管之下,并悬挂明显的危险货物运输标志。托运危险货物的,应当向货运经营者说明危险货物的品名、性质、应急处置方法等情况,并严格按照国家有关规定包装,设置明显标志。第三十六条规定,危险货物运输经营者应当为危险货物投保承运人责任险。

上述法规的有关内容,请参阅《道路危险货物运输安全监管手册——政策、法规篇》。

三、国务院主管部门规章

1. 交通部《道路危险货物运输管理规定》(中华人民共和国交通部令 2005 年第 9 号)

交通部于 1994 年 3 月 1 日施行的《道路危险货物运输管理规定》(交运发〔1993〕1382 号)(以下简称“危规”),是建国以来交通部对道路危险货物运输管理的权威性文件,是交通部道路危险货物运输管理的部颁规章,是指导全国道路危险货物运输管理工作的指南,是道路运政管理机构执法人员的执法依据。它明确了各级交通主管部门及其所属道路运政管理机关是道路危险货物运输的主管机关;明确了从事道路危险货物运输的基本条件和审批程序；明确了承、托运双方在道路危险货物运输过程中的责任和因过失应负的责任；明确了道路运政管理机关对道路危险货物运输的监督检查职责。

为规范道路货物运输市场秩序，保障道路危险货物运输安全，保护环境，维护道路危险货物运输各方当事人的合法权益，根据《中华人民共和国安全生产法》和《危险化学品安全管理条例》、《中华人民共和国道路运输条例》等国家有关法律、法规，并根据现代科学技术的发展，交通部于2005 年重新修订了“危规”。

新“危规”共有：总则、运输许可、专用车辆及设备管理、危险货物运输、监督检查、法律责任及附则共七章五十八条。该规定给出了以下定义：“道路危险货物运输车辆”（以下简称专用车辆）是指从事道路危险货物运输的载货汽车。“道路危险货物运输”是指使用专用车辆，通过道路运输危险货物的作业全过程。

2. 其他部门相关规章

国防科学技术工业委员会发布的有《民用爆破器材生产流通管理暂行规定》（国防科工委 1999 年第 2 号令）、《爆破器材运输车辆安全技术条件》（科工爆〔2001〕156 号）、《核反应堆乏燃料道路运输管理暂行规定》（科工法〔2003〕520 号）。

劳动部 1994 年 6 月 24 日发布《液化气体汽车罐车安全监督规程》（劳动部〔1994〕262 号），是根据国务院《锅炉安全监察规程》制定的部颁规章。

第二节　道路危险货物运输技术标准

道路危险货物运输及其管理，是一项技术性很强的工作。近年来，我国在加强道路危险货物运输法制化过程中，颁布了不少有关危险货物的技术标准。根据 1989 年 4 月 1 日施行的《中华人民共和国标准法》规定，国家标准和行业标准又分为强制性标准和推荐性标准两种。保障人体健康，人身、财产安全的标准和法律、行政法规规定强制执行的标准是强制性标准，其他标准是推荐性标准。强制性标准，必须执行。推荐性标准，国家鼓励企业自愿采用。危险货物的技术标准，大都是强制性的。在运作中，必须认真执行。这些标准也是运输危险货物法规的组成部分。

一、国家标准

1.《危险货物分类和品名编号》(GB 6944—86)

《危险货物分类和品名编号》由国家标准局1986年10月7日发布,1987年7月1日实施。本标准适用于运输危险货物中类、项的划分和品名的编号,对危险货物进行了定义:即凡具有爆炸、易燃、毒害、腐蚀、放射性等性质,在运输、装卸和贮存保管过程中,容易造成人身伤亡和财产损毁而需要特别防护的货物。本标准将危险货物分为九类:①爆炸品;②压缩气体和液化气体;③易燃液体;④易燃固体、自燃物品和遇湿易燃物品;⑤氧化剂和有机过氧化物;⑥毒害品和感染性物品;⑦放射性物品;⑧腐蚀品;⑨杂类。各类又分为若干项。本标准对危险货物品名编号作出了具体规定。每一危险货物指定一个编号,但对其性质基本相同,运输条件和灭火、急救方法相同的危险货物,也可使用同一编号。统一危险货物分类、分项、品名及其编号,对加强危险货物运输在各环节上的有效协调、统一防护、安全转运等方面,具有十分重要的意义。

2.《危险货物品名表》(GB 12268—90)

《危险货物品名表》是依据《危险货物分类和品名编号》的分类定义和编号规定,把所能收集到的国际、国内危险货物品名,逐一分类、分项、编号,形成单独一册的品名表,便于查找。在《危险货物品名表》的备注中,有联合国危险货物专家推荐委员会的关于危险货物的编号UN××××,为进、出口运输危险货物提供了方便。

3.《道路运输危险货物车辆标志》(GB 13392—2005)

本标准规定了道路运输危险货物车辆标志的分类、规格尺寸、技术要求、试验方法、检验规则、包装、标志、装卸、运输和储存,以及安装悬挂和维护要求。本标准适用于道路运输危险货物车辆标志的生产、使用和管理。

本标准规定,道路运输危险货物车辆标志分为标志灯和标志牌。标准对标志灯和标志牌的结构、类型、规格和尺寸等作了规定。道路运输危险货物车辆标志牌图形见附录一,道路运输危险货物车辆标志牌悬挂位置见附录二。

标志灯安装于驾驶室顶部表面中前部(从车辆侧面看)中间(从车辆正面看)位置。标志牌一般悬挂于车辆后厢板或罐体后面的几何中心部位附近,避开车辆放大号;对于低栏板车辆可视情选择适当悬挂位置。运输爆炸、剧毒危险货物的车辆，应在车辆两侧面厢板几何中心部位附近的适当位置各增加悬挂一块标志牌。运输放射性危险货物的车辆，标志牌的悬挂位置和数量应符合《放射性物质安全运输规程》（GB 11806—2004）的规定。

该标准规定，车辆驾驶人员应对使用中的车辆标志进行经常性检查和维护，保持车辆标志的清洁和完好。

4. 其他相关国家标准

道路危险货物运输涉及内容广泛，有关危险货物在包装、包装标志、储运图示等方面，国家均制定有相关国家标准，这些标准均与道路危险货物运输及其管理活动有关，必须予以执行。这些相关标准主要有：

(1)《危险货物运输包装通用技术条件》（GB 12463—90）；

(2)《危险货物包装标志》（GB 190—90）；

(3)《包装储运图示标志》（GB 191—85）；

(4)《气瓶颜色标记》（GB 7144—86）；

(5)《轻质燃油油罐汽车通用技术条件》（GB 9419—88）；

(6)《危险货物命名原则》（GB 7694—87）；

(7)《放射性物质安全运输规程》（GB 11806—2004）等。

这些标准中的有些正在进行修订。从事道路危险货物运输的单位、经营人员和管理部门，应时刻关注这些标准的最新版本，正确指导和管理道路危险货物运输活动。

二、交通部标准

1.《汽车运输危险货物规则》（JT 617—2004）

该标准为我国道路危险货物运输管理的强制性技术标准，主要应用者是从事道路危险货物运输的管理人员及从业人员。该标准规定了汽车运输危险货物的托运、承运、车辆和设备、运输、从业人员、劳动防护等基本要求，适用于汽车运输危险货物的安全管理。主要分为：适用范围、规范性引用文件、术语和定义、分类和分项、包装、标志和标签、托运、承运、车辆和设备、运输、从业人员、劳动保护、事故应急处理等内容。

2.《汽车运输、装卸危险货物作业规程》（JT 618—2004）

该标准也是我国道路危险货物运输管理的强制性技术标准，主要应用者是从事道路危险货物运输的从业人员及管理人员。该标准规定了汽车运输或装卸危险货物的基本要求和安全作业要求，适用于爆炸品，压缩气体和液化气体，易燃液体，易燃固体、自燃物品和遇湿易燃物品，氧化剂和有机过氧化物，毒害品和感染性物品，放射性物品，腐蚀品和杂类等危险货物的汽车运输和装卸。主要分为：范围、规范性引用文件、术语和定义、通则、包装货物运输和装卸要求、散装货物运输和装卸要求、集装箱运输和装卸要求、部分常见大宗危险货物的运输和装卸要求等内容。

3.《公路、水路危险货物运输包装基本要求和性能试验》(JT 0017—88)

该标准对公路、水路运输危险货物包装作了规定，它不仅是保护产品质量不发生变化，而且是防止运输过程中发生燃烧、爆炸、毒害、腐蚀和放射性污染等事故的重要条件之一，也是安全运输的基础。

该标准分为：引言、包装等级、基本要求、包装型号、包装标记、包装容器、性能试验，共计七部分，详细内容在本书第一篇第六章中专述。

上述标准的有关内容，请参阅《道路危险货物运输安全监管手册——国家、行业标准篇》。

第三章 道路危险货物运输管理

第一节 道路危险货物运输企业资质要求

危险货物运输的安全与否直接关系到社会安定和人民生命财产安全，世界各国对危险货物运输均实行严格管理，制定了一系列法规、标准来规范危险货物运输者的经营行为。我国对危险货物运输一直都进行比较严格的管理，制定出台了一系列法规、规章和标准，对危险货物运输企业实行审批制度。为进一步加强对危险货物运输的管理，国务院于2002年重新颁布了《危险化学品安全管理条例》，本条例第三十五条规定“国家对危险化学品的运输实行资质认定制度；未经资质认定，不得运输危险化学品”，交通部门对道路危险货物运输企业实施资质管理。也就是说，在我国境内从事道路危险货物运输，必须先取得经营资质，否则将是违法运输。

为贯彻落实《危险化学品安全管理条例》，交通部对原《道路危险货物运输管理规定》进行了修订，新的《道路危险货物运输管理规定》从规模（车辆数）、车辆设备、从业人员素质、设施设备等方面对道路危险货物运输企业（单位）资质进行了规定。

一、申请从事道路危险货物运输经营的资质条件

1. 有符合下列要求的专用车辆及设备

①自有专用车辆5辆以上；

②专用车辆技术性能符合国家标准《营运车辆综合性能要求和检验方法》（GB 18565—2001）的要求，车辆外廓尺寸、轴荷和质量符合国家标准《道路车辆外廓尺寸、轴荷和质量限值》（GB 1589—2004）的要求，车辆技术等级达到行业标准《营运车辆技术等级划分和评定要求》（JT/T 198—2004）规定的一级技术等级；

③配备有效的通讯工具；

④有符合安全规定并与经营范围、规模相适应的停车场地。具有运输剧毒、爆炸和I类包装危险货物专用车辆的，还应当配备与其他设备、

车辆、人员隔离的专用停车区域，并设立明显的警示标志；

⑤配备有与运输的危险货物性质相适应的安全防护、环境保护和消防设施设备；

⑥运输剧毒、爆炸、易燃、放射性危险货物的，应当具备罐式车辆或厢式车辆、专用容器，车辆应当安装行驶记录仪或定位系统；

⑦罐式专用车辆的罐体应当经质量检验部门检验合格。运输爆炸、强腐蚀性危险货物的罐式专用车辆的罐体容积不得超过20立方米，运输剧毒危险货物的罐式专用车辆的罐体容积不得超过10立方米，但罐式集装箱除外；

⑧运输剧毒、爆炸、强腐蚀性危险货物的非罐式专用车辆，核定载质量不得超过10吨。

2. 有符合下列要求的从业人员

①专用车辆的驾驶人员取得相应机动车驾驶证，年龄不超过60周岁；

②从事道路危险货物运输的驾驶人员、装卸管理人员、押运人员经所在地设区的市级人民政府交通主管部门考试合格，取得相应从业资格证。

3. 有健全的安全生产管理制度

包括安全生产操作规程、安全生产责任制、安全生产监督检查制度以及从业人员、车辆、设备安全管理制度。

二、使用自备专用车辆从事为本单位服务的非经营性道路危险货物运输的资质条件

1. 下列企事业单位之一

①省级以上安全生产监督管理部门批准设立的生产、使用、储存危险化学品的企业；

②有特殊需求的科研、军工、通用民航等企事业单位。

2. 其他

具备上述申请从事道路危险货物运输经营资质规定的条件，但自有专用车辆的数量可以少于5辆。

第二节 道路危险货物运输管理的特点

道路危险货物运输管理的特点主要体现在以下4个方面。

一、危险性大，必须加强监管

运输是危险货物实现流通必不可少的手段和途径。在社会主义市场经济条件下，要保证危险货物运输安全、有序，必须加强市场监管，依法规范市场主体的经营行为。道路危险货物运输管理通过制定和实施相关管理法规，加强市场监督检查，依法查处违法运输行为，保证危险货物运输市场的安全运输秩序。

二、机动性强，必须实行全过程管理

保证安全运输是道路危险货物运输实现社会效益和经济效益的前提条件。危险货物以其特殊的物质结构和理化性能，在安全条件下可以创造经济价值，造福于人类；而在不安全条件下则会给人类带来灾害。在道路危险货物运输过程中，安全有保证则可取其利，安全无保证则可受其害。道路危险货物运输过程中的运、装、卸、搬、储等各个环节，都处在动态之中，比危险货物处于静态时的危险性更大。因此加强道路危险货物运输管理的重要目标就是要强化运输全过程的管理。

三、技术含量高，必须加强从业人员培训

道路危险货物运输过程最终要靠人来完成，加强道路危险货物运输从业人员的培训、教育，提高他们的法律意识、职业道德和专业知识与技能是保证安全运输的重要措施。道路危险货物运输管理，正是通过对从业人员的培训和法定持证上岗制度来强化安全保障措施，体现“以人为本”的管理思想。

四、预防为主，防患于未然

保证道路危险货物运输安全是一项系统工程，涉及政府和企业，也涉及不同的管理部门和相关的行业。危险货物运输事故的应急处理是社会防灾与减灾系统的重要组成部分。对已发生事故，政府和企业都要有应急措施和处理手段，以使损失程度减少到最小。但是，要从根本上消除事故隐患，避免重、特大事故发生，最重要的还是要从预防抓起。道路危险货物运输管理中，无论是动态管理，还是资质管理，都体现了预防为主的管理目标。

第三节　道路危险货物运输企业管理的内容

道路危险货物运输是技术性、专业性很强的运输种类，对运输企业(单位)的资质、技术条件、车辆设施、安全管理、从业人员素质等均有严格的要求。由于道路危险货物运输的高危险性，企业(单位)内部必须制定健全的管理制度和科学的技术规范，建立完善的安全管理体系，确保运输生产的安全。

运输企业管理是指为实现企业目标，完成企业任务，对企业运输生产经营活动进行计划、组织、指挥、协调和控制的一系列管理工作的总称。因运输货物的特殊性，道路危险货物运输企业管理大概涉及以下一些内容。

一、企业职能部门

根据道路危险货物运输管理的需要，运输企业应设置以下职能部门：

①保卫、安全技术部门。负责从事危险货物运输作业人员的安全教育，定期或不定期进行企业内部的安全检查，负责安全防范和事故处理工作。

②运务调度部门。负责危险货物受理、验货、理货、调度车辆承运、交接、货损货差的商务事故处理；由有化工专业职称的技术人员负责配载、隔离、安全防护工作。

③统计部门。按国家标准分类统计危险货物运量报告和统计台账管理。

④财务部门。负责对危险货物运输专用发票的管理，执行交通部《货物运价规则》的分级收费规定。

⑤医疗保健部门。负责危险货物运输作业人员定期体格检查，事故现场的人员抢救，并负责急救知识培训工作。

⑥车辆清洗、消毒部门。负责危险货物运输车辆的清洗、消毒工作。

⑦劳动防护用品清洗、消毒、保管部门。负责对用完的劳动防护用品清洗、消毒、统一保管工作，按危险货物作业单发放相应的防护用品及其收回工作。

二、业务受理

业务受理是生产活动的开始。受理业务时，应认真填写托运单，并认真核对托运单上所填写货物的编号、品名、规格、件重、净重、总重、收发货地点、时间以及所提供的单证是否符合规定。对第一次接受承运的危险货物必须向托运人索取《化学品安全技术说明书》(CSDS),获取危险货物安全数据清单,方可受理。对于爆炸品、剧毒品,须有公安部门提供的准运证明,方可受理。对于未列入《危险货物品名表》的危险货物,托运人出具《危险货物鉴定表》后,方可受理。

三、生产调度

生产调度工作是通过车辆运行作业计划和调度命令,将企业内部各个生产环节(特别是车队、技术、厂场、装卸等部门的工作)作出合理安排,使其在时间、空间上平衡衔接、紧密配合,组成一个意志统一、动作协调的整体,以保证运输生产的连续性和均衡性。其主要任务是确保合同、受托货物、调运计划和运输生产计划的完成。主要内容有:

①各级调度部门应严肃认真执行国家有关方针、政策,通过运力和运量的平衡,合理安排运输生产。

②严格审查受理业务的托运单,逐份审查品名、编号、载质量等,根据托运单编制车辆运行作业计划。

③根据所运的危险货物特性、质量,选配合适的运输车辆。运输液体危险货物常压罐车的选配应依据货物与罐体材质的相容性,液体危险货物与罐体材质的相容性见附录七。

④审查、核实计划调度签发的行车单与托运单所列项目是否一致。向单位员工介绍货物的理化特性,运输、装卸注意事项,防护措施及应急救援方法,并向他们提供资料。

⑤执行单车运行作业计划,随时与作业现场、车辆保持联系,了解作业与车辆运行情况。对车辆运行中出现的问题,及时分析研究,采取措施,调整出车计划,组织新的平衡,保证运输生产顺利、连续进行。对临时调配的紧急任务,应采取积极措施确保任务完成。

⑥加强现场管理和车辆运行指挥。针对现场、路线、货源等具体情况,采取不同的车辆调度方法,提高车辆运行效率,并不断研究改进调度工作。

四、车辆技术管理

车辆技术管理要坚持预防为主和技术与经济相结合的原则,对运输车辆实行择优选配、正确使用、定期检测、强制维护、视情修理、合理改造、适时更新和报废的全过程管理。它是企业整个技术管理的基础，其目的是要充分发挥车辆的使用性能，保持车辆技术状况良好，确保行车安全，提高车辆运输效率，降低运行消耗，获得良好的经济效果。

1．车辆技术等级评定和检测

根据部颁标准《营运车辆技术等级划分和评定要求》，按时参加车辆技术等级评定，危险货物运输车辆技术状况必须达一级；车辆每年必须进行一定次数的二级维护及检测；罐车的罐体每年必须到质检部门指定的检测机构检测，检测合格方可从事营运。

2．车辆装备

车辆装备是根据一般运行条件和企业的具体情况而设置的，它分为经常性和临时性装备两种。

车辆经常性装备是指车辆出厂时，由厂方根据一般运行条件而装备的各种仪表、照明和电气设备、汽车和发动机附属装备、拖挂装备、备胎、随车工具和车厢等，以及企业根据具体情况增设的经常性装备。车辆经常性装备应符合《机动车运行安全技术条件》（GB 7258—2004）、《汽车及挂车外部照明和信号装置的安装规定》（GB 4785—98）、《货运全挂车通用技术条件》（GB/T 17275—98）、《货运半挂车通用技术条件》（JT/T 328—97）等国家及部颁标准。

由于危险货物运输的特殊性，根据需要车辆须装设一些临时性装备，如：

①危险货物运输车辆应安装符合《道路运输危险货物车辆标志》规定的车辆顶灯、标志和标牌；

②根据国家有关规定，车辆配置运行状态记录装置；

③运输易燃易爆危险货物车辆的排气管应安装隔热和熄灭火星装置，并配备导静电橡胶拖地带装置；

④车辆应有切断总电源和隔离电火花装置，切断总电源装置应安装在驾驶室内；

⑤在装运易燃易爆危险货物时，应使用木质底板等防护衬垫措施；

⑥装载液体危险货物的罐车，其装备条件应符合《汽车运输液体危险货物常压容器（罐体）通用技术条件》（GB 18564—2001）规定。

3．车辆的技术档案

车辆技术档案是指车辆从新车购置接收到报废整个寿命期内，车辆技术性能状况、运行使用和检测维修情况的完整记录。建立准确、完整的技术档案,可以及时、准确地掌握车辆技术性能的变化情况,以便采取有效的技术措施,使车辆更好地适应本地区的使用条件,充分发挥车辆的技术性能。对车辆技术档案中所记录的大量第一手资料整理和分析,是企业技术部门探索车辆技术性能变化规律,客观评价并比较各种车辆的适宜性,选择更为合适的新车型,以及制定并完善车辆维修制度的主要依据和方法;同时也是考察和评价基层技术管理工作的依据之一。

车辆技术档案的内容设置要力求简明扼要,主要内容突出。一般应包括以下几个方面:

(1)车辆履历、装备和技术性能记录

主要包括:①履历资料;②装备资料,包括经常性装备和临时性装备;③车辆的型号、技术速度、载质量吨位等规格和技术性能方面的资料;④总成改装和变动情况方面的资料等。

(2)车辆运行记录

主要记录车辆的行驶里程、油耗水平、技术故障发生的次数及部位、原因等方面的资料。

(3)车辆维护、修理、检测记录

主要记录车辆维护、修理、检测的日期、间隔行驶里程和总里程,总成维修检测技术状况和修理部位及原因等资料。

(4)车辆的寿命周期记录

主要记录车辆的实际寿命期限、寿命期内的磨损情况评估等方面的资料。

(5)车辆肇事记录

主要记录车辆肇事的次数、报废和损坏情况、肇事原因等。

车辆技术档案的具体内容、项目和表格形式等,企业可根据管理部门制定的基本内容与格式及企业的具体情况拟定。目前,大多数汽车运输企业已使用计算机进行档案管理,在这一方面已具备了良好的管理条件。

4. 车辆运行安全

机动车辆的安全性,必须符合《机动车运行安全技术条件》的规定。为确保车辆的运行安全,应制定车辆维护制度,并根据制度有关规定,有计划地按周期安排维修作业,同时做好详细的记录,存入车辆技术档案备查。

(1)机动车辆要做到“五不出车”

即:制动器不灵不出车;转向系统有故障不出车;喇叭不响不出车;灯光不亮不出车;安全设备、各类证件不齐全不出车。严禁车辆"带病"运行,并做好出车前、行驶中、收车后车辆三检查。

①出车前的检查:

A. 出车前检查证照是否齐全,检查机车外观和喇叭、灯光是否齐全有效。

B. 检查油、水、电是否缺漏和各种仪表及安全设施是否良好有效。

C. 车辆轮胎的气压和货车货物的牢固状况及连接部位的牢靠情况。

②行驶中的检查:

A. 检查水温、油温、各种仪表工作情况及轮胎气压。

B. 检查制动器有无拖滞发热现象,各连接部位的牢靠性。

C. 检查有无漏水、漏油、漏气和一切安全设施是否有效。

③收车后的检查:

A. 清理全车卫生,检查油、水、电、汽有无滴漏现象。

B. 没有加防冻液的车辆,冬天应放出水箱、缸体的水,夏天应定期放水。

C. 检查各连接部位和货物的牢固性和车胎气压。

(2)根据车辆运载货物种类、性质不同,配备相应的安全设施和设备,并保证齐全有效

①轻质燃油罐车,含加油罐车和运油罐车两种(以下简称油罐车)。油罐车的制造工艺、技术要求、试验、检验等,应符合国家标准《轻质燃油油罐汽车技术条件》的规定。

②装运易燃液体、腐蚀品等罐车,其罐体制造厂应有质检部门批准核发的许可证,产品有合格证及有关文件资料。其容罐应能承受一定的压力,具有足够的强度,适合所装危险货物的性能,并应根据不同货物的需要配备泄压阀、防波挡板、压力表、液压计、导除静电等相应的安全装置。

③装运危险货物集装箱、大型气瓶或氧气瓶集装架的车辆必须设置有效的紧固装置。

④装运有机过氧化物的车辆,应根据危险货物的特性选用相应的控温、冷藏、防振、防爆等特殊车型,也应有隔热和熄灭火星装置以及导除静电的装置。

⑤装运其他类别的运输危险货物车辆,应根据所运危险货物的性质,采取相应的遮阳、控温、防爆、防火、防振、防水、防冻、防粉尘飞扬、防撒漏

等措施。

5. 车辆在特殊条件下的使用

汽车在特殊条件下的使用，是指由于气候恶劣、道路特殊、运行条件恶化情况下的行驶。汽车在特殊条件下运行，其使用性能变坏，运行材料消耗增加，零件磨损严重，必须采取相应措施，以改善汽车的工作状况和使用性能，防止机件损坏，确保行车安全，并尽量减少原材料的消耗。

(1)车辆在低温条件下的使用

①做好预热保温工作。出车前，事先要对发动机预热，散热器和发动机罩上加装保温套，蓄电池加装保温装置。

②更换油液，调整油电路系统。柴油发动机要选用适合温度要求的低凝点柴油(气温5℃到－5℃，应换用－10号柴油；－5℃到－20℃，应换用－20号柴油；－20℃以下，应换用－35号柴油)；换用低温季节制动液；选用合适防冻液；调整发动机调节器，增大发电机充电电流；适当增大蓄电池电解密度；适当增加断电器触点闭合角度；火花塞电极间隙适当调小；化油器要调整油平面高度和加速油泵行程，使混合气增浓。

③当通过冰雪和泥泞道路时，轮胎要配装防滑链。

(2)车辆在高温条件下的使用

高温条件下使用应采取发动机隔热、轮胎防爆等技术措施：

①结合二级维护进行季节性维护，对汽油发动机供油系统，要采取隔热、降温等有效措施，防止气阻；要加强对冷却系统的维护，保持缸体水套、水泵、散热器、机件完好，水循环有效，及时清除水垢和沉淀物，防止发动机过热，经常添加冷却水，风扇皮带张紧度适当，一旦发动机过热不得用冷水浇泼缸体外部。

②调整发动机减少充电电流，蓄电池电解液密度适当降低，保持蓄电池通气孔畅通。汽油机应调低化油器油面高度，减小加速泵行程。

③根据轮胎贮备情况，组织整车换胎或将成色较好的轮胎装车使用；在行车途中注意控制轮胎温度和气压，必要时应将车辆停于阴凉处，待胎温降低后再继续行驶，严禁用放气或冷水浇泼方法来降低轮胎的气压和温度，防止轮胎的人为损坏。

(3)车辆在高原、山区条件下的使用

①在高原地区改善发动机性能的措施。在高原地区行驶的车辆，发动机功率下降，燃料经济性变坏，其改善措施有：提高发动机压缩比；采用增压技术措施；调整油电路等。

②汽车在高原、山区条件下改善制动效能的措施。汽车在高原、山区行驶时，由于制动频繁，使得制动效果差，其主要措施有：加强维护，适当缩短维护周期，确保制动系工作正常，制动可靠。

五、运输管理

1. 定车

把运输危险货物车辆固定下来，不能在完成危险品运输任务后，再用运输危险货物车辆运输其他物质，防止危险货物撒漏、污染造成事故。例如1992年8月3日上午8时许，安庆市发生了一起食物中毒事件，造成34人中毒、10人死亡的惨重教训。起因是剧毒农药1605撒漏污染了车厢，间隔10余天后又用该车运输食用面粉造成的。这说明车辆不固定是潜在隐患的祸根。

2. 定人

要求驾驶人员固定，以使其既能熟悉和钻研所运危险货物的特性及防范措施，又能掌握所驾驶的车辆性能。

3. 定任务

要求运输单位根据货源或生产企业的生产任务核定车数，没有危险货物运输任务不予定车。

4. 定防护用品清洗点

作业人员从事危险货物运输装卸货物后，其防护用品应集中清洗、集中存放，依据危险货物品种类，使用相应的防护用品，防止中毒事故的发生。

5. 定车辆清洗消毒点

危险货物运输完毕应及时清洗、消毒。运输毒害品、放射性物品、腐蚀品及具有毒害、腐蚀及放射性的易燃易爆品的运输单位，应具有清洗、消毒设施，所产生的污水处理应符合国家环保法规定。尚不具备消毒设施的单位，应到环保局指定的危险货物处理厂进行车辆、容器的清洗和消毒。

六、从业人员管理

1. 人员条件

由于危险货物运输的特殊性，从事危险货物运输的作业人员，包括驾驶人员、押运人员及装卸管理人员，必须具备一定的条件方可从业。

①从业人员均应具备初中以上学历；

②驾驶人员取得相应机动车驾驶证，年龄不超过60周岁；

③从业人员必须熟悉有关安全生产的法律法规、标准和安全生产规章制度、安全操作规程，了解所装运危险货物的性质、危害特性、包装物（容器）的使用要求和发生意外事故时的处置措施；

④驾驶人员、押运人员、装卸管理人员须经设区的市级人民政府交通主管部门考试合格，取得相应道路危险货物运输从业资格证，持证上岗。

2. 安全教育和培训

《中华人民共和国安全生产法》第二十一条规定"生产经营单位应当对从业人员进行安全生产教育和培训"；《危险化学品安全管理条例》第三十七条规定"危险化学品运输企业，应当对其驾驶人员、船员、装卸管理人员、押运人员进行有关安全知识培训"。安全教育、培训是危险货物运输单位确保安全生产、取得最佳经济效益和培养劳动后备力量的重要措施，是运输单位的一项重要职责。

（1）建立培训机构，制定培训计划

从业人员的培训不同于学校的教育，它是对在职职工进行的职业教育，是在生产过程中开展教育。这种教育是多学科、多层次、多种形式的、具有广泛的群众性，带有速成的性质；而受教育的对象，在文化、技能、业务和年龄方面，又存在较大的差异，其要求也不尽相同。因此，道路危险货物运输单位应建立专门的培训机构，制定详细的培训计划，有计划、有针对性的对职工进行培训，方可取得预期的效果。

（2）培训内容

①国家安全生产及相关法律、法规、方针、政策、标准，以及道路危险货物运输相关法律、法规、标准和相关政策；

②公司概况、行业特点、操作规程、安全生产责任制、岗位责任制、应急预案等各种管理制度；

③道路危险货物分类、特性、危害性、包装、标志标识、应急措施等知识；

④本单位危险货物运输的特性及其安全注意事项，典型事故案例分析；

⑤预防事故的一般知识以及发生事故的应急救援知识；

⑥运输、装卸作业实践。包括各类设施、设备、车辆、工具的性能、结构及使用方法，劳动防护用品的正确使用等；

⑦单位采用的新工艺、新技术、新材料或者使用新设备的技术特性、防护措施及使用方法；

⑧每次运输、装卸作业之前，向从业人员告知运输生产作业存在的危险因素、防范措施和事故应急措施，以及应遵守的有关规定；

⑨其他。

3. 激励机制

为确保安全生产，强化安全管理，落实安全责任制，全面提升从业人员的素质，道路危险货物运输企业应建立有效的激励机制。对优秀员工给予一定的奖励，激发员工的进取心，使他们勇于学习和研究各项技能，提高员工责任心和安全意识。对于出现责任事故的员工要给予一定的处罚，预防类似事故的再次发生。例如可进行"驾驶人员星级评定"活动，即在企业内部实行驾驶人员星级评定制度，以驾驶经历、责任事故、遵守规章制度、技术、作风、安全责任感为标准，把驾驶人员分为五级，对应一星至五星，五星最高。将驾驶人员的星级与其驾驶作业、工资、福利、荣誉等联系起来，激励驾驶人员的工作热情，以确保企业无事故安全生产。

七、劳动防护

劳动防护是指劳动者在生产中的安全和健康防护工作。加强劳动防护，搞好安全生产，是党和国家的一贯方针。我国宪法明确规定："改善劳动条件，加强劳动保护。"《中华人民共和国刑法》中对干部的违章指挥、工人违章作业其后发生的重大伤亡事故，造成严重后果的，要追究其刑事责任；《中华人民共和国安全生产法》第三十七条规定："生产经营单位必须为从业人员提供符合国家标准或者行业标准的劳动防护用品，并监督、教育从业人员按照使用规则佩戴、使用"。由此可见，劳动防护不是可有可无的，而是必须办好的大事。对于道路危险货物运输尤为重要，因为危险货物本身就具有一定危害性，采取相应的防护措施就可避免发生中毒、灼伤、爆炸、燃烧等造成从业人员的伤害和死亡。

首先，建立安全生产责任制。企业（单位）主要负责人对本单位的安全生产全面负责，要保证国家有关劳动保护法令和制度在本单位贯彻执行；并经常督促检查劳动防护、安全工作，及时消除危害职工身体健康和不安全的隐患；建立劳动防护制度，把劳动防护责任逐级落实到部门、班组、个人身上，并建立相应的责任追究制度。

其次，不断进行安全生产教育。宣传安全生产方针，交流安全生产经验，教授劳动防护用品的使用，提高作业人员操作水平，使他们能自觉贯彻执行安全生产方针和各项劳动保护政策及法令，认真遵守企业安全生产规章制度，保证生产安全。

第三，搞好防护用品和保健食品的发放管理工作。从事道路危险货物运输的企业（单位），应为生产一线的从业人员配备必要的劳动防护用品，使其在运输过程中减少不必要的伤害，达到生产、安全两不误的目的。还要准备一些急救用品，以备在运输过程中发生不测之时自救，避免或减少伤害。劳动防护用品使用后应集中在单位内清洗，对受污染的防护用品还应进行消毒，缩小污染源，保证生产力。

最后，做好从业人员的健康检查工作。从事道路运输、装卸危险货物的企业（单位）要制定从业人员健康检查计划，对从事危险货物运输作业的驾驶人员、押运人员及装卸管理人员进行定期体检，以确保作业人员身体健康。

第四节　道路危险货物运输行业管理的内容

国家对道路危险货物运输企业（单位）实行资质认定制度，主管机关按照市场准入条件，对申请从事道路危险货物运输的企业（单位）进行审核，审核合格的方可从事道路危险货物运输业务，并对运输生产和市场经营行为进行严格的监督、管理。

一、国务院有关主管部门的职责分工

根据《危险化学品安全管理条例》，国务院对道路危险货物运输管理相关部门进行了职责分工。

1. 交通部门

交通部门负责危险化学品公路运输单位及其运输工具的安全管理，负责危险化学品公路运输单位、驾驶人员、押运人员、装卸管理人员的资质认定，并负责前述事项的监督检查。交通部是全国道路危险货物运输的主管部门，县级以上交通行政主管部门负责本地区道路危险货物运输管理工作，县级以上道路运输管理机构负责具体实施。

2. 国家安全生产监督部门

国家安全生产监督部门负责危险化学品安全监督管理综合工作，负责危险化学品生产、储存企业设立及其改建、扩建的审查，负责危险化学品包

装物、容器(包括用于运输工具的罐,下同)专业生产企业的审查和定点,负责化学危险品经营许可证的发放,负责国内危险化学品的登记,负责危险化学品事故应急救援的组织和协调,并负责前述事项的监督检查。

3. 公安部门

公安部门主要负责危险化学品的公共安全管理，负责发放剧毒化学品购买凭证和准运证，负责审查核发剧毒化学品公路运输通行证，对危险化学品道路运输安全实施监督；对危险货物的车辆确定行车路线、禁行区域、通行时间，并核发通行证件；以及道路危险货物运输事故处理工作。

4. 质检部门

质检部门负责发放危险化学品及其包装物、容器的生产许可证,负责对危险化学品包装物、容器的产品质量实施监督,并负责前述事项的监督检查。

5. 环境保护部门

环境保护部门负责废弃危险化学品处置的监督管理,负责调查重大危险化学品污染事故和生态破坏事件,负责有毒化学品事故现场的应急检测和进口危险化学品的登记,并负责前述事项的监督检查。

6. 卫生行政部门

卫生行政部门负责危险化学品的毒性鉴定和危险化学品事故伤亡人员的医疗救护工作。

7. 工商行政管理部门

工商行政管理部门依据有关部门的批准、许可文件,核发危险化学品生产、经营、储存、运输单位营业执照,并监督管理危险化学品市场经营活动。

二、开业申请与审批

①从事道路危险货物运输经营的企业,应当向所在地设区的市级道路运输管理机构提出申请,并提交以下材料:

A.《道路危险货物运输经营申请表》;

B. 拟运输的危险货物类别、项别及运营方案;

C. 公司章程文本;

D. 投资人、负责人身份证明及其复印件,经办人的身份证明及其复印件和委托书;

E. 拟投入车辆承诺书,内容包括专用车辆数量、类型、技术等级、通讯工具配备、总质量、核定载质量、车轴数以及车辆外廓长、宽、高等情况,罐式专用车辆的罐体容积,罐体容积与载质量匹配情况,运输剧毒、爆炸、易燃、放射性危险货物的专用车辆配备行驶记录仪或者定位系统情况。若拟投入专用车辆为已购置或者现有的,应提供行驶证、车辆技术等级证书或者车辆技术检测合格证、罐式专用车辆的罐体检测合格证或者检测报告及其复印件;

F. 拟聘用驾驶人员、装卸管理人员、押运人员的从业资格证及其复印件,驾驶人员的驾驶证及其复印件;

G. 具备停车场地、专用停车区域和安全防护、环境保护、消防设施设备的证明材料;

H. 有关安全生产管理制度文本。

②从事非经营性道路危险货物运输的单位,向所在地设区的市级道路运输管理机构提出申请时,除提交上述条件的 E 至 H 项规定的材料外,还应当提交以下材料:

A.《道路危险货物运输申请表》;

B. 下列形式之一的单位基本情况证明:

a. 省级以上安全生产监督管理部门颁发的《危险化学品登记证》;

b. 能证明科研、军工、通用民航等企事业单位性质或者业务范围的有关材料;

C. 特殊运输需求的说明材料;

D. 经办人的身份证明及其复印件,所在单位的工作证明或者委托书。

③设区的市级道路运输管理机构应当按照《中华人民共和国道路运输条例》和《交通行政许可实施程序规定》以及本规定规范的程序实施道路危险货物运输行政许可,并进行实地核查。

决定准予许可的,应当向被许可人出具《道路危险货物运输行政许可决定书》,注明许可事项,许可事项为运输危险货物的类别和项别、专用车辆数量及要求、运输性质;并在 10 日内向道路危险货物运输经营申请人发放《道路运输经营许可证》,向非经营性道路危险货物运输申请人颁发《道路危险货物运输许可证》。

决定不予许可的,应当向申请人出具《不予交通行政许可决定书》。

④被许可人已获得其他道路运输经营许可的,设区的市级道路运输

管理机构应当为其换发《道路运输经营许可证》，并在经营范围中加注新许可的事项。如果原《道路运输经营许可证》是由省级道路运输管理机构发放的，由原发证机关按照上述要求予以换发。

⑤被许可人应当按照限定的时间落实拟投入车辆承诺书。作出许可决定的道路运输管理机构已核实被许可人落实了拟投入车辆承诺书且专用车辆符合许可要求、罐体经质检部门检验合格后，应当为专用车辆配发《道路运输证》，并在《道路运输证》经营范围栏内注明允许运输危险货物的类别、项别。其中，对从事非经营性道路危险货物运输的，应当在其《道路运输证》上加盖"非经营性危险货物运输专用章"。

⑥道路运输管理机构不得许可一次性、临时性的道路危险货物运输。

⑦被许可人应当持《道路运输经营许可证》或者《道路危险货物运输许可证》依法向工商行政管理机关办理登记手续。

三、道路危险货物运输监管

国务院《危险化学品安全管理条例》、《中华人民共和国道路运输条例》赋予交通部门道路危险货物运输市场的监管职能，概括起来就是"三关一监督"，"三关"分别指企业资质关、车辆技术关、人员资格关；"一监督"是对上述工作的监督检查。

1. 企业（单位）资质管理

道路运输管理机构全面贯彻落实危险货物运输资质认定制度，根据道路危险货物运输资质条件，动态对本行政区域内从事道路危险货物运输企业（单位）的资质进行审验。对达不到资质条件的道路危险货物运输企业（单位），坚决取消其运输危险货物资格，严禁其从事危险货物运输。

道路运输管理机构不得审批一次性、临时性道路危险货物运输项目。

道路危险货物运输企业（单位）欲变更许可运输范围时，应向原许可机关提出申请，并提交相关证明材料，符合法定要求的，运管机构应当依法办理变更手续。道路危险货物运输企业（单位）欲停止危险货物运输的，应当提前30日告知原许可机关，并在停业后10日内将经营许可证（运输许可证）和道路运输证交回原许可机关。

2. 车辆技术、设施、设备管理

为确保道路危险货物运输车辆、设施、设备的安全，道路运输管理机构定期或不定期的组织对从事危险货物运输的车辆和设施、设备的安全技术状况进行全面检查,从严管理危险货物运输车辆证、照的审验。

①从事道路危险货物运输车辆的技术状况必须达到一级车技术等级指标的要求;装卸机械及工、属具的技术状况,应符合《汽车运输危险货物规则》规定的技术条件。不符合运输安全技术条件和标准的营运车辆,要求立即停运或予以更新。

②道路危险货物运输的罐车,其罐体必须经质检部门检测,并取得检测合格证明,在检验合格的有效期内承运危险货物。禁止对无检测合格证明的罐车《道路运输证》加盖危险货物运输专用章。禁止使用活动罐体车辆运输剧毒、易燃易爆液体、气体货物。

③所有道路危险货物运输车辆必须按照《道路运输危险货物车辆标志》的要求,悬挂危险品运输标志,禁止无标志车辆从事道路危险货物运输。道路危险货物运输企业(单位),应保证从事道路危险货物运输的车辆处于良好技术状态。且必须根据装运危险货物性质,采取相应的遮阳、控温、防爆、防火、防振、防水、防冻、防粉尘飞扬、防撒漏等安全防护措施,并携带相应的现场急救用品和防护用品。

④出于安全考虑,严禁使用移动罐体(集装罐除外)车辆运输危险货物。不准使用货车列车(经特许,具有特殊装置的大型物件运输专用车辆除外)装运危险货物;倾卸式车辆只准装运散装硫磺、萘饼、粗蒽、煤焦沥青等危险货物。

⑤专用车辆应定期检测和维护,车辆技术状况应保持在一级状态。专用车辆应到具备运输危险货物车辆维修资质的汽车维修企业进行维修。

3. 道路危险货物运输从业人员资格管理

道路危险货物运输企业的驾驶人员、押运人员、装卸管理人员必须经过培训,并通过市(地)级交通主管部门考试,取得从业资格证,持证上岗。凡未取得上岗资格证的,一律不得从事道路危险货物运输的工作。

道路危险货物运输企业(单位),应对驾驶人员、押运人员和装卸管理人员进行有关安全知识培训,使他们掌握危险货物运输的安全知识,了解所运载危险货物的性质、危害特性、包装容器使用特性和发生意外时的应急措施。

从业人员应严格执行《汽车运输危险货物规则》、《汽车运输、装卸危险货物作业规程》等标准。

4. 道路危险货物运输监管

(1)运输管理监管

道路运输管理机构对道路危险货物运输管理的内容有：

①鼓励、支持企业(单位)使用厢式货车和罐式、集装箱运输车辆，对危险货物进行专业化配送；

②被批准从事道路危险货物运输的企业(单位)，只能在核定的范围内从事道路危险货物运输活动；

③使用自备专用车辆从事道路危险货物运输，只能在核定的危险货物类别范围内运输本单位生产、使用、储存、经营的危险货物，严禁对外承揽运输业务；

④专用车辆在运输活动中，应当随车携带《道路运输证》、《事故应急处理卡》，并保证其完整有效；

⑤危险货物托运人在办理托运时应向具有道路危险货物运输资质的企业办理托运，并遵守《汽车运输危险货物规则》的有关规定；

⑥道路危险货物运输企业在受理托运和组织运输过程中，应严格按照道路运输管理机构核定的经营范围受理危险货物的托运，并遵守《汽车运输危险货物规则》的有关规定；

⑦危险货物的装卸作业，应在装卸管理人员的现场指挥下进行；

⑧道路危险货物运输应配备押运人员，并对运输全过程进行监管；

⑨放射性物质的运输，按《放射性物质安全运输规程》的有关规定办理；民用爆炸物品的运输，按中华人民共和国国防科学技术工业委员会《民用爆破器材生产流通管理暂行规定》、《爆破器材运输车辆安全技术条件》等有关规定办理。

(2)运输安全监管

道路运输管理机构按本规定和有关技术规范，对道路危险货物运输企业(单位)的资质条件、经营行为、安全管理、专用防护设备和技术业务规范等，进行定期或不定期检查，发现问题限期整改。

①安全管理。企业(单位)应加强安全生产管理，配备专职安全管理人员，要结合本企业(单位)的生产实际需要，建立健全岗位责任制；安全操作规程、车辆及设施维修、检测、检查制度；安全学习制度；事故应急处理制度和事故应急预案及有关从业人员培训计划等管理制度。

②经营行为监督。道路运输管理机构依法对道路危险货物运输进行源头管理，监督检查经营业户的经营行为。发现违章行为，依据有关法律、法规、规章对经营业户进行处罚。

 第五节　道路危险货物运输管理人员的基本要求

作为企业(单位)的管理人员,应具备以下一些基本条件:

①必须遵守中华人民共和国宪法和各项法律,认真贯彻执行党和国家的方针、政策,遵守有关货物运输法律法规,热爱本职工作,恪守职业道德。危险货物属于国家管制类货物,为确保生产、社会以及运输安全,国家、地方制定了一系列的法律、法规以及方针、政策来对其进行严格管理。道路危险货物运输管理人员应了解这些法律、法规及方针、政策,并自觉遵守,在法律、法规及方针、政策的允许下进行运输生产。

②不得有犯罪记录。因为道路危险货物运输涉及社会公共安全、人民生命财产安全和环境保护,是严格管制行业,要求管理人员不得有犯罪记录。

③须具备初中以上学历。由于道路危险货物运输专业性强和高危险性,以及业务管理人员在企业中的领导、生产组织、技术支持等作用和单位的需要,所以对业务管理人员的要求也相应比较高。只有具备一定的文化基础知识,特别是物理、化学等理工科和企业管理方面的知识,才能较好地理解、掌握危险货物的基本特性、运输安全、操作技能以及生产组织等业务管理人员应具备的技能。由于危险货物涉及到大量的物理、化学反应、专业术语、分子式、化学方程式等,这是学习危险货物运输必备的基础知识,在我国教学体系中,初中开设了物理、化学课程,教授了物理、化学的相关知识,所以,要求道路危险货物运输管理人员必须具备初中以上学历。

④须有从事道路货物运输业经营管理工作 3 年以上的经历,或从事经济管理工作 5 年以上的经历。道路危险货物运输管理由于其自身的特性,其组织化程度要求高,危险性大,安全要求高,管理难度大,因此,业务管理人员必须具有道路货物运输业管理经验或其他经济管理方面的经验,才能更科学地组织运输,确保安全生产。

⑤管理人员应该掌握运输企业管理及危险货物运输安全管理等业务知识,必须了解所运的危险货物性质、危害特性、包装容器使用特性和发生意外时的应急措施。

作为企业(单位)的管理人员,应掌握的业务知识:

(1)运输企业管理

①交通运输基础知识，包括交通运输在国民经济中的地位与作用、运输服务的基本特征、运输供求的基本特征、道路运输的特点和功能；

②道路运输生产组织，包括道路运输生产过程及基本术语、运输生产组织的原则和任务、运输生产计划、运输生产车辆组织、运输生产劳动组织、道路货物运输组织；

③车辆技术管理与使用；

④装卸、搬运技术与组织工作；

⑤仓储管理。

(2)危险货物运输安全管理

①危险货物管理方面的法律、法规、规章、标准；

②危险货物的分类、危害性及安全措施；

③危险货物标志(包括包装标志、车辆标志)、标签的识别及使用；

④危险货物品名表(即危险货物一览表)的使用；

⑤危险货物包装的分类、合格标识和包装基本要求；

⑥危险货物的运输、装卸、存储安全操作要求；

⑦危险货物运输车辆、设备技术要求；

⑧道路危险货物运输事故的应急预案(包括程序、方案、计划、人员、机构、器材及演练)；

⑨典型道路危险货物运输事故分析及法律责任。

第四章 危险货物的分类与相关特性

第一节 货物物理及化学特性

一、物理性质和化学性质

世界是由物质组成的。从人们日常所需的生活用品到赖以进行生产的资料,如:空气、水、食物、石油、钢铁、药品、化肥等,都是物质。危险货物当然也是物质。

一切物质都在不停地运动着,运动可以改变物质的性质。在物质变化过程中,仅是物质的外形或状态发生了变化而没有生成新的物质的运动形式,称作物理变化和物理运动。如:水受热变成蒸汽,冷却至0℃时凝结成冰,尽管状态不同,但水、冰、水蒸汽仍是同一种物质——水;萘会从固态直接转化为气态等,都是物理变化或物理反应。在物质变化过程中,生成新的物质的运动形式,称作化学变化和化学运动。如:汽油与空气燃烧发出能量后变成 CO、CO_2、HC、NO_x 等气体;铁制品在潮湿的环境下生成铁锈等,都是化学变化或化学反应。

1. 物理性质

物质发生物理变化所表现出来的性质叫物理性质,如状态、相对密度、熔点、潮解、颜色、气味等。物质的物理性质对识别货物、把握运输条件有重要的作用。

(1)状态

物质总是以一定的形态而存在的,主要有固态、气态和液态三种形态,简称为物质的“三态”。

物质的状态是随着温度和压力的变化而变化的。以氯气为例,在常温(20℃左右)、压力低至1MPa(即10atm)以下,氯气呈气态;而在144℃、加压到7.7MPa时它就会变成液态。随着温度降低,其液化压力也可降低,如在常温、压力约为2MPa时氯气仍能保持液态。其中:工程单位制中的压力单位为at(读作大气压),现通用的国际单位制中的压力单位为

Pa(帕斯卡),存在以下关系式:

$1\text{at} = 1\text{kgf/cm}^2$;$1\text{Pa} = 1\text{N/m}^2$;$1\text{kPa} = 10^3\text{Pa}$;$1\text{MPa} = 10^6\text{Pa}$;$1\text{GPa} = 10^9\text{Pa}$;$1\text{atm} = 10^5\text{Pa}$。kPa 读作千帕;MPa 读作兆帕;GPa 读作吉帕。本书以下均采用国际单位制。

危险货物包装的选用以及运输条件的确定,在很大程度上取决于该物质的状态和变化规律,详见本书第一篇第六章。

(2)密度和相对密度

物质的密度是指该物质的质量与该质量时所占有的体积之比,也就是单位体积的该物质的质量。密度的表达式为:

$$D = \frac{G}{V} \tag{1-4-1}$$

式中:D——密度,g/cm^3;

G——物质的质量,g;

V——物质的体积,cm^3。

常见物质的密度见表 1-4-1。

常见物质的密度表　　表 1-4-1

物　质	密度(g/cm^3)	物　质	密度(g/cm^3)
氢气	0.00009	煤油	0.80
氦气	0.00018	苯	0.88
一氧化碳	0.00125	水	1.00
空气	0.00129	甘油	1.26
氧气	0.00143	硫酸	1.834
二氧化碳	0.00198	硝酸	1.503
氯气	0.00321	盐酸	1.12~1.19
汽油	0.70	铁	7.8
乙醚	0.71	汞	13.6
酒精	0.80		

相对密度是指相同温度、相同压力下两种物质的密度之比。一般地,气体的相对密度是以空气为标准;而液体的相对密度则是以水为标准。

了解危险货物的相对密度对安全运输具有重要意义。例如,由于二氧化碳的相对密度比空气大得多,使二氧化碳覆盖在火焰上可以隔绝空气与火焰的接触,从而实现灭火。有些气体包括一些有毒或可燃物质的蒸气比空气重,它们在空气中易于下沉或积聚,往往会造成中毒(如煤气 CO 中毒),或燃烧爆炸等恶性事故。油类不溶于水且其相对密度比水小,若油类物品失火时用水扑救，油就会浮在水面上继续燃烧并随着水的流动而扩大灾情。

(3)沸点和熔点

在物质的三态相互转化时，当压力固定，温度就成为其所处状态的决定因素。在一个大气压下，液体沸腾转化为气体时的温度称为沸点。反之，从气体冷凝的角度来看，则这个温度又称为液化点。液体沸腾时，继续加热，仅促使沸腾继续进行，而不会使液体温度再升高。因此，在压力不变时，液体的沸点是一定的。

同样，固体熔化时的温度也是一定的。在一个大气压下，固体熔化时的温度称为熔点。而从液体凝固的角度来看，则这个温度又称为凝固点。

要特别重视那些熔点、沸点在常温范围内的危险货物的运输作业。若作业操作不当，这些货物常温下会出现状态转化，引发危险。如，乙胺沸点为16.6℃，四氧化二氮沸点为21℃，低温下这些货物呈液态，温度超过其沸点(处于常温范围内)则为气态，压力或体积变化较大。故这些货物的包装应考虑到气液两种状态的特性。

(4)升华和潮解

有些物质，如萘、樟脑会从固态直接转化为气态，这种现象称为升华。若物品本身具有易燃性，升华成气体时着火的危险性就更大。

有些物质，如氢氧化钠(固态)，能吸收空气中的水分而溶解，这种现象称做潮解。有些危险货物吸收空气中的水分后，不仅仅是发生单一的溶解现象，而同时会发生化学变化，生成新的物质，如氢化钠、电石等吸收水分后会生成易燃的氢气、乙炔气等。

2. 化学性质

物质发生化学变化所表现出来的性质叫化学性质，如化学变化时常伴随着放热、发光、产生气体(膨胀甚至爆炸)等。危险货物的危险性主要由物质的化学性质所决定。掌握各种危险货物的化学性质，是确保安全运输的先决条件。

二、物质的组成和分类

1. 物质的组成

物质都是由分子组成的。分子是构成物质的基础，物质的化学性质就是物质分子的化学性质。同一物质的分子化学性质相同，不同物质的分子化学性质不同。所以，分子是保持物质化学性质的最小微粒。

分子处于永不停息的运动中。如在加油站附近能闻到汽油味,就是汽油分子扩散在空气中刺激人的嗅觉器官的结果。物质这种不经过沸腾,直接从液态转化为气态的现象,称为挥发。

分子在构成物质时,分子与分子间并不是毫无关系的简单堆积,而是按一定的排列方式并通过一定的作用力而结合在一起的。这在很大程度上决定了物质的状态、熔点、沸点、溶解度、粘度等物理化学性质。

一种物质的分子在化学反应中能变成其他物质的分子,这说明分子虽小,但在化学反应中仍然可分,而且分子本身还具有一定的组成,组成分子的更小的微粒是原子。

任何一种分子都是由一定数目、一定种类的原子组成的。如水分子(H_2O)是由两个氢原子和一个氧原子组成的。

在化学反应里,分子可分为原子,而原子却不能再分。氧原子与氢原子组成水分子后,仍是氧和氢原子,并没有变成其他原子。因此,原子是化学变化中的最小微粒。也就是说,原子是在化学反应中不能再分的微粒。

要说明的是,原子用物理方法是可以再分的,这表明原子也具有复杂的结构。任何原子都由一个带正电荷的原子核和若干个带负电荷的电子两部分构成。原子核居中,电子以极高速度在核外运动。原子核还可再分为质子和中子。每个质子带一个单位的正电荷,中子不带电,原子核内的质子数就是原子核所带的正电荷数,又称核电荷数。由于每个电子带一个单位的负电荷,核电荷数又等于核外电子数,这样,整个原子就呈现电中性。具有相同核电荷数的同一类原子称为元素。

2. 物质的分类

(1)纯净物

由同一种分子构成的物质是纯净物。如:蒸馏水、纯酒精等。危险货物大多数是纯净物,其所列举的货物的理化特性也是就纯净物而言的。纯与不纯是相对的,没有绝对的纯。在某些危险化学品的规格上,常常标有“优级纯”、“分析纯”、“化学纯”、“试剂纯”、“工业纯”,分别表明该物质的纯净程度。在规定的纯度内,可以将这些危险化学品认为是纯净物。从运输要求讲,只要一种物质中所含杂质的量不至于影响危险货物储运安全的,就可以认为是纯净物。运输中,在两种情况下对危险货物的纯度有要求:

①某些危险货物对杂质特别敏感,杂质达到一定的量就会影响储运

安全。如：高纯的石灰氮遇水是不会放出易燃气体的，但当其中含有一定量的碳化钙（电石）杂质时，遇水则会产生剧烈反应。又如有机过氧化物，即使微量的酸类、金属氧化物或胺类都会使其剧烈分解。

②某些危险货物在高纯度时化学性能非常活跃，有的会聚合，有的会爆炸。因此，要在这些物质里加上阻聚剂防止其聚合，或者在高纯度的易爆物质里掺上水、石粉等来降低其敏感度。在这些货物的品名后都用括号说明货物的含量或说明要加阻聚剂等。一定要注意这些括号的内容要求都是危险货物品名的组成部分，在储运危险货物的所有文字手续上，品名后的这些括号内容要求都不能遗漏。不符合这些括号内的内容要求则不能进行储运。

纯净物又分为单质和化合物两种。由一种元素组成的纯净物叫做单质。由不同种元素组成的纯净物叫做化合物。

单质按其不同性质又可分为金属和非金属。有将近60种单质被列入危险货物，大致分以下几种情况：

①由金属性非常强的碱金属和碱土金属两族元素组成的单质。如：锂、钠、钾、铷、铯、铍、镁、钙、锶、钡等。

②由非金属性非常强的卤族元素和氧族元素组成的单质。如，氟气、氯气、溴、碘、氧气、硫、硒、碲等。

③由毒性强的元素组成的单质。

④由颗粒比较细小的某些金属元素组成的单质。如粉状的锌、铝、锰，钍、钛、锆、铪等。这些金属在块状时与氧气反应缓慢，不足以构成危险。但在粉状的条件下氧化反应迅猛，所以被列入危险货物。

⑤放射性元素。

⑥惰性气体。惰性气体就其本身的性质而言不具备化学危险性。但其被装在15MPa以上的高压气瓶内时，无疑就是随时会引爆的重磅炸弹。

（2）混合物

混合物是指由不同种分子构成的物质。混合物里的各种物质仍保持原来的特性，而这些性质综合起来，又给整个混合物以新的性质，或加剧了、或抑制了混合物中某些物质的特性。例如：含水酒精、压缩空气、油漆、粘合剂、炸药等均为混合物。硫磺、碳末是易燃品，硝酸钾是氧化剂，将这三者以一定的比例混合后，就形成爆炸品，称为黑火药，这是因为硫磺、碳末和硝酸钾仍然保持了各自原有的性质。某些有机过氧化物需含有一定数量的水分或其他惰性物质，就是用水或其他惰性物质作钝感剂来抑制货物活泼的氧化性能。

三、化学反应的类型

1. 化合反应

由两种或两种以上的物质生成另一种物质的反应叫做化合反应，可写成：

$$A + B = AB$$

其中 A 和 B 可以是单质，也可以是化合物。例如：

$$H_2 + Cl_2 = 2HCl$$

$$NH_3 + CO_2 + H_2O = NH_4HCO_3$$

2. 分解反应

由一种物质生成两种或两种以上其他物质的反应叫做分解反应。可写成：

$$AB = A + B$$

其中 A 和 B 可以是单质，也可以是化合物。例如：

$$2KClO_3 \overset{MnO_2}{\underset{\Delta}{=}} 2KCl + 3O_2 \uparrow$$

3. 置换反应

由一种单质与一种化合物起反应，生成了另一种单质和另一种化合物的反应叫做置换反应。可写成：

$$A + BC = AC + B$$

其中 A 可以是金属，也可以是非金属。BC 可以是酸、盐或氧化物。例如：

$$Fe + H_2SO_4(\text{稀}) = FeSO_4 + H_2 \uparrow$$

$$2Na + 2H_2O = 2NaOH + H_2 \uparrow$$

置换反应能否进行是由金属或非金属的化学活泼性决定的，活泼性较强的金属或非金属置换活泼性较差的金属或非金属。

4. 复分解反应

两种化合物反应，生成两种新的化合物的反应叫做复分解反应。可概括为：

$$AB + CD = AD + CB$$

例如：

$$AgNO_3 + HCl = AgCl\downarrow + HNO_3$$

$$NH_4NO_3 + NaOH = NaNO_3 + NH_3\uparrow + H_2O$$

复分解反应能否进行,要考虑是否有沉淀、气体和水生成。具备上述任何一个条件,复分解反应便能进行。

任何一个物质都必须在一定的条件下才能发生化学变化。如必须在一定的温度、压力或与另一物质(用作催化剂的)相接触等。因此,要学习和掌握化学反应的规律,了解危险货物发生化学变化的特点、发生化学变化的条件(如遇热、遇潮、遇光或两种不同性质的货物混合),从而控制化学变化,确保安全运输。

四、无机化合物

化合物按其组成与性质,可分为无机化合物与有机化合物两大类。无机化合物还可以细分为:氧化物、碱、酸、盐等。

1. 氧化物

任何元素和氧化合而生成的化合物称为氧化物。金属元素和氧化合得到金属氧化物。如危险货物中的氧化铍(BeO)、氧化汞(HgO)等;非金属元素和氧化合得到非金属氧化物,如二氧化碳(CO_2)、二氧化硫(SO_2)、五氧化二磷(P_2O_5)等。

一般来说,金属氧化物遇水呈碱性,故又称碱性氧化物,溶于水后生成相应的碱。非金属氧化物遇水呈酸性,故又称酸性氧化物,溶于水后生成相应的酸。

过氧化物遇水会发生反应而放出氧,如:

$$2Na_2O_2 + 2H_2O = 4NaOH + O_2\uparrow$$

列入危险货物的氧化物大致有这样几种:所有的过氧化物和一部分易分解释放出氧的氧化物;所有气体状态的氧化物;所有遇水反应能生成酸或碱的氧化物;一部分对人体有毒害作用的氧化物。

显然,列入危险货物的氧化物,除气体外,大部分都会与水发生反应生成碱或酸或释放出氧。所以,在运输过程中必须注意防水。

2. 碱

金属氧化物遇水后生成相应的氢氧化物。如氢氧化钾(KOH)、氢氧化钠(NaOH)等,这些化合物称为碱。碱溶于水后能电离为金属正离子和氢氧根(OH^-)离子,如:

$$KOH = K^+ + OH^-$$

因此,电解质电离时所生成的阴离子全部是氢氧根离子的化合物叫做碱。

碱分子中都含有氢氧根,因此,碱具有一些共同的特性:碱能使紫色的石蕊试液变蓝色,能使无色的酚酞试液变红色;pH 值大于 7,pH 值越大,碱性越强(pH 值等于 7 时,溶液呈中性);碱的溶液有涩味,手上沾了碱溶液有滑腻感;碱能跟多数非金属氧化物起反应,生成盐和水;碱能跟某些盐起复分解反应,生成另一种盐和碱;碱能跟酸起中和反应,生成盐和水。

由于组成碱的各个金属不同,各种碱的碱性强弱不同。活泼金属钾、钠等的氢氧化物,碱性很强,能强烈地腐蚀人体、织物、纤维等物品,很多不太活泼金属的氢氧化物,如氢氧化镁、氢氧化铜,则因其碱性较弱,也没有其他突出的危险性,所以不属于危险货物。有的碱毒性更为突出,则列入毒害品类。

3. 酸

酸可分为含氧酸与不含氧酸。它们在水溶液中都能电离生成带正电的氢离子和带负电的酸根离子。因此,电离时所生成的阳离子全部是氢离子的化合物叫做酸。

无氧酸的命名,常称为:氢“某”酸,如氢硫酸 H_2S、氢氟酸 HF。它们的气态分子常称为“某”化氢,如硫化氢 H_2S、氟化氢 HF 等。含氧酸的命名一般为“某”酸,如硫酸 H_2SO_4、硝酸 HNO_3 等。

大多数酸是液体。有些酸是气体物质的水溶液,如盐酸是氯化氢的水溶液。还有少数的酸是固体,例如硼酸 H_3BO_3、磷酸 H_3PO_4 等。

酸类在水溶液中都能电离出氢离子,因此,酸类有一些相似的化学性质:酸溶液能使石蕊试液变红,无色酚酞试液遇酸不变色;pH 值小于 7,pH 值越小,酸性越强;酸能和多种活泼金属起反应,通常生成盐和氢气(但硝酸和浓硫酸除外);酸能与金属氧化物起反应,生成盐和水;酸能和碱起中和反应,生成盐和水;含氧酸受热分解,生成酸性氧化物和水,有些含氧酸很不稳定,在很低的温度下就能分解。

与碱一样,酸的腐蚀性也有强弱之分。几乎所有的酸都列入危险货物。但要注意的是,酸并非都被列入腐蚀品类。除了腐蚀这一共同特性外,有的酸有极强的氧化性,有的酸毒性的危险性远远大于腐蚀性,有的酸会剧烈分解发生爆炸。

4. 盐

酸跟碱作用而生成盐和水的反应叫做中和反应。凡是电离时生成金属阳离子和酸根阴离子的化合物都叫做盐。

盐具有一些共同的特性：盐能与金属发生置换反应；盐能与碱、酸、盐发生复分解反应。

盐的个性差异很大，危险货物中的盐散见于爆炸品、氧化剂、毒害品、腐蚀品等各分类中。

五、有机化合物

含有碳、氢两种元素的化合物称为有机化合物，简称有机物。有时也将有机化合物又称为碳氢化合物。

1. 有机化合物的特征

有机化合物除分子中都含有碳元素这一特点外，一般都难溶于水，而易溶于有机溶剂；有机物分子结构复杂，分子中原子的数目有的多达成千上万个，少的也有近十个，而无机物分子中原子数目一般都较少；有机物种类繁多，达数百万种，而无机物仅几十万种；有机物对热不稳定，一般都能燃烧，第3类易燃液体几乎全部是有机物。

2. 有机化合物的分类

有机化合物数量很大，目前已知的估计已超过500万种。为了掌握货物的性质，了解有机化合物的分类是非常必要的。

(1)按碳架分类

有机化合物就是碳的化合物。绝大多数的有机物分子中的碳原子是相互连结的，构成了有机物分子的“骨架”。根据“骨架”的特点，一般把有机物分为：脂肪族化合物(开链化合物)、脂环族化合物、芳香族化合物和杂环化合物四类。

(2)按官能团分类

官能团是指分子中比较活泼而容易发生反应的原子或基，它常常决定着化合物的重要性质。有机化合物的独特的危险性与官能团的性质有关。

一般常把以上两种分类方法结合起来应用，先按碳架分类，再按官能团分为若干系。

3. 有机化合物的主要危险性

(1)大多数有机物为易燃品或可燃品

有机物的熔点和沸点都较低,在室温下易于挥发,并具有较低的比热和着火温度,这些物理性质是有机物易点燃的原因。有机物的蒸气与空气的混合物达到一定浓度范围时,只要有微小的电火花即可点燃。有机物本身是极好的燃料,燃烧时放出的热量很大,过量的辐射热正是其火焰迅速蔓延的原因。大多数有机物对热的稳定性差,即使在没有空气的容器中受到射落其上的火焰热量时,也会炭化和分解。

一般说来,有机物的沸点随分子中含碳数目的增加而升高。在常温常压下,含 4 个碳以下的有机物是气体,由 5 个碳开始是液体,大于 17 个碳是固体。可燃物的沸点低,其闪点也相应的低,故有机物的燃烧危险性随着碳数目的增加而减弱。一般含 10 个以上碳的烷烃已不列入易燃的危险物品。

(2)大多数有机物对健康有危害性

首先,由于其易于挥发,机体摄入这些有机物,极可能引起某些细胞功能的改变。不过有机化合物的毒性作用彼此有很大的差别,有的吸入时会发生麻醉作用;所有的有机物均有刺激性;还有不少有机物是有毒的。其次,由于绝大部分的有机物在燃烧时,即使有足量的空气,也不能完全燃烧,常生成大量的一氧化碳和其他有毒气体,对消防人员的危害极大。

(3)有机物火灾扑灭的困难大

大多数有机物不溶于水,故用水来扑灭有机物燃烧的火焰通常无效,而应用二氧化碳、泡沫或卤剂来扑救。

六、溶液

溶液不是化合物也不是混和物,而是介于化合物和混和物之间的一种物质。溶液有两种以上的组成成分。凡是用来溶解其他物质的液体,称为溶剂;凡是被溶剂所溶解而成溶液的物质,称为溶质。溶质以单个分子(或离子)均匀地分散在溶剂分子间的液体叫做溶液,溶液具有澄清透明和均匀的外形。

一种物质不是以单个分子而是以很多分子的聚集体散布在另一种液态物质所形成的液体就不是溶液而是浊液。固体小颗粒悬浮于液体里形成的混和物称悬浊液;小液滴悬浮于液体里形成的混和物称乳浊液。浊液的外形特征是浑浊、不透明、不均一、久置会分离。

溶液的化学性质是由组成溶液的溶剂和溶质共同决定的。溶液兼有溶剂和溶质的各自的化学性质。危险货物中有大量的溶液，主要是以酒精为溶剂的各种化妆品；以苯为溶剂的各种农药、杀虫剂、粘胶剂；以香焦水、溶剂油等为溶剂的各种油漆；还有以丙酮、乙醚为溶剂的各种制品等。这些以各种有机溶剂为溶剂的商品，品种繁多，而且还在不断增加。它们的特性主要是由溶剂的特性决定的，溶剂属哪一级易燃液体，这些溶液就应按那一级易燃液体的条件进行储运。所以在受理托运这一类货物时，不能仅写一个商品名称，而必须注明其溶剂的名称。溶质的性质有时也起到不容忽视的决定作用。如乙醇无毒，为防止偷盗工业用酒精作食用酒，就在乙醇中掺入极少量的甲醇，整个溶液即有毒不能食用也不能做医药用，而其工业用途不受丝毫影响，这时的品名应是工业（或变性）酒精。

准确地知道一定量的溶液里含有多少溶质是很重要的。以乙醇为例，纯乙醇的沸点 79℃，相对密度 0.79，闪点 13℃，爆炸极限 3.3% ~ 19%。乙醇无限溶于水，随着水的含量不同，酒精水溶液的参数也发生变化。30% 的酒精水溶液闪点 35.5℃；白酒的酒精含量约 50% ~60%，闪点在 22.5 ~25.5℃之间。又如，75% 以下硫酸水溶液不能用铁质容器包装。

1. 溶液的浓度

一定量的溶液里所含溶质的量叫做溶液的浓度。溶液浓度的表示方法有质量分数、ppm 浓度、摩尔浓度等，常用的是：

（1）质量分数

溶液的浓度用溶质质量占全部溶液质量的百分比来表示的叫做质量分数。

$$\text{质量分数} = \frac{\text{溶质质量}}{\text{溶质质量} + \text{溶剂质量}} \times 100\% \qquad (1\text{-}4\text{-}2)$$

（2）ppm 浓度

当溶液的浓度极稀时，用百分比表示很不方便，可用百万分比表示。ppm 是百万分数的符号。溶液的浓度用溶质质量占全部溶液质量的百万分比表示，称为 ppm 浓度。

$$\text{ppm 浓度} = \frac{\text{溶质质量}}{\text{溶质质量} + \text{溶剂质量}} \times 1000000\text{ppm} \qquad (1\text{-}4\text{-}3)$$

2. 溶质的溶解度

在相同的条件下，各种溶质在一定量的溶剂中所能溶解的能力是不同的。物质的溶解能力又叫溶解性，同样的溶质在不同的溶剂中的溶解性也是不同的。因此，要说某溶质在某溶剂里的溶解性，如果没有指明溶剂，则是指溶剂为水。一般认为20℃时，在100g水中能溶解10g以上的物质是易溶物质；能溶解1g以上的是可溶物质；能溶解1g以下的是微溶物质；能溶解0.01g以下的是难溶物质(或不溶物质)。

物质的溶解性通常用溶解度来定量表示。在一定温度下，100g溶剂中最多可溶解的溶质克数，叫做这种溶质在某温度下某溶剂里的溶解度。通常所说的溶解度就是某物质在水里的溶解度。

温度、压强都对溶解度有一定的影响，但影响程度因溶质而异。

在危险货物的储运工作中，了解各种货物尤其是液体货物对水的溶解性是很重要的。水是重要的消防手段，使用水扑救易燃液体火灾时，必须了解该易燃液体是否溶于水。溶于水可以用水扑救；不溶于水而密度又小于水，则该易燃液体会浮在水面上流淌，使火势蔓延。有毒气体泄漏时，如该气体溶于水，也可用水扑救，或将气瓶抛于水中以应急。

第二节 危险货物分类及品名编号

一、危险货物的定义

1987年7月1日开始实施的国家标准《危险货物分类和品名编号》给危险货物下的定义为："凡具有爆炸、易燃、毒害、腐蚀、放射性等性质，在运输、装卸和贮存保管过程中，容易造成人身伤亡和财产损毁而需要特别防护的货物，均属危险货物。"

上述定义指明了在危险货物的性质、危险后果及特别防护三方面的要求：

①具有爆炸、易燃、毒害、腐蚀、放射性等性质。非常具体地指明了危险货物本身所具有的特殊的性质，是造成火灾、灼伤、中毒等事故的先决条件。

②易造成人身伤亡和财产损毁。指出了危险货物在一定条件下：由于受热、明火、摩擦、振动、撞击、洒漏或与性质相抵触物品接触等，发生化学变化所产生的危险效应。不仅是货物本身遭到损失，更严重的是危及人身安全、破坏周围环境。

③在运输、装卸和贮存保管过程中需要特别防护。这里所说的特别

防护,不仅是一般运输普通货物必须做到的轻拿轻放、谨防明火,而且是要针对各种危险货物本身的特性所必须采取的"特别"防护措施。例如,有的爆炸品需添加抑制剂;有的有机过氧化物需控制环境温度。大多数危险品的包装和配载都有特定的要求。

必须注意:以上3个要求缺一则不成为危险货物。例如:贵重物品防丢失、精密仪器防振动、易碎器皿防破损都需要特别防护,但是这些物品不具特殊性质,一旦防护失措,不致造成人身伤亡或除货物本身以外财物毁损,所以不属危险货物。

二、危险货物的分类、分项

1. 危险货物的分类

物质的理化性质的不同,是决定物质是否具有燃烧、爆炸或其他危害性的重要因素。例如,有些物质本身的原子比较活泼,能与空气中的氧在常温下进行反应,并放出热能;有些物质能与水进行反应,置换出氢气,在常温下反应也极为剧烈;有的物质有氧化性或还原性;有的在常温下是气态的物质,与空气混合能形成易燃易爆的混合蒸气;有的物质是液态或固态,但暴露在空气中,遇明火极易燃烧;还有的物质本身就不稳定,当受热、振动或摩擦时极易分解导致危害;有的物质具有毒性和放射性等。因此,危险货物是一个总称。尤其是危险化学物品种类繁多,性质各异,有的还相互抵触。为了保证储运安全,方便运输,有必要根据各种危险货物的主要特性对危险货物进行分类。

《危险货物分类和品名编号》,将危险货物按其主要特性和运输要求分为9类(各类可分为若干项,并规定了各类危险货物的定义或划分标准):

第1类　爆炸品;
第2类　压缩气体和液化气体;
第3类　易燃液体;
第4类　易燃固体、自燃物品和遇湿易燃物品;
第5类　氧化剂和有机过氧化物;
第6类　毒害品和感染性物品;
第7类　放射性物品;
第8类　腐蚀品;
第9类　杂类。

2. 危险货物多重特性的主次区别

危险货物的分类，有的是根据货物的物理性质（如：压缩气体和液化气体）；有的是根据货物的化学性质（如：氧化剂和腐蚀品）；有的是结合货物的物理和化学性质（如：易燃液体和易燃固体）；还有的是根据货物对人身伤害的情况（如：放射性物品和毒害品）。总之，哪一种特性在运输的危险中居主导地位，就把该货物归为那一类危险品。上述的分类标准，并不是相互排斥的，大多数危险货物都兼有两种以上的性质。因此，在注意到某种货物的主要特性时，必须注意到该货物的其他性质。

3. 危险货物的分项

《危险货物分类和品名编号》，根据各类危险货物的特性差异、危险程度等又将其又分为若干项。同时，还规定了各项危险货物的定义或划分标准。

三、危险货物的品名、编号

1. 危险货物的品名

1990 年 9 月 1 日颁布实施的国家标准《危险货物品名表》，规定了 4000 多种危险货物的品名。危险货物的每个品名都有对应的危险货物编号。

2. 危险货物的编号

危险货物品名编号由 5 位阿拉伯数字组成，第 1 位数字表明危险货物的类别（即其主要危险特性），第 2 位数字代表危险货物的项别，第 3 ~ 5 位数字为顺序号。

危险货物品名编号表示见图 1-4-1：

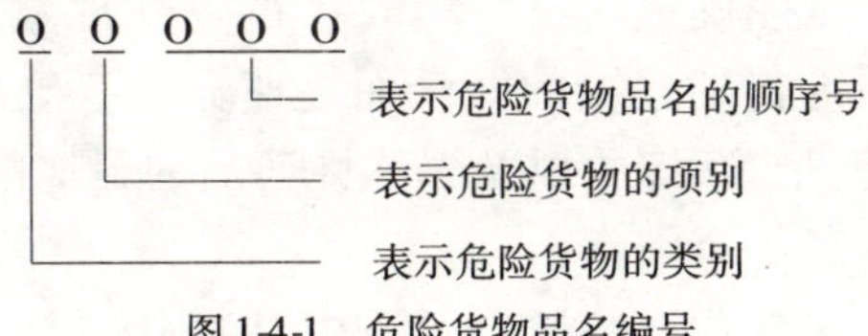

图 1-4-1　危险货物品名编号

①原则上规定每一危险货物的品名指定使用一个编号。如 11030 硝酸重氮苯；31025 丙酮；81007 硫酸等。

②有的危险货物品名是一个，而编号在两大类，其区分条件则表示在品名后边的括号中。如硝化纤维素（干的或含水 $<25\%$；硝化棉）用 11032 编号；硝化纤维素（含水 $\geqslant 25\%$；硝化棉）用 41031 编号。

③有的危险货物品名相同，由于其形态不同，而编号分在同一类内的两个项中，也在品名后边的括号中加以说明。如硝化纤维素塑料（板、片、棒、管、卷等状；赛璐珞），不包括碎屑，用 41547 编号；而碎屑（赛璐珞碎屑）则使用 42504 编号。

④有的危险货物品名相同，由于运输区域不同（指国际、国内而言）其编号不同。如连二亚硫酸钠（保险粉）外贸运输用 42012 编号；内贸运输用 43046 编号。

⑤有的危险货物品名相同，根据国际货物运输时不同包装而采取两个编号，例如高氯酸铵，就采用了 11081 与 51017 两个编号。

⑥对性质基本相同，运输条件和灭火、急救方法相同的危险货物，也可使用同一编号。例如：编号 32193 指含丙酮的制品；去光水；二硫化钼润滑膜；电子束管石墨乳；电子数码管石墨乳等多种危险货物。

第三节　各类危险货物定义及特性

一、第 1 类　爆炸品

1. 爆炸品的定义

本类货物系指在外界作用下（如受热、撞击等），能发生剧烈的化学反应，瞬时产生大量的气体和热量，使周围压力急剧上升，发生爆炸，对周围环境造成破坏的物品，也包括无整体爆炸危险，但具有燃烧、抛射及较小爆炸危险，或仅产生热、光、音响或烟雾等一种或几种作用的烟火物品。

根据爆炸时发生的变化性质，爆炸可分为：物理爆炸、化学爆炸和核爆炸。这个定义非常明确地指出“爆炸品”的爆炸现象是属于化学爆炸。化学爆炸是指物质因得到起爆的能量而迅速分解，释放出大量的气体和热量的过程。炸药、炮弹、爆竹以及爆炸性药品的爆炸都是化学爆炸。化学爆炸必须同时具备 3 个因素：

①反应速度快。变化以高速进行，并在瞬间完成。只有高速才能使爆炸产物的体积、能量、密度急骤增大而致爆。例如：煤炭虽然所含热量比同样重量的梯恩梯炸药（简称 TNT）高 1 倍多，但由于燃烧速度缓慢而不能形成爆炸；而 TNT 完全反应所需时间约为 10^{-5}s，瞬间所产生的热量来不及消散，气体产物就可升温到 2000 ~ 3000℃，压力达到10 ~ 14GPa，因而发生爆炸。

②释放出大量的热。热量是爆炸作功的能量来源。没有大量的热放出,爆炸反应不可能完成,更不能形成高温、高压、高能量气体而膨胀作功。例如:1kgTNT 爆炸能产生 4200kJ 的热量。1kg 硝化甘油爆炸时可放出 6196kJ 的热量。

③产生大量气体生成物。1kgTNT 爆炸后能生成 727.2L 气体,是爆炸前体积的 1130 倍。1kg 硝铵炸药爆炸后能生成 906L 气体,体积膨胀 1530 倍。

2. 爆炸品的分项

由于各种爆炸物品特性差异,其危险程度也各不相同。《危险货物分类和品名编号》将第 1 类危险货物(爆炸品)按危险程度分为 5 项:

①1.1 项　具有整体爆炸危险的物质和物品。

②1.2 项　具有抛射危险,但无整体爆炸危险的物质和物品。

③1.3 项　具有燃烧危险和较小爆炸或较小抛射危险,或两者兼有,但无整体爆炸危险的物质和物品。

④1.4 项　无重大危险的爆炸物质和物品。本项货物危险性较小,万一被点燃或引爆,其危险作用大部分局限在包装件内部,而对包装外部无重大危险。外部明火不能引起包装件内部所有内装物品的瞬间爆炸。

⑤1.5 项　非常不敏感的爆炸物质。本项货物性质比较稳定,在着火试验中不会爆炸。

3. 爆炸品的特性

决定爆炸品爆炸性能强弱的指标主要有 3 个:

(1)感度(亦称敏感度)

感度是指爆炸品在外界作用下,发生爆炸反应的难易程度。

爆炸物品需要外界提供一定量的能量才能触发爆炸反应,否则爆炸反应就不能进行。外界提供的能量也称起爆能,通常是以引起爆炸反应的最小外界能量来表示。显然,引起某爆炸品爆炸所需的起爆能量越小,则该爆炸品的敏感度越高,危险性也越大。

不同的爆炸品所需的起爆能的大小是不同的,其敏感度也是不同的。如:TNT 对火焰的敏感度较小,但如用雷管引爆则立即爆炸。《危险货物品名表》中将很多爆炸品的感受程度特别列出。如“遇火焰或火花能引起爆炸”,“对机械作用很敏感”,“撞击或加热、或触及金属可发生爆炸”等。即使同一种炸药,所需起爆能大小也不是固定不变的。例如同样是 TNT,在缓慢加压的情况下,它可以经受几千千克压力也不爆炸,但在瞬间撞击情况下，即使冲击力很小，也会引起爆炸。这就是爆炸品的运输装卸作业中不能摔碰、撞击的原因。了解爆炸品的敏感度这一特性对安全运输意义重大。

起爆能有多种能量形式。如机械能（冲击、摩擦、针刺）；热能（高温、明火、火花、火焰）；电能（电热、电火花）；光能（激光及其他光线）；爆炸能（雷管、起爆药）等。在运输装卸过程中，温度的变化及机械作用（振动、撞击、摩擦）的影响是不可避免的，所以在各种形式的感度中，主要是确定爆炸品的热敏感度和撞击敏感度。

①热感度。指爆炸品在外界热能的作用下，发生爆炸反应的难易程度。一般用“爆发点”来表示。爆发点是指物质在一定延滞期内发生爆炸的最低温度。延滞期是指从开始对炸药加热到其发生爆炸所需要的时间。表1-4-2给出了在不同的延滞期下TNT的爆发点。可见，由于加热速度不一样，同一爆炸品，延滞期越短，爆发点越高；延滞期越长，爆发点越低。虽未受高热，但受低热时间足够长的话，也会诱发爆炸。因此，在运输中一定要使爆炸品远离热源或采取严格的隔离措施。

梯恩梯炸药在不同延滞期下的爆发点　　表1-4-2

延滞期	5s	1min	5min	10min
爆发点（℃）	475	320	285	270

②撞击感度。指爆炸品在机械冲击的外力作用下对冲击能量的敏感程度，用发生爆炸次数的百分比表示。

目前，各国大都采用立式落锤感度试验机测定爆炸品的撞击感度。几种常用炸药的撞击感度见表1-4-3。

几种常用炸药的撞击感度　　表1-4-3

（锤重10kg，落高25cm，试样量0.05g，标准装置）

炸药品名	爆炸百分数（%）	炸药品名	爆炸百分数（%）
梯恩梯	4～8	黑索金	70～80
苦味酸	24～32	泰安	100
2,4,6-三硝基苯甲硝胺	50～60	无烟火药	70～80

炸药的纯净度对其撞击感度有很大的影响。当炸药内混入坚硬物质如玻璃、铁屑、砂石等时，则其撞击感度增加，危险性增大。当炸药中混入惰性物质如石蜡、硬脂酸、机油等时，则其撞击感度降低。因此，在运输装卸过程中，严禁混入坚硬杂物，车厢货舱应保持干净，炸药撒漏物绝不能

再装入原包装内。有些比较敏感的炸药(如黑索金、泰安等),在运输过程中为确保安全,可加入一些石蜡(这些附加物称为钝感剂)使其钝化,以增加安全系数。

(2)威力和猛度

①威力。指炸药爆炸时的作功能力,即炸药爆炸时对周围介质的破坏能力。威力的大小主要取决于爆热的大小、爆炸后气体的生成量的多少以及爆温的高低。

②猛度(又称猛性作用)。指炸药爆炸后爆轰产物对周围物体(如弹壳、混凝土、建筑物或矿石层等)破坏的猛烈程度。其大小可用爆轰压和爆速来衡量。

炸药的威力和猛度越大则炸药的破坏作用越强。衡量威力和猛度的参数很多,运输中采用爆速。爆速是指爆炸物品本身在进行爆炸反应时的传播速度(m/s)。当药量相当时,爆速的大小能在一定程度上反映出炸药的爆炸功率及破坏能力。不同的爆炸品具有不同的爆速。爆速越大,单位时间内进行爆炸反应的爆炸物品越多,其爆炸威力也越大。可见,爆速是决定爆炸威力的重要因素。通常将爆速是否大于3000m/s作为衡量爆炸品威力强弱的一个参考指标。常见炸药的爆速等参数见表1-4-4,可以看出黑索金、泰安、特曲儿、硝化甘油等都是爆炸威力很强的炸药。

常见炸药的爆速等参数　　表1-4-4

炸药品名	爆速(m/s)	1kg炸药爆炸后所产生的气体量(L)	1kg炸药爆炸后所产生的热量(kJ)
黑火药	500	280	2784
硝化甘油	8400	716	4196
硝化纤维	6300	765	4291
梯恩梯	6990	727	4187
特曲儿	7740	710	4564
黑索金	8380	908	6280
泰安	8400	780	6389
雷汞	4500	315	1541
迭氮铅	4500	310	1089

(3)炸药的安定性(稳定性)

炸药的安定性是指炸药在一定的贮存期间内,不改变自身的物理性质和化学性质(即爆炸性能)的能力。它主要取决于炸药的物理状态、化学结构、环境温湿度、密度、杂质等因素。

根据汽车运输的特点,在我国,以保持在环境温度不超过45℃(可允许短期略超过45℃)的条件下,运输期间货物不发生分解,不改变其使用效能,即可认为该货物安定性符合安全运输要求。

为增加运输过程中的化学安定性,对某些炸药,在运输途中必须加入一定量的水、酒精,或其他钝感剂(如萘、二苯胺、柴油等)。

综上所述,爆炸性是运输过程中对安定性的最大威胁。其中感度和安定性是用来衡量货物起爆的难易程度,而威力和猛度则关系到一旦发生爆炸所产生的破坏效果。一般来讲,可选用爆发点低于350℃、爆速大于3000m/s、撞击感度在2%以上为爆炸性的3个主要参考数据。三者居其一,即可认为具有爆炸性。

4. 常运的爆炸品

(1)火药、炸药及起爆药

①火药。火药又叫发射药,是极易燃烧的固体物质,量大时或在密闭状态下也能转变为爆炸,但军事上主要利用其燃烧有规律的性质,用作火炮发射弹丸的能源。火药按其结构又分为:

A. 单基药。主要成分为11032硝化纤维素(硝化棉);

B. 双基药。主要成分是11032硝化纤维素、11033硝化甘油和11034硝化二乙醇;

C. 三基药。主要成分是11032硝化纤维素、11033硝化甘油与11027硝基胍;

D. 黑火药。主要成分是硝酸钾、硫磺、木炭的机械混合物,各成分配比不同其性能也不同。

11032硝化纤维素(别名硝化棉)。由纤维素与硝酸-硫酸的混合酸经酯化反应而制得。广泛用于火工、造漆等行业,摄影胶片、赛璐珞、乒乓球都用其作原料。硝酸纤维素不仅易燃而且易分解。干燥的硝化棉极不稳定易被点燃,松散的硝化棉在空气中燃烧不留残渣,增大密度时,燃速下降。大量硝化棉在堆积或密闭容器中燃烧能转化为爆轰。干燥硝化棉能在较低温度下自行缓慢分解,放出大量的有毒气体并伴随放热,温度迅速上升而自燃。若含水25%时较为安全。干燥的硝化棉易因摩擦而产生静电。硝化棉外观好像受过潮的棉花,色白而纤维长。误其为棉花而发生事故也时有所见。硝化棉中含氮量不超过 12.5% 时,只能引起自燃,不会爆炸。这样,含氮量在 12.5% 以上,所含水分不得少于 32% 的硝化棉属于 1.1 项(爆炸品);含氮量在 12.5% 以下,所含水量不少于 32% 的硝化棉属于 4.1 项(易燃品)。

火药是以燃烧反应为主要化学变化形式的爆炸性物质,它具有规定的几何形状和尺寸、一定的密度和足够的机械强度。当采用适当的方式点火后,能够按照平行层规律燃烧,放出大量热和气体,对弹丸作发射功,或对火箭作推进功。常见火药的形式有:带状、棍状、片状、长管状、七孔状、短管状和环状等。

②炸药(猛炸药):炸药是相对稳定的物质,在一般情况下比较安定,能经受生产、贮存、运输、加工和使用过程中的一般外力作用。只有在相当大的外力作用下才能引爆,通常是用装有起爆药的起爆装置来激发其爆炸反应。猛炸药按其组成情况可分为:

A. 单质炸药。如 11035 梯恩梯、11041 黑索金、11049 泰安等;

B. 混合炸药。如 11035 梯恩梯与 11041 黑索金或其他两种以上单质炸药的混合物;

C. 工程炸药。如 11082 硝酸铵类的混合爆炸物。

炸药一旦起爆后就发生高速反应,生成大量气体并放出大量热量,因而发生猛烈的爆炸对周围环境造成破坏。一般炸药按不同的爆炸效应要求和不同的装药形状、条件填装于弹类的弹丸(战斗部)以达到爆炸后杀伤和破坏等作用。

(2)火工品及引信

为了引起炸药爆炸变化所采取的各种机构和装置统称火工品。它是靠简单的激发冲量(如加热、火焰、冲击、针刺、摩擦)引起作用,产生火焰,点燃发射药或引信药剂(延期药、加强药和时间药)引爆雷管、炸药。

引信是装配在弹药中,能够控制战斗部(如炮弹的弹丸,火箭的弹头,地雷的雷体和手榴弹的弹壳等)在相对目标最有利的地位或最有利的时间完全引起作用的装置。而引信中能够适时起激发作用的元件就是火工品。某些火工品不只装在引信中,它还装于发射装药或火箭发动机中用来点燃发射药。所以火工品是引燃和引爆器材的总称。因此,火工品、引信和战斗部三者是不可分割的一个整体。战斗部靠引信来控制,而引信的控制作用,重要的一部分由火工品来完成的。

火工品都是小的炸药元件，具有比较高的感度。其大致可分为两种：一种按输入冲量形式分为机械、热、电、爆炸装置等；另一种按输出形式分为点火器（包括火帽、底火、延期药、点火索、点火具等）和起爆器材（包括雷管、导爆索、导爆管、传爆管等）。

引信的构造主要包括发火和保险两个部分。引信的机构由多种零件组成，其引爆过程是：击针冲击火帽，火帽的火焰能量引爆雷管产生爆轰波，此波再引爆传爆管药粒后产生较大的爆轰波使整个弹丸爆炸。

(3)烟花爆竹

烟花、爆竹是我国传统的手工艺品，其历史悠久，品种繁多，已有声、光、烟、色、造型等综合效果的产品约500多种。其中有欢庆节日的大型高空礼花，有应用于航海、渔业的求救信号弹，有体育、军事训练用的发令纸炮、纸壳手榴弹、土地雷，还有农业、气象用的土火箭等。但对撞击、摩擦引发的拉炮、摔炮（搅炮）以及穿天猴、地老鼠、土火箭之类的烟花，因为不安全，国家已明令严禁制造和销售。

烟花、爆竹大都是以氧化剂（如氯酸钾、硝酸钾、硝酸钡等）与可燃物质（如木炭、硫磺、赤磷、镁粉、铝粉等）再加以着色剂（如钠盐、锶盐、钡盐、铜盐等）、粘合剂（如酚醛树脂、虫胶、松香、浆糊等）为主体的物质，按不同用途，装填于泥、纸、绸质的壳体内。其组成成分不但与爆炸品相同，而且还有氧化剂成分，应该是很敏感很危险的。但其大部分产品用药量甚少，用药量最多占30%，70%左右为泥土、纸张等杂物，就决定了它具有较好的安定性。如其包装不妥或对其爆炸危险性认识不足，同样也会造成爆炸事故。因此对烟花、爆竹的包装要求不能低估。应绝对禁止旅客夹带烟花爆竹。

二、第2类　压缩气体和液化气体

1. 压缩气体和液化气体的定义

本类货物系指压缩、液化或加压溶解的气体，并应符合下述两种情况之一者：

①临界温度低于50℃，或在50℃时，其蒸气压大于294kPa的压缩或液化气体；

②温度在21.1℃时，气体的绝对压力大于275kPa，或在54.4℃时，气体的绝对压力大于715 kPa的压缩气体；或在37.8℃时，雷德蒸气压大于275 kPa的液化气体或加压溶解的气体。

以上定义是以货物的物理特性为依据的。即常温常压条件下的气态物质一般临界温度低于50℃,或在50℃时的蒸气压力大于294kPa,经压缩或降温加压后,储存于耐压容器或特制的高绝热耐压容器(俗称钢瓶)内或装有特殊溶剂的耐压容器中,均属压缩、液化或溶解气体货物。

为便于理解,引入以下概念:

①常温常压是指货物储存和运输的自然条件。常压即是正常的1个自然大气压,一般等于0.1 MPa;常温是指自然环境温度,它有一个比较宽的温度区间,如我国冬天北方室外的气温可达-40℃,夏天在阳光直射下可达50℃以上。

常压下,环境温度高于沸点时,物质为气体;环境温度低于沸点时,物质则为液体。在常温常压下,临界温度低于50℃的物质毫无疑问是气态的,如乙醛的沸点20.8℃,乙醚的沸点34.6℃等。

通常,增大压力、降低温度(在此不予讨论)可以使气体液化。要使临界温度低于50℃的气体液化,至少需要5MPa的压力。

②液体气化时,它的分子不断从体内逸出,形成蒸气,但同时也有分子从蒸气中进入液体内,即液化和气化是同时进行的。在一个封闭的空间里,如果同一时间内液化和气化的分子数目相同时,称这液体同其蒸气处于平衡状态,这时的蒸气称之饱和蒸气,而此时的压力则称为“饱和蒸气压”,简称蒸气压(以帕或千帕为单位)。雷德饱和蒸气压是指在规定条件下,油品在雷德式饱和蒸气压测定器中所显示的压力。

某种液体,在一定的温度下其蒸气压是一定的,但蒸气压随着温度的升高而增加。例如,水在20℃时,饱和蒸气压是2.3kPa,而在100℃时为0.1 MPa。在同一温度下,各种物质的饱和蒸气压是不同的。液态物质的温度升高到其沸点时,其饱和蒸气压与外界压力相等,此时的气化可以在液体的表面和内部同时剧烈进行,这就是沸腾。

如果对某种达到饱和状态的蒸气施加压力,外部压力大于蒸气压时,蒸气就会液化。所以临界压力实质上是临界温度时的某物质的饱和蒸气压。

由此可知,虽然50℃比某些液体的沸点要高,但如果此时外部压力大于这些液体在50℃时的蒸气压时,那么这些物质还能保持液体的状态。用于灌装液体货物的铁桶和玻璃瓶一般可以承受0.3MPa的内压。因此,如果某物质的50℃时的蒸气压大于0.3MPa,则这种物质必须灌装在区别于液体货物包装的耐压容器中。

2. 压缩气体和液化气体的分项

第2类危险货物(压缩气体和液化气体)按其化学性质分为3项:

(1)2.1项　易燃气体

这项气体泄漏时,遇明火、高温或光照,即会发生燃烧或爆炸。燃烧或爆炸后的生成物对人体具有一定的刺激或毒害作用。

"可以燃烧"是这类气体的根本的化学特性。气体"容易"或"不容易"燃烧一般是以爆炸极限或燃烧范围来衡量的。

燃烧需要氧气,空气中含有1/5的氧气即可助燃。某种可燃气体散发在空间与空气混合后,如果可燃气浓度太低,则可供燃烧的物质太少,燃烧不能进行;反之,如果可燃气浓度太高,则供氧不足,也不能使燃烧进行。可燃气体或可燃液体的蒸气与空气混合后遇火花引起燃烧爆炸的浓度范围,称为该物质的爆炸极限,也称燃烧极限,用可燃物占全部混和物的百分比浓度来表示。混合气体能发生燃烧爆炸的最低浓度称爆炸下限,最高浓度称爆炸上限。在上、下限之间的混合气体叫做爆炸性混合气体。爆炸上限与爆炸下限之差,为爆炸范围。气体的爆炸下限越低或爆炸范围越大,则其燃烧的可能性越大,也就越易燃,越危险。

易燃的气体中,爆炸下限小于10%的占92%,其余的燃烧范围大于12%。因此,可以用爆炸下限小于10%或爆炸范围大于12%作为衡量易燃气体的标准。只要参数满足上述两者之一,即可被认为是易燃气体。常见可燃气体、蒸气的参数见表1-4-5。

常见可燃气体、蒸气的参数表　　表1-4-5

可燃气体	自燃点(℃)	爆炸极限(体积%)		危险度 $H=\frac{X_2-X_1}{X_1}$
		下限 X_1	上限 X_2	
氢气	585	4.0	75	17.7
二氧化碳	100	1.25	44	34.3
硫化氢	260	4.3	45	9.5
氰化氢	538	6.0	41	5.8
氨	651	15.0	28	0.9
一氧化碳	651	12.5	74	4.9
乙炔	335	2.5	81	31.4
甲烷	537	5.3	14	1.7
丙烷	467	2.2	9.5	3.3
己烷	260	1.2	7.5	5.2

(2)2.2项 不燃气体(包括助燃气体)

这项气体泄漏时,遇明火不燃。直接吸入体内无毒、无刺激、无腐蚀性,但高浓度时有窒息作用。

燃与不燃是相对的,有些气体在高温条件下遇明火会燃烧。不燃气体主要是惰性气体和氟氯烷类的致冷剂和灭火剂。

必须给予十分重视的是,有些气体如氧气、压缩空气、一氧化二氮等本身不可燃,但它们有强烈的氧化作用,可以帮助燃烧,称之为助燃气体。助燃气体实质上是气体状的氧化剂,它比液态或固态的氧化剂具有更强烈的氧化作用。所以不能忽视助燃气体的危险性,在储存运输危险货物的实际中,必须把助燃气体与不燃气体区别开来。储运助燃气体要遵守储运危险货物第5类(氧化剂与有机过氧化物)的各项要求和规定。

(3)2.3项 有毒气体

这类气体泄漏时,对人畜有强烈的毒害、窒息、灼伤、刺激等作用。其中有些还具有易燃性或氧化性。

本项气体的毒性指标与危险货物第6类(毒害品)的毒性指标相同。其储运的注意事项也必须遵守毒害品的有关规定。主要的有毒气体有:液氯、氰、光气、溴甲烷、二氧化硫、液氨等。其中储运量最大的是液氯、液氨和二氧化硫。

3. 压缩、液化气体的特性

此处仅讨论与危险货物有关的气体的几个物理性质。气体是物质的一种聚集状态,又称气态。气体分子可以自由移动,因而气体总要充满整个容器。气体的体积就是指气体所充满的容器的容积。气体对容器壁有压力作用,这是气体分子频繁地碰撞器壁而产生的。体积、压力和温度是描述气体状态的重要的物理量,统称为气体的状态参量。其中气体温度用热力学温度(绝对温度)表示,单位是K。热力学温度与摄氏温度每一度的大小是相同的,热力学温度与摄氏温度的关系为:热力学温度 T = 摄氏温度 t + 273.15。例如,在1标准大气压下,冰的熔点为0℃即273.15K,水的沸点为373.15K即100℃。

(1)气体的液化

物质的三种状态是可以相互转变的。物质所处的状态与温度、压力有关。分子在聚集成物体时,由于分子与分子之间的距离和作用力大小不同,而形成气体、液体和固体。气体中分子之间的距离最大而作用力最小,分子可以在任意范围内运动,所以气体有流动性、可压缩性,没有一定的形态和体积。任何气体都可以压缩，处于压缩状态的气体叫做压缩气体。如果在对气体进行压缩的同时进行降温，压缩气体就会转化为液体。气体转化为液体过程叫做液化。

经加压降温后成为液态的而在常温常压下是气态的物质叫做液化气体。为了区别一种气体货物的两种不同状态，被液化的气体在气体名称之前应冠以“液化”或“液态”。如液化氢气、液态氧（又可简称为液氢、液氧）和液化石油气等。

气体只有将温度降低到一定程度时施加压力才能被液化。若温度超过此值，则无论怎样增大压力都不能使之液化。这个加压使气体液化所允许的最高温度叫做临界温度。不同气体，临界温度不同。

气体在临界温度时，还需施加压力才能被液化。在临界温度时，使气体液化所需要的最小压力叫做临界压力。不同气体，临界压力也各不相同。几种气体的临界温度和临界压力见表1-4-6。

几种气体的临界温度和临界压力 表1-4-6

气体名称	临界温度（℃）	临界压力（MPa）	气体名称	临界温度（℃）	临界压力（MPa）
氦气	-267.9	0.23	乙烯	9.7	5.07
氢气	-239.9	1.28	二氧化碳	31.0	7.29
氖气	-228.7	2.59	乙烷	32.1	4.88
氮气	-147.1	3.35	氨气	132.4	11.13
氧气	-118.8	4.97	氯气	143.9	7.61
甲烷	-82.1	4.63	二氧化硫	157.2	7.77
一氧化碳	-138.7	3.46	三氧化硫	218.3	8.38

通常在常温下使用和储运气体，而且灌装气体的容器不绝热，即容器内外的温度是一样的。因此，临界温度低于常温的气体是压缩气体，临界温度高于常温的气体是液化气体。无论是处于压缩状态，还是处于液化状态，气体的临界温度越低，危险性越大。

（2）气体的物理爆炸

物质因状态或压力发生突变而形成的爆炸现象称为物理爆炸。例如锅炉的爆炸、气体钢瓶的爆炸等。

气体要储存和运输，必须灌装在耐压容器中，根据不同气体的临界温度和临界压力，气体耐压容器所承受的内压也不同，最低的1MPa，最高达

15MPa 以上。按规定压力装灌合乎质量要求和安全标准容器内的气体，在正常情况下不会发生危险。但当受到剧烈撞击、振动、高温、受热时，会使容器内压力骤增，该压力超过容器的耐受力时就会发生气瓶爆炸。

因此，防止气瓶的物理爆炸是保证气体储运安全的首要事项。储运气瓶应远离火源，防止日晒，注意通风散热。

(3)气体的相对密度

当温度压力相同时，两种气体的密度之比称为气体的相对密度。一般地，气体的相对密度是以空气为标准的。例如，在标准状况下，1L 空气的质量为 1.293g，1L 氢气的质量为 0.08987g；空气的平均分子量为 29，氢气的分子量是 2.016，则氢气对空气的相对密度 D 为：$D=\frac{0.08987}{1.293}=0.0695$ 或 $D=\frac{2.016}{29}=0.0695$。

一切比空气轻的气体都会蓄留在空间的封闭顶部；一切比空气重的气体都会沉积在低洼处。若任其蓄积，都有潜在的危险，会引起燃烧、爆炸、毒害、窒息等。例如，二氧化碳的相对密度是 1.5862，空气中二氧化碳含量只要达到 3%，就会使人窒息而死。所以储存危险货物的仓库必须有良好的通风排气设施。在装卸作业时，应先开仓通风而后作业。在开启货车车厢、集装箱和货舱时，尤其要注意这一点。

(4)气体的溶解性

某些液体对某种气体有特大的溶解能力。例如氨气、氯气可以大量溶解在水里，乙炔可以大量溶解在丙酮中。利用这个性质可以储运某些不易液化或压缩的气体。乙炔就是如此。乙炔钢瓶内填充了多孔性物质，再注入丙酮，然后把乙炔加压灌入，使之溶解在丙酮中。把这种溶解在溶剂中的气体称为溶解气体。所以气体危险货物的全称应是：压缩、液化或加压溶解气体。

溶解有气体的溶剂受热后，气体会大量逸出，从而引起容器爆炸。特别是乙炔钢瓶，如果从火灾中抢救出来，瓶内的多孔材料可能熔结，溶剂可能挥发，钢瓶就失效。此时如果再用来灌装乙炔，就可能造成大事故。所以乙炔钢瓶经火烤以后就不能再使用。

利用气体在水中的溶解性，一旦发现某些容易溶于水的气体逸漏时，可以用水吸收扑救。

4. 压缩、液化或加压溶解气体的主要危险性

(1)容器破裂甚至爆炸。本类货物都是灌装在耐压容器中,内部承受着几兆帕的容器本身就是一种危险货物。由于受热、撞击等原因造成容器内压力的急剧升高,或者由于容器内壁被腐蚀,容器材料疲劳等原因使容器的耐压强度下降,都会引起容器的破裂甚至爆炸。

(2)由于气体物质本身的化学性质引起的危险。由于各种气体的化学性质差别很大,有的易爆易燃、有的有毒、有的具腐蚀性等,气体如果溢漏出来,因其本身的化学性质,则可能引起火灾、爆炸、中毒、灼伤、冻伤等事故。即使是化学性质很不活泼的惰性气体的溢漏,也会引起窒息死亡。

针对气体的不同化学性质所引起的各种危险,应采取相应有效的预防措施。

5. 常见的压缩气体和液化气体

(1)22001 氧气

22001 氧气是空气的重要组成部分。空气中氧气占 21%,其余主要为氮气(约占 78%)。由于氮气的性质不活泼,空气的许多化学性质,实际上是氧气性质的表现。当有压缩空气装在 15MPa 以上高压钢瓶中运输时,应与氧气同样看待。

氧气无色、无嗅、微溶于水,氧的临界温度 -118.8℃,沸点 -183℃,临界压力 4.97MPa,液氧为淡蓝色。氧几乎能与所有的元素化合。氧气是生命的基础条件。氧气的浓度对它的化学性质有很大的影响。空气中氧气的含量不大,棉花、酒精等在空气中只能比较平缓地燃烧,超过正常比例的氧气能使燃烧迅猛。铁在空气中与氧的反应是生锈,而在 22002 液氧中,虽是在 -120℃以下也会燃烧。油脂在纯氧中的反应要比在空气中剧烈得多,当高压氧气(即高压空气)喷射在油脂上就会引起燃烧或爆炸,实质就是油脂与纯氧的反应,所以氧气瓶(包括空瓶)绝对禁油。储氧钢瓶不得与油脂配装,不得用油布覆盖;储运氧气钢瓶的仓间、车厢、集装箱等不得有残留的油脂;氧气瓶及其专用搬运工具严禁与油脂接触,阀门、轴承都不得用油脂润滑;操作人员不能穿戴沾有油污的工作服和手套。

(2)21001 氢气

21001 氢气是最轻的气体,约为空气的 1/14 重。氢气无色、无嗅,极难溶于水,临界温度 -239.9℃,临界压力 1.28MPa。氢气可燃,纯净的氢气在空气中燃烧平静,火焰为淡蓝色。燃烧温度可达 2500 ~ 3000℃,可作焊接用。21001 液氢可作火箭和航天飞机的燃料。

氢气的爆炸极限极宽，为4.0%～75%，所以氢气是一种极危险的气体。氢气与空气或氧气混合后，遇明火会发生强烈爆炸。美国“挑战者号”航天飞机起飞时爆炸，其原因即是燃料箱渗漏，液氢与液氧在机体外相遇混合，其时航天飞机外壳的温度足够点燃氢氧混合气，于是酿成了美国航天史上最惨重的失败。氢气瓶漏气后遇明火或高温会爆炸，这一点要求运输人员充分重视。

氢气是用途极广的工业原料，工业氢气通过食盐和水的电解取得：

$$2NaCl + 2H_2O \xlongequal{\text{电解}} 2NaOH + H_2\uparrow + Cl_2\uparrow$$

氢气和氯气、氧气占了气体储运量中的极大部分。实验室的氢气可以用金属（比如锌、铁）与酸置换反应取得。

氢气有极强的还原性，能与许多非金属直接化合。如氢能在氯气中燃烧生成氯化氢；能与硫反应生成硫化氢。氢气在氯气中的爆炸极限为5.5%～89%，氢和氯的混和气体在日光照射下就会发生剧烈的爆炸。

所以，氢气不能与任何氧化剂尤其是氧气、氯气混储、混运。

（3）23002 氯气，又名液氯

23002 氯气的临界温度144℃，临界压力7.61MPa。常温下0.6MPa就会使氯气液化，故氯气总是在液化的状态下储存运输，习惯称氯气为液氯。

氯气是一种黄绿色的剧毒气体，有强烈的刺激气味。空气中的最高允许浓度2mg/m^3，如超过0.1～0.5mg/m^3，人吸入后，会发生咽喉、鼻、支气管痉挛，眼睛失明，并导致肺炎、肺气肿、肺出血而死亡；如超过2.5g/m^3，则会立即使人畜窒息死亡。

氯气的蒸气相对密度2.5。所以，氯气泄漏在空气中会沉在下部沿地面扩散，使地面人员受害。氯气溶于水，常温下1体积水可溶解2.5体积的氯气。氯气瓶漏气时，可大量浇水，或迅速将其推入水池，或用潮湿的毛巾捂住口鼻，以减轻危害。

氯气是很活泼的物质，有极强的氧化性。如：铜能在氯气中燃烧；氯气与易燃气体能直接化合，其混合气遇光照会发生爆炸；氯与非金属如磷、砷等接触也会发生剧烈的反应甚至爆炸。

氯气与有机物接触也会发生强烈反应。

（4）23003 氨，又名液氨

23003 氨气分子式为NH_3。氨是一种无色、有刺激性的气体，蒸气相对密度0.59。氨的临界温度132.4℃，临界压力11.13MPa。在常温下0.7～0.8MPa就能使氨液化。氨极易溶于水，1体积的水可以溶解700体积的氨。所以，当液氨钢瓶漏气时，以大量水浇之或将其浸入水中，就可暂时减少进入空气中氨气量，以免发生更大事故。

氨有强烈的刺激性气味，能使人窒息死亡，故属有毒气体。但少量的氨能刺激神经，昏迷人嗅到氨的气味可以恢复知觉。所以，有时也用很稀的氨气来急救昏迷的病人。

氨的水溶液叫氨水，显碱性，可以看作是生成了氢氧化铵 NH_4OH，属腐蚀物品。氨水的含氨量一般在20%以下。含氨量大于20%，需加压才能溶解，所以含氨量大于20%的氨的水溶液是作为溶解气体储运的。

氨遇酸化合生成铵盐，如 $NH_3 + HCl = NH_4Cl$，所以氨气钢瓶要远离任何酸类物质。

氨不能在空气中燃烧，但能在纯净的氧气里燃烧。氨能与氯气发生剧烈的反应，生成氯化氢和氮气：

$$2NH_3 + 3Cl_2 = 6HCl + N_2\uparrow + \text{热量}$$

氯化氢吸湿性很强，能吸收空气中的水蒸汽立即形成白雾状的盐酸。工厂中常用这个原理，用喷微量氨水的方法来检验氯气瓶是否有微量的漏气。即漏气量还没有被人们的嗅觉所感觉之前，喷洒上氨水却可以看出一条线状的白雾带。

但如果不是微量的氨气与微量的氯气相遇，而是大量的氯和氨相遇，反应将会继续进行下去，生成氯化铵和三氯化氮等：

$$NH_3 + 3Cl_2 = NCl_3 + 3HCl$$

$$NH_3 + HCl = NH_4Cl$$

$$NH_4Cl + 3Cl_2 = NCl_3 + 4HCl$$

三氯化氮的性质很活泼，很不稳定，与有机物接触、遇热或被撞击，立即会发生爆炸性分解：

$$2NCl_3 = N_2\uparrow + 3Cl_2\uparrow + \text{热量}$$

所以液氯和液氨不能在同一车厢配装，也不可在同一库房内混储。

(5)21024 乙炔(溶于丙酮)

21024 乙炔(C_2H_2)俗名电石气。电石受潮后放出的气体即为乙炔：

$$CaC_2 + 2H_2O = Ca(OH)_2 + C_2H_2\uparrow$$

纯净的乙炔无色、无嗅，工业乙炔因含有杂质——磷化氢(PH_3)而具有特殊的刺激性气味。

乙炔非常容易燃烧，也极易爆炸，其闪点 -17.8℃，爆炸极限2.5% ~81%。危险度 31.4，仅次于二硫化碳。当空气中含乙炔 7% ~13% 或纯氧中含乙炔 30% 时，压力超过 0.15MPa 不需明火也会爆炸。未经净化的乙炔内可能含有 0.03% ~1.8% 的磷化氢，气态磷化氢 100℃时会自燃，液态磷化氢的自燃点低于 100℃。因而，在乙炔中含有空气、磷化氢等杂质时更容易燃烧爆炸。一般规定，乙炔中乙炔含量应在 98% 以上，磷化氢的含量不得超过 0.2%，硫化氢含量不得超过 0.1%。

乙炔与铜、银、汞等重金属或其盐类接触能生成乙炔铜、乙炔银等易爆炸物质，故凡涉及乙炔用的器材都不能使用银和含铜量 70% 以上的铜合金。

乙炔能与氯气、次氯酸盐等化合成乙炔基氯，乙炔基氯极易爆炸。乙炔还能与氢气、氯化氢、硫酸等多种物质起反应。因而储运乙炔时，不能与其他化学物质放在一起。

在讨论气体的溶解性时，讲到乙炔实际上是溶解气体。因为乙炔是在高压下具有爆炸性质的物质，它所受到压力越高，越容易引起爆炸。具有这种性质的气体还有二氧化氯、偶氮化氢、氧化氮、氰化氢、氧化亚氮等。所以考察乙炔的临界温度和临界压力是没有实际意义的。

但是，乙炔在丙酮溶液中则能保持稳定。1 体积丙酮在常压下可溶解 25 体积的乙炔，在 1.2MPa 下可溶解 300 体积乙炔。乙炔钢瓶内填充有活性炭、木炭、石棉或硅藻土等多孔材料，再将丙酮注入，然后通入乙炔使之溶解于丙酮中，直至在 15℃达到 1.55MPa。国外曾有报道，因容器密封不良而漏气，操作人员在采取措施时，由于衣服摩擦产生静电，因火花放电引起爆炸事故。所以，相比于其他气体，防止乙炔的泄漏显得更为重要。

(6)21008 天然气（含甲烷，液化的），别名液化天然气

21008 天然气是广泛用于工业、农业、家用及商业的动力燃料，化学及石油化学工业原料。天然气是无色无嗅液体，主要成分为含 83% ~99% 甲烷、1% ~13% 乙烷、0.1% ~3% 丙烷、0.2% ~1.0% 丁烷。也含有一定比例的氮气、水蒸汽、二氧化碳、硫化氢，有时还含有一些数量不明显的稀有气体（氦、氩）。天然气在液化装置液化，产生液化天然气，其组成与气态稍有不同，因为一部分组分在液化过程中被除去。沸点 -164 ~ -160℃。

天然气极易燃。蒸气能与空气形成爆炸性混合物，在室温下的爆炸

极限5%～14%，在－162℃左右的爆炸极限6%～13%。当液化天然气由液体蒸发为冷的气体时，其密度与在常温下的天然气不同，约比空气重1.5倍，其气体不会立即上升，而是沿着液面或地面扩散，吸收水与地面的热量以及大气与太阳的辐射热，形成白色云团。由雾可察觉冷气的扩散情况，但在可见雾的范围以外，仍有易燃混合物存在。如果易燃混合物扩散到火源，就会闪回燃着。当冷气温度至－112℃左右，就变得比空气轻，开始向上升。液化天然气比水轻（相对密度约0.45），遇水生成白色冰块。冰块只能在低温下保存，温度升高即迅速蒸发，如急剧扰动能猛烈爆喷。天然气主要由甲烷组成，其性质与纯甲烷相似，属“单纯窒息性”气体，高浓度时因缺氧而引起窒息。液化天然气与皮肤接触会造成严重灼伤。

三、第3类　易燃液体

1．易燃液体的定义

本类货物系指易燃的液体、液体混合物或含有固体物质的液体，但不包括由于其危险特性已列入其他类别的液体。其闭杯试验闪点等于或低于61℃，但因不同运输方式而确定本运输方式适用的闪点不得低于45℃。

对运输来说，易燃液体最主要的危险是其挥发性蒸气导致燃烧和爆炸。衡量液体易燃性和易爆性的重要特性参数是闪点、沸点、燃点、爆炸极限和蒸气压等。其中最主要的是闪点和沸点。

闪点是衡量液体易燃性的最重要的指标。如果可燃液体温度高于其闪点时，随时都有接触火源而被点燃的危险。可燃液体的闪点分为闭杯闪点 T_{cc} 和开杯闪点 T_{oc}。闪点较高的液体，为方便起见，一般用开杯式容器测定。闪点在5～150℃范围内的，开杯式测定的闪点比闭杯式测定的闪点高几度。一般地，$T_{cc} \approx T_{oc} + 5$。世界各国的各种“危规”涉及到闪点时，除有特别说明的外，都是指闭杯闪点。

闪点实质上与爆炸极限有密切的关系。当液体受热而迅速挥发时，如果液面附近的蒸气浓度正好达到其爆炸下限浓度，则此时的温度就是闪点。因此，闭杯试验得到的闪点更精确些。同时也说明，只要能给出液体的蒸气压曲线和爆炸下限，则可以通过理论计算求得该液体的闪点。闪点越低，液体的危险性越大。

沸点时液体的蒸气压等于大气压力，若此时液体继续受热，越来越多的液体转为气体，其蒸气压随之上升。液体的沸点越低，越容易气化，越容易与空气形成爆炸性混合物。

2. 易燃液体的分项

《危险货物分类和品名编号》将第3类危险货物(易燃液体)按其易燃危险性分为3项(同国际海事组织IMO)。

①3.1项　低闪点易燃液体：闪点低于-18℃的液体。

②3.2项　中闪点易燃液体：闪点在-18 ~23℃之间的液体。

③3.3项　高闪点易燃液体：闪点在23 ~61℃之间的液体。

3. 易燃液体的特性

(1)易燃液体的物理特性

①高度挥发性。液体物质在任何温度下都会蒸发，并在加热到沸点时，迅速变为气体。静置的液体，表面看似静止不动，但实际上其分子是在不停的运动之中。一些能量较高的液体分子在运动中会克服液体分子间的吸引力成为气体。这个过程一般称为“气化”。如果气化只发生在液体的表面，又称为“蒸发”。蒸发是液体分子从液体表面不断进入气相变为气体的过程。蒸发可以在低于沸点的温度下进行。液体在低于沸点温度下的蒸发现象又称“挥发”。不同液体的蒸发速度是不同的。同一液体，蒸发的速度受外界温度、液体的表面积大小和与液体表面接触的空气的流动速度三个因素的影响。

一般来讲，沸点低的液体，挥发性也大。易燃液体大多是低沸点液体，在常温下就能不断地挥发，如乙醚、乙醇、丙酮和二硫化碳等的挥发性都较大，这类物质也称为挥发性液体。不少易燃液体的蒸气又较空气重，易积聚不散，特别在低洼处所、通风不良的仓库内及封闭式货厢内易积聚产生易燃易爆的混合蒸气，造成危险隐患。

②高度流动扩散性。易燃液体的粘度一般都较小，而且大多数易燃液体的相对密度比较小，且不溶于水，会随水的流动而扩散。易燃液体还具有渗透、毛细管引力、浸润等作用，即使容器只有细微裂纹，易燃液体也会渗出容器壁外，扩大其表面积，源源不断地挥发，使空气中的蒸气浓度增高，增加了燃烧爆炸的潜在危险。

③蒸气压及受热膨胀性。敞开的液体物质总是或快或慢地蒸发着，直至全部变为蒸气为止，但装在密闭容器内的液体则不然。如果将某种液体在一定温度条件下，盛装在一个留有空间的容器中，即有少量液体蒸气进入液体表面的空间。直到液体与其蒸气达到平衡为止(达到蒸气

压)。温度越高,液体蒸气压力越大,且由于其沸点低、易挥发特性必然使其蒸气压也较高,危险性也越大。蒸气压高的易燃液体,易于产生能引起燃烧所需要的最低限度的蒸气量,因此蒸气压越高,危险性也相对增加。运输途中很可能因为环境温度变化的影响,蒸气压高的易燃液体容易引起包装容器出现“鼓桶”现象,甚至爆炸。为此,盛装易燃液体的容器应有足够的安全系数,甚至在容器内还须加入某些性质相容的稳定剂以抑制其挥发。

热胀冷缩是物质的固有特性。液体物质的受热膨胀系数较大,加上易燃液体的易挥发性,受热后蒸气压也会增大,装满易燃液体的容器往往会造成容器胀裂而引起液体外溢。因此,易燃液体灌装时应充分注意,容器内应留有足够的膨胀余位。膨胀余位一般以体积的百分比计算。

液体物质的膨胀体积可以用式(1-4-4)计算:

$$V_2 = V_1(1 + \alpha\Delta T) \tag{1-4-4}$$

式中:V_2——物质膨胀后的体积;

V_1——物质膨胀前的体积;

α——体积膨胀系数,常见液体的体积膨胀系数见表1-4-7;

ΔT——温度差,$\Delta T = T_2 - T_1$;

T_2——物质膨胀后的温度;

T_1——物质膨胀前的温度。

常见液体的体积膨胀系数 表1-4-7

液体名称	α(1/℃)	液体名称	α(1/℃)
乙醚	0.001656	乙醇	0.001120
戊烷	0.001608	汽油	0.001080
丙酮	0.001487	醋酸	0.001071
苯	0.001237	松节油	0.000973
四氯化碳	0.001237	甘油	0.000505
甲醇	0.001199	水	0.000107

④电阻率大,容易积聚静电。当两种不同性质的物体相互摩擦或接触时,由于它们对电子的吸力大小各不相同,发生电子转移,使甲物失去一部分电子而带正电荷,乙物获得一部分电子而带负电荷。如果该物体对大地绝缘,则电荷无法泄漏,停留在物体的内部或表面呈相对静止状态,这种电荷就称为“静电”。

静电的产生与物质的导电性能有很大关系，它以电阻率来表示，电阻率越小，导电性能越好，容易泄漏静电；电阻率大的则容易积聚静电。静电放电会引起火灾。

静电放电导致火灾必须具备4个条件：

①必须有产生静电的条件，如摩擦起电、附着带电、感应器、极化起电；

②必须具备静电积聚的条件；

③积聚的静电必须产生火花放电；

④火花间隙中必须有一定量的可燃气体。

易燃液体的着火能量较小，往往容易被静电火花点燃。如果静电放电的火花能量已达到或大于周围可燃物的最小着火能量，而且空气中的可燃物浓度或含量已达到燃烧、爆炸的范围，就能引起燃烧、爆炸。易燃液体积聚静电如再遇雷电，后果不堪设想。

常用的部分易燃液体如苯、汽油等中的烃、芳香烃或氯化烃的电阻率很大，在运输、装卸过程中，由于振动、摩擦的作用，极易积聚静电，特别是汽车罐车运输在灌装时的灌装流速过快也极易积聚静电，一旦发生静电放电，就可能引起可燃性蒸气的燃烧爆炸，后果严重。因此装运易燃液体的罐车必须配备导除静电的装置（使易燃液体灌装时不具备静电放电的4个条件）。

（2）易燃液体的化学特性

①高度易燃性。易燃液体的易燃性，取决于它们的化学构成。易燃液体几乎都是有机化合物，都含有碳原子和氢原子。在一定条件下（如加热、遇火等）与空气中的氧化合而引起燃烧。同时，由于这些液体的挥发性较大，因而在液面附近的蒸气浓度也较大，如遇火花即能与氧剧烈化合而燃烧。

易燃液体的燃烧，实质上是其蒸气与氧化合的剧烈反应，液体本身是不燃烧的。例如，点燃乙醇，则在乙醇表面产生火焰，火焰的热量加快乙醇蒸发，源源不断地提供蒸气与氧化合使燃烧持续。

闪点即表示易燃液体的易燃程度，闪点越低，易燃性越大。此类物品闪点大都是比较低的，大多数都在常温以下，有的甚至在0℃以下数十度。

当液体温度升高、超过闪点温度之后，继续受热可达到放出蒸气量足以维持燃烧的温度，这个温度称为燃点，也称着火点。一般燃点比闪点高出10℃。

②易爆性。易燃液体挥发成蒸气,与空气形成可燃性的混合物,当气体混合物的浓度达到一定范围(即爆炸极限)时,遇明火就会燃烧和爆炸。易燃液体爆炸极限范围越宽,燃烧、爆炸的可能性越大;温度升高,易燃液体挥发量增大,易燃易爆性增大;相同温度下,易燃液体闪点越低,越易挥发,易燃易爆性越高。

③能与强酸、氧化剂剧烈反应。易燃液体遇氧化剂或具氧化性的强酸如高锰酸钾、硫酸、硝酸会剧烈反应而自行燃烧。因此装运时,应注意易燃液体不得与强酸、氧化剂混装,或者采取有效措施隔离方可。

④易燃液体的有毒性。大多数易燃液体除具有易燃易爆的危险特性外,还具有大小程度不等的毒性。易燃液体可以通过皮肤、消化道或呼吸道被人体吸收而中毒。例如,长时间的吸入醚蒸气会使人麻醉,深度麻醉可致人死亡。所以应该把易燃液体看成和一般化学药品一样是有毒有害的。特别是挥发性较大的易燃液体,其蒸气带来的毒性更不可忽视,即使是挥发性很小的易燃液体,直接与之接触也是有害的。

易燃液体蒸气浓度越大,毒性也越大。

4. 常见的易燃液体

(1)32050 苯(C_6H_6)

32050 苯是无色透明液体,易挥发,具有芳香气味;相对密度 0.879,易溶于有机溶剂,不溶于水,故不能用水扑救苯引起的火灾;沸点80.1℃,闪点 -11℃,爆炸极限 1.3% ~7.10%;有毒,能对造血器官与神经系统造成损害,空气中最高允许浓度 10ppm。

苯是从炼焦以及石油加工的副产品中提取的。苯是重要的工业原料,广泛用于乙烯、酚的制成,以及合成橡胶、乳酸漆、塑料、粘合剂、农药、树脂、香料等工业。苯与氧化剂反应剧烈,易于产生和积聚静电。

(2)31050 二硫化碳(CS_2)

31050 二硫化碳纯品为无色液体。沸点 46℃,相对密度 1.26(比水重),不溶于水,闪点 -30℃,爆炸极限 1% ~50%。蒸气密度 2.63,纯净的 CS_2 有令人愉快的气味,易于挥发,蒸气沉积在底部,有毒,空气中含量达到 15g/m^3 时,半小时即可致人死亡。不纯的 CS_2 则为具恶臭气味的淡黄色的液体。

二硫化碳对热量高度敏感,最小着火热量仅为 0.009mJ,是最易燃烧的液体,暖气管、排气管、刚开亮的灯泡都可引燃。燃烧时生成大量有剧毒的二氧化硫和一氧化碳气体。

(3)31001 汽油

31001 汽油系轻质石油产品中的一大类。主要成分是碳原子数为 7～12 的烃类混合物。是一种无色至淡黄色的易流动的油状液体。沸点 40～200℃，相对密度 0.67～0.71，闪点 -45～-50℃，自燃点 415～530℃，爆炸极限 1.3%～6.0%，挥发性极强(会使局部空间氧气浓度降低，使人窒息死亡)，不溶于水。其蒸气与空气能形成爆炸性混合物，遇火种、高温氧化剂等有火灾危险。用作溶剂的汽油没有添加其他物质，故毒性较小。而用作燃料的汽油因加入四乙基铅等作抗爆剂，而大大增加了毒性(致癌)。

(4)油漆类

油漆(即涂料)在易燃液体中占很大比重。油漆一般是胶粘状的液体，在物体表面上能结成一层薄膜，起到装饰和保护作用。

油漆不都是危险品，但人造漆中含有大量的 31025 丙酮、32052 甲苯、33643 松香水等，都是易燃液体。

四、第 4 类　易燃固体、自燃物品和遇湿易燃物品

1. 易燃固体、自燃物品和遇湿易燃物品的分项和定义

并不是所有的可燃物品都被作为危险货物，危险物品是根据国家标准规定的范围而列名的，根据国家标准和本类货物的燃烧条件不同的特点，第 4 类危险货物(易燃固体、自燃物品和遇湿易燃物品)分为 3 项，其定义如下：

(1)4.1 项　易燃固体

本项物质系指燃点低，对热、撞击、摩擦敏感，易被外部火源点燃，燃烧迅速，并可能散发出有毒烟雾或有毒气体的固体物质，但不包括已列入爆炸品的物质。

可见，易燃固体同时具备 3 个条件：燃点低；燃烧迅速；放出有毒烟雾或有毒气体。这 3 个条件缺一不为危险货物。

易燃固体燃点越低，其发生燃烧的可能性和危险性越大。对固体燃点的测定一般采用专门的测试设备，将适量的固体试样破碎研细，并将其投入预热的玻璃容器中，以一定速度加热，便可测出物质的最低点火温度(即燃点)。通过对 100 种易燃固体进行分析研究，发现大多数易燃固体的燃点都低于 400℃。因此，可以用燃点低于 400℃ 作为易燃固体衡量的

参考数据之一。

此外，熔点在一定程度上影响着固体的易燃性。一般来说，熔点低的固体具有较强的挥发性，它们在较低的温度下即能转变为液态或直接升华，其挥发出的蒸气与空气能形成爆炸性混合物并易于点燃，具有较低的闪点。因此，对低熔点的固体可以用闪点评价其易燃性的大小。

燃烧速度快慢是相对的，它与可燃物的质量、燃烧面积等有直接关系。国内有关方面对此提出了具体实验方法：将能加工成条形的物品制成直径3～4mm、长10cm的长条；对不能加工成条形的物品以棉或纸包裹其粉末，做成上述长条形纸捻，在无风室内水平放置点燃，以每秒燃烧的长度作为物质燃烧的速度数据。通常纤维质的物品如稻草、纸张、木材等的燃烧速度为0.2～0.3cm/s，其他易燃物品一般要比它们快一些，因此以0.5cm/s作为燃烧速度的参考指标。

(2)4.2项　自燃物品

本项货物系指自燃点低，在空气中易于发生氧化反应，放出热量，而自行燃烧的物品。

可见，自燃物品的主要特点是不需外界火源作用，自身在空气中能缓慢氧化放热并积热不散，达到其自燃点而自行燃烧。因此，对运输来讲，此项物品最主要的危险是自行发热、燃烧，有些物质甚至在无氧条件下也会自燃。

自燃是指不经明火点燃就自动着火燃烧的现象。自燃可分为两种情况；一种是物质虽不与明火接触，但受外界热源加热而自燃；另一种是物质不需明火不需加热，在一定的条件下会自身氧化放热而自燃。前者称为受热自燃，一般易燃物品，包括固态、液态和气态的，都具有受热自燃的特性。后者称为自热自燃，只有一小部分的易燃物品具有这种特性。

物质在发生自燃时所需要的最低温度，叫做自燃点。自燃点的高低是此项物质危险性大小的主要标志。参照美国“材料与实验协会”对自燃物质的标准，有关研究表明，此项物质可采用自燃点在200℃以下为依据。例如，黄磷的自燃点仅30℃，即使是在冰天雪地的环境温度下，只要露在空气中黄磷也很容易自身发热积温到30℃而燃烧，故黄磷是自热自燃的易燃物品。

(3)4.3项　遇湿易燃物品

本项货物系指遇水或受潮时，发生剧烈化学反应，放出大量的易燃气体和热量的物品。有些不需明火，即能燃烧或爆炸。

可见,本项物品必须具备3个条件:在常温或高温下受潮或与水剧烈反应,且反应速度快;反应产物为可燃气体;反应过程中放出大量热,可引起燃烧或爆炸。此项物质遇酸和氧化剂也能发生反应,而且比与水的反应更为剧烈,因此危险性也更大。

本项物品是以其化学反应的现象与产物作为依据的,无法确定一个鉴别参数。而用实验的方法则较易鉴别。如将少量物品投入水中(常温或高温)能观察到有气泡产生,收集的气体能燃烧或爆鸣,测量水温有显著升高,则该物品为遇湿易燃物品。

2. 易燃固体、自燃物品和遇湿易燃物品的主要特性

(1)易燃固体的主要特性

①需明火点燃。虽然本项物品燃点较低,但自燃点很高,在常温条件下不易达到,故不会自燃,需要明火点着以后,才能持续燃烧。

②高温条件下遇火星即燃。环境温度越高,物品越容易着火。当外界的温度高达物品的自燃点时,不需明火,就会自燃。

③粉尘有爆炸性。这些物品的粉尘因与空气接触表面积大,燃烧的速度极快,遇火星即会爆炸。

④与氧化剂混合能形成爆炸品。不少混合炸药就是把易燃固体与氧化剂按一定的比例混合而成。有些易燃固体如萘、樟脑会从固态直接转化为气态,这种现象称为升华。升华后的易燃固体的蒸气与空气混合后,具有爆炸的危险。

⑤遇水分解。易燃固体中有不少物品遇水会发生化学反应而被分解。如硫磷化物遇水或潮湿空气分解,会放出有毒易燃的硫化氢;氨基化钠遇水放出有毒及腐蚀性的氨气等。有这种特性的易燃固体总数并不多,《危险货物品名表》中对具有遇水分解特性的易燃固体都有特别的说明。几种易燃固体的主要危险性见表1-4-8。

几种易燃固体的主要危险性 表1-4-8

品　名	燃烧点(℃)	自燃点(℃)	分解温度(℃)
硝化棉	180(爆发点)		40(开始分解)
赛璐珞	100	150~180	
赤磷	160左右	200~250	
发孔剂H			198~200,遇酸分解

1

续上表

品　名	燃烧点(℃)	自燃点(℃)	分解温度(℃)
三硫化四磷		100	遇水分解
五硫化磷	300		遇水分解
氨基化钠			遇水分解
重氮胺基苯	150(爆发点)		
1-重氮-2-萘酚-4 对亚硝基苯酚			140
硫磺	207～255		
三聚甲醛	45(闪点)		
偶氮二异丁腈			103～104(放氮)
苯磺酰肼(发孔剂 BCH)			70～100(放氮)
萘	80(闪点)		

易燃固体虽然很容易发生燃烧,但是如果没有火种、热源等外因的作用,没有助燃物质(空气中的氧或氧化剂)的存在,也不易发生燃烧。在储运过程中,易燃固体发生燃烧事故,都是由于接触明火、火花、强氧化剂、受热或受摩擦、撞击等引起。只要在储运中能严格防止上述外因的作用,就可以保证安全。

(2)自燃物品的主要特性

①不需受热和明火,会自行燃烧。此项物品暴露在空气中,与空气中的氧气接触,就会发生氧化反应,同时放出热量。当热量积聚起来,使物品升到一定的温度时,就会引起燃烧。隔绝这类物品与空气接触是储运安全的关键。

②受潮后,会增加自燃的危险性。易自燃物品中的油纸、油布等含油脂的纤维制品,在干燥时,由于物品的间隙大,易于散热,只要注意通风,自行缓慢氧化产生的热量不会聚积,一般不会自燃。但是,一旦受潮,产生的热量就会积聚不散,很容易发生自燃。

③大部分易自燃物品与水反应剧烈。自燃物品会自动发热,其原因是与空气中的氧发生反应。对易自燃物品储运保管中关键的防护措施是阻隔其与空气的接触。例如黄磷就存放在水中。但是,不少易自燃物品如三异丁基铝、三氯化三甲基铝等,与水会发生剧烈的反应,同时放出易

燃气体和热量，引起燃烧。所以采取何种措施阻隔自燃物品与空气的接触要看具体品种而言。

④接触氧化剂会立即发生爆炸。易自燃物品的还原性很强，在常温下即能与空气中的氧发生反应。如果接触到氧化剂会立即发生强烈的氧化还原反应，产生爆炸的效果。

(3)遇湿易燃物品的主要特性

①遇水(受潮)燃烧性。此项物品化学特性极其活泼，遇水(包括受湿、酸类和氧化剂)会引起剧烈化学反应，放出可燃性气体和热量。当这些可燃性气体和热量达到一定浓度或温度时，能立即引起自燃或在明火作用下引起燃烧。如：

$$2Na + 2H_2O = 2NaOH + H_2\uparrow + 热量$$

金属氢化物，如氢化锂、氢化钠、氢化钙等遇水发生反应。如：

$$2NaH + 2H_2O = 2NaOH + H_2\uparrow + 热量$$

碳的金属化合物，如碳化钙(电石)、碳化铝等遇水发生反应。如：

$$CaC_2 + 2H_2O = Ca(OH)_2 + C_2H_2\uparrow + 热量$$

$$Al_4C_3 + 12H_2O = 4Al(OH)_3 + 3CH_4\uparrow + 热量$$

可见，以上化学反应都能生成氢氧化物和易燃气体(氢气、乙炔、甲烷等)，并放出大量热量，在达到其自燃点或与明火接触时都能引起燃烧和爆炸。

遇湿易燃物品除遇湿(水)时会发生剧烈的化学反应外，当遇到酸类或氧化剂时，也能发生剧烈的化学反应，而且比遇湿(水)所发生的化学反应更剧烈，危险性也更大。因为酸类物质和氧化剂都具有较强的氧化性(得到电子的能力)，而遇水燃烧物质大都具有很强的还原性(失去电子的能力)，所以当它们接触后，反应就更加剧烈。另外，多数的酸都是水的溶液，因此与本项物质接触能置换出酸中的氢。若把金属钠撒入硫酸中，立即就会有大量气泡和热量溢出，反应非常剧烈。其反应式如下：

$$2Na + H_2SO_4 = Na_2SO_4 + H_2\uparrow$$

②爆炸性。遇水燃烧物质中的碳化钙(电石)等物品，会与空气中的水分发生反应，生成可燃性气体。放出的可燃性气体与空气混合达到一定量时，遇明火即有引起爆炸的危险。

③毒害性。遇水燃烧物质均有较强的吸水性，与水反应后生成强碱和有毒气体，接触人体后，能使皮肤干裂、腐蚀并引起中毒。

④自燃性。主要是硼氢类物质和化学性质极活泼的金属及其氢化物

(在空气中暴露时)均能发生自燃。

综上所述,虽然按燃烧的不同条件把第4类危险货物分为3项,每项货物都有其具体的特征,但它们的共同危险特征是具有易燃性、腐蚀性、毒害性和爆炸性。

3. 常见的易燃固体、自燃物品和遇湿易燃物品

(1)常见的易燃固体

①41001 赤磷(又名红磷)及磷的硫化物。赤磷与黄磷是磷的同素异形体,但两者性质相差极大。赤磷为紫红色无定型正方板状结晶或粉末,无毒、无嗅;相对密度2.2,熔点590℃ (4.3MPa时),416℃升华;不溶于水、二硫化碳和有机溶剂,略溶于无水酒精;着火点比黄磷高得多,易燃但不易自燃,燃点200℃,自燃点240℃。赤磷与氧化剂接触会爆炸。

磷与硫能生成多种化合物(如P_4S_3,P_2S_5),都是易燃固体。所有这些磷化物都不太稳定,在遇水或受热时易分解,甚至发生燃烧。

②41501 硫磺。硫磺又称硫黄,是硫元素构成的单质,黄色晶体,性脆,很容易研成粉末。相对密度2.06,熔点114.5℃,自燃点约250℃。在113~114.5℃时熔化为明亮的液体。继续加热到160~170℃时变稠变黑,形成新的无定型变体,继续加热到250℃时,又变成液体。444.5℃时,硫开始沸腾,而产生橙黄色蒸气。硫在空气中燃烧生成SO_2。硫磺往往是散装运输。由于性脆、颗粒小、易粉碎成粉末散在空气中,有发生粉尘爆炸的危险。每升空气中含硫的粉尘达7mg以上遇到火源就会爆炸。这里,硫作为还原剂被氧化。所以硫是易燃物品。

但是,硫对金属如铁、锌、铜等又有较强的氧化性。几乎所有金属都能与硫起氧化反应。反应开始需要加热,但一旦开始反应便产生氧化热,此时不需要外部热源,也能使反应加速进行,有起火和爆炸的危险。

硫与氧化剂(如硝酸钾、氯酸钠)混合,就形成爆炸性物质,敏感度很强。我国民间生产的爆竹、烟花等,以硫磺、氯酸钾以及炭粉等为主要原料。

(2)常运易自燃物品

①42001 黄磷,又称白磷。黄磷是白色或淡黄色的半透明的蜡状固体。相对密度1.828,自燃点30℃,熔点44.1℃,沸点280℃,蒸气相对密度4.42,蒸气压133.3kPa(76.6℃)。黄磷性质极活泼,暴露在空气中即被氧化,加之自燃点低,因此只需一二分钟即自燃。所以,黄磷必须浸没在水中,若包装破损使水渗漏,导致黄磷露出水面,就会自燃。

黄磷有剧毒。大鼠皮肤 LD_{50} 为 100mg/kg 可致死。黄磷自燃的生成物氧化磷也有毒。在救火过程中应防止中毒。黄磷对皮肤有刺激性，可引起烧伤。

②油浸的麻、棉、纸等及其制品。纸、布、油脂都是可燃物，但在通常情况下不作为易燃品，更不会自燃。它们在空气中也会氧化，如纸发黄，油结成一层硬膜等。但过程慢，不聚热，不会自燃。然而，当把纸、布等经浸油处理后，油脂与空气的接触面积增加了无数倍，氧化放出的热量就增大，纸、布又有很好的保温作用，使生成的热量难于逸散。时间一长，热量积聚，温度不断升高，达到自燃点就会自燃。特别是在空气潮湿的情况下，温度逐渐升高而发生自燃。

所以这些制品要充分干燥，才能装箱储运，且要用花格透笼箱包装，并保持良好的通风散热条件。在装运储存过程中，要慎防这些物品淋雨受潮，只要注意通风，一般不会自燃。

(3) 常运的遇湿易燃物品

①43002 钠、43003 钾等碱金属。钠、钾都是银白色柔软轻金属。钠相对密度 0.971，常温时为蜡状，熔点 97.5℃。钾相对密度 0.862，熔点 63℃。碱金属是化学性质最活泼的金属元素，暴露在空气中会与氧作用生成氧化钠：

$$4Na + O_2 = 2Na_2O$$

也会吸收空气中的水分，发生反应，置换出氢气。若放在水中，反应进行得迅速而剧烈，反应热会使放出的氢气爆炸，引起金属飞溅：

$$2K + 2H_2O = 2KOH + H_2\uparrow$$

二氧化碳不能作为碱金属火灾的灭火剂。因为二氧化碳能与金属钠、金属钾起反应：

$$4Na + CO_2 = 2Na_2O + C$$

干砂（SiO_2）也不能用于扑救碱金属的火灾。

由于这些金属不与煤油、石蜡反应，所以把钠、钾等浸没在这些矿物油中储存，使它们与空气中的氧和水蒸汽隔离。应当注意，用于存放活泼金属的矿物油必须经过除水处理。这些物品的包装如损漏，则非常危险。

②43025 电石（CaC_2），学名碳化钙。电石为灰色的不规则的块状物。相对密度 2.22。电石有强烈的吸湿性，能从空气中吸收水分而发生反应，放出乙炔（电石气），与水相遇反应更剧烈：

$$CaC_2 + 2H_2O = Ca(OH)_2 + C_2H_2 \uparrow$$

放出的大量热量能很快达到乙炔的自燃点而起火燃烧，甚至爆炸。

五、第5类　氧化剂和有机过氧化物

1. 氧化剂和有机过氧化物的分项和定义

第5类危险货物（氧化剂和有机过氧化物）分为2项：

(1)5.1项　氧化剂

本项货物系指处于高氧化态，具有强氧化性，易分解并放出氧和热量的物质。包括含过氧基的无机物，其本身不一定可燃，但能导致可燃物的燃烧。与松软的粉末状可燃物能组成爆炸性混合物，对热、振动或摩擦较敏感。

(2)5.2项　有机过氧化物

本项货物系指分子组成中含有过氧基（—O—O—）的有机物，其本身易燃易爆，极易分解，对热、振动或摩擦极为敏感。

2. 氧化剂和有机过氧化物的特性

属于氧化剂的物质很多，它们的氧化能力有强也有弱，有的性质很活泼，有不同的危险性；有的性质比较稳定，不属于危险货物。因此，不能笼统地认为氧化剂都是危险货物。被列入危险货物的氧化剂是一种化学性质比较活泼的物质，既可以用作化学试剂及化工原料，也可用作化肥。有机过氧化物更是新型化学工业的重要原料，具有更大危险性。

氧化剂本身不一定可燃，但可以放出氧而引起其他物质的燃烧。有机过氧化物都是含有过氧基（—O—O—）的有机物，很不稳定，容易分解，有很强的氧化性，而且其本身就是可燃物，易于着火燃烧；分解时的生成物为易燃气体，容易引起爆炸。

(1)氧化剂的特性

本项货物在遇酸、受热、受潮或接触有机物、还原剂后即有分解放出原子氧和热量，引起燃烧或形成爆炸性混合物的危险。

①氧化性。在其分子组成中含有高价态的原子或过氧基。高价态原子有极强的夺取电子能力，过氧基能直接释放出游离态的氧原子，两者都具有极强的氧化性。

②不稳定性，受热易分解。不少氧化剂的分解温度小于500℃，这些物质经摩擦、撞击或接触明火，局部温度升高就会分解放出氧，促使可燃物的燃烧。几种无机氧化剂的分解温度见表1-4-9。

几种无机氧化剂的分解温度　　表1-4-9

品　名	分解反应分子式	分解温度(℃)
硝酸铵	$2NH_4NO_3 = 2N_2\uparrow + 4H_2O + O_2\uparrow$	210
高锰酸钾	$2KMnO_4 = MnO_2 + O_2\uparrow + K_2MnO_4$	<240
硝酸钾	$2KNO_3 = 2KNO_2 + O_2\uparrow$	400
氯酸钾	$2KClO_3 = 2KCl + 3O_2\uparrow$	400
过氧化钠	$Na_2O_2 = Na_2O + [O]$	460

③化学敏感性。氧化剂与还原剂、有机物、易燃物品或酸等接触时，有的能立即发生不同程度的化学反应。如氯酸钾或氯酸钠与蔗糖或淀粉接触，高锰酸钾与甘油或松节油接触，三氧化铬与乙醇等混合，都能引起燃烧或爆炸。用扫帚清扫撒在地上的硝酸银即能引起局部燃烧爆炸。同属氧化剂类的物品，由于氧化性的强弱不同，相互混合后也能引起燃烧爆炸，如硝酸铵和亚硝酸钠，硝酸铵和氯酸盐等。有机过氧化物中的过氧化苯甲酰电子分解温度只有130℃，甚至在拧瓶盖时如操作不当也可能引起爆炸。

④吸水性。大多数盐类都具有不同程度的吸水性。如硝酸盐中的钠、钙、镁、铵、锌、铁、铜和亚硝酸钠等，在潮湿环境里很容易从空气中吸收水分，甚至溶化、流失。有的还容易吸水变质，如：过氧化钠、过氧化钾遇水则猛烈分解放氧，若遇有机物、易燃物即引起燃烧；三氧化铬迅速吸水变成铬酸；高锰酸锌吸水后的液体接触有机物(如纸、棉布等)，能立即燃烧；漂粉精遇水后，不仅能放出氧，同时还产生大量剧毒和腐蚀性的氯气等。

⑤氧化剂能在某种情况下释放出氧。含氧化合物一般在受热情况下易于分解出氧，氧是助燃剂，若遇有机物、易燃物即引起燃烧。

氧化剂一般都具有不同程度的毒性，有的还具有腐蚀性，人吸入或接触可能发生中毒、灼伤现象。如硝酸盐、氯酸盐都有不同程度的毒性，三氧化铬(铬酸酐)、过氧化钠都有腐蚀性等。

(2)有机过氧化物的特性

由于含有极不稳定的过氧基(—O—O—)，有机过氧化物有强烈的氧化性能，对热、振动或摩擦极为敏感。当有机过氧化物受到振动、冲击、摩擦或遇热时即分解且放出热量，加之有机过氧化物本身为可燃物，就会由于高温引起自身的燃烧，而燃烧又产生更高的热量，最后导致反应体系的爆炸。有机过氧化物具有前述氧化剂的特点，而且比无机氧化剂有更大的危险性，其危险主要表现为：

①有机过氧化物比无机氧化剂更容易分解。其分解温度一般在150℃以下，有的甚至在常温或低温时即可分解，一些有机过氧化物的分解温度见表1-4-10，故需保持低温运输。同时有机过氧化物对杂质很敏感，痕量的酸类、金属氧化物或胺类即会引起剧烈分解。由于分解温度低，有机过氧化物对摩擦、撞击等因素也比无机氧化剂敏感。

一些有机过氧化物的分解温度　　表1-4-10

品　名	分子式	自催化分解温度(℃)
过氧化叔丁醇	$(CH_3)_3COOH$	88~93
过氧化苯甲酸叔丁酯	$C_6H_5CO \cdot O_2 \cdot C(CH_3)_3$	64
过氧化醋酸叔丁酯	$(CH_3)_3CO \cdot O_2 \cdot C(CH_3)_3$	93
过氧化三甲醋酸叔丁酯	$(CH_3)_3COOCOC(CH_3)_3$	29.4
过氧化二碳酸二异丙酯	$[(CH_3)_2CHO \cdot CO \cdot]_2O_2$	12
过氧化二月桂酰	$[CH_3(CH_2)_{10}CO]_2O_2$	48.9

②有机过氧化物绝大多数是可燃物质，有的甚至是易燃物质；有机过氧化物分解产生的氧往往能引起自燃；燃烧时放出的热量又加速分解，循环往复极难扑救。

③有机过氧化物分解后的产物，几乎都是气体或易挥发的物质，再加上易燃性和自身氧化性，分解时易发生爆炸。

3. 常见的氧化剂和有机过氧化物

(1)常见的氧化剂

①51056 硝酸钾(KNO_3)，又称钾硝石、火硝。无色透明晶体或粉末，相对密度2.109，溶于水。遇热分解放出氧：

$$2KNO_3 \xlongequal{\text{加热}} 2KNO_2 + O_2\uparrow$$

当KNO_3与易燃物质混合后，受热甚至轻微的摩擦冲击都会迅速地燃烧或爆炸。黑火药就是根据这个原理配制的。

硝酸钾遇硫酸会发生反应生成硝酸：

$$2KNO_3 + H_2SO_4 = K_2SO_4 + 2HNO_3$$

所以硝酸盐类不能与硫酸配载。

②51031 氯酸钾（$KClO_3$）。白色晶体或粉末，味咸、有毒，相对密度 2.32。在 400℃时能分解放出氧：

$$2KClO_3 \xlongequal{加热} 2KCl + 3O_2\uparrow$$

因包装破损，氯酸钾撒漏在地后被践踏发生火灾的事故时有发生。

氯酸钾与硫、碳、磷或有机物（如糖、面粉）等混合后，经摩擦、撞击即爆炸。氯酸钾的热敏感和撞击感度都比黑火药灵敏得多。

$$2KClO_3 + 3S = 2KCl + 3SO_3\uparrow$$

氯酸钾遇浓 H_2SO_4 则生成高氯酸和二氧化氯：

$$3KClO_3 + 3H_2SO_4 = 3KHSO_4 + HClO_4 + 2ClO_2\uparrow + H_2O$$

$HClO_4$ 是一种极强的酸，也有极强的氧化性。ClO_2 是极不稳定易爆炸的物质。所以氯酸盐不可与浓硫酸配载。

（2）常见的有机过氧化物

①52045 过氧化二苯甲酰，又称苯甲酰过氧化物。白色结晶粉末。有难闻的气味，不溶于水，微溶于乙醇，溶于苯、氯仿等，相对密度 1.33，熔点 103℃，分解温度 130℃，干燥的过氧化二苯甲酰易燃烧。在受到撞击、受热或摩擦时会爆炸。与硫酸接触能发生剧烈反应引起燃烧，放出大量有毒气体。为安全起见，一般储存在水中。在运输时必须保持 30% 以上的水分（水用作稳定剂），严禁撞击。

②52032 过氧化甲乙酮，又称过氧化甲基乙基酮，甲基乙基酮过氧化物，过氧化丁酮，催化剂 M。无色油状液体，具有愉快气味，不溶于水，分解温度 105℃。一般用苯二甲酸二甲酯溶剂稀释。溶剂量不低于 45% 方可运输。40% 溶液的自催化分解温度 65℃，在 110℃时急剧分解，产生爆炸。对热、振动极为敏感。遇某些化学品、热源或阳光可引起分解，如遇氧化物、有机物、易燃物、促进剂会剧烈反应，着火或爆炸。刺激性强。蒸气能刺激眼睛和呼吸系统。与眼睛接触，如不立即治疗，会给角膜造成严重伤害。误服会中毒。液体与皮肤接触能造成灼伤。

六、第 6 类　毒害品和感染性物品

1. 毒害品和感染性物品的分项和定义

第 6 类危险货物（毒害品和感染性物品）分为 2 项：

1)6.1项　毒害品

本项货物系指进入肌体后，累积达一定的量，能与体液和组织发生生物化学作用或生物物理学变化，扰乱或破坏肌体的正常生理功能，引起暂时性或持久性的病理状态，甚至危及生命的物品。经口摄取半数致死量：固体 LD_{50}≤500mg/kg，液体 LD_{50}≤ 2000mg/kg；经皮肤接触24h，半数致死量 LD_{50}≤ 1000mg/kg；粉尘、烟雾及蒸气吸入半数致死浓度 LC_{50}≤10mg/L的固体或液体，以及列入《危险货物品名表》的农药。

2)6.2项　感染性物品

本项货物系指含有致病的微生物，能引起病态，甚至死亡的物质。

(1)感染性物品的危险特性

感染性物品的危险特性在于其能使人或动物感染疾病或其毒素引起病态，甚至死亡。

感染性物品包括遗传性的微生物和生物、生物制剂、诊断标本和临床及医疗废物。1998年1月国家环保局、国家经贸委、外经贸部、公安部颁布的《国家危险废物名录》指明，医院临床废物有手术残物，敷料、化验废物，传染性废物，动物试验废物等；医药废物包括废抗菌药，抗组织胺类药，镇痛药，心血管药，神经系统药，杂药，基因类废物；废药物、药品包括废化学试剂，废药品，废药物等。

"生物制剂"和"医学标本"只要其不含有或有足够的理由相信不含有感染性物质或其他危险货物，可认为不是危险货物。

生物制剂包括按照国家卫生当局的要求制成的，在卫生当局认可或特许下的，用于人类或兽类的各种生物制剂成品；或在国家卫生当局特许之前运输用来供研制或调查目的用于人或动物的生物制剂；或用于动物试验符合国家卫生当局要求的生物制剂。这些制剂还包括按照国家专业机关程序制成的半成品。活的动物和人的疫苗可认为是生物制剂，但不认为是感染性物质。

医学标本是指任何人或动物的成分。包括但不局限于排泄物、分泌物、血液及其成分、组织或组织液。储运这些物质是用于医学诊断目的，但不包括活的感染性动物。

(2)感染性物品的生物安全分级

1980年世界卫生组织按对个人和公众的危害性，将各种感染性物品的生物安全分为4级，见表1-4-11。各国可以按照自己的实际情况进行分级。

感染性物品的生物安全分级　　表 1-4-11

类别＼分级	1 级	2 级	3 级	4 级
按对个人危害	低	中	高	高
按对公众危害	低	有限	低	高

(3)感染性物品的运输

感染性物品无法给出衡量参数,也无法用化学实验确定,而由卫生防疫部门认定。感染性物品单纯的存在状态多为菌种或毒种,其在实验室环境下发生感染的机会较多,感染的危害性更大,感染性物品的运输过程也存在感染性。感染性分为实验室感染可能性、感染后发病的可能性、症状轻重及愈后情况、有无生命危险及有效防止实验室感染方法、用一般的微生物操作方法能否防止实验室感染、我国有无此种菌(毒)种及曾否引起流行、人群免疫力等情况。

这类物品的运输需经当地省(自治区、直辖市)政府卫生行政部门批准。

运输中传染病菌(毒)种的容器若发生破损,应遵循以下原则:

①迅速查明容器被损坏的原因和菌(毒)种名称;

②及时划定被污染的范围,并实施严格消毒;

③及时登记接触者名单,必要时进行医学观察或留验、化学预防、应急免疫接种及丙种球蛋白保护;

④事故发生时,提请运输部门向当地交通、卫生行政部门(或卫生防疫站)报告事故情况,必要时请求协助处理;

⑤如鼠疫杆菌、霍乱弧菌和艾滋病病毒的容器破损时,应在立即处理的同时,向当地政府卫生行政部门和卫生部报告。

2. 毒害品基础知识

在生产中制造或使用的毒物,称为生产性毒物。由生产性毒物所引起的中毒,称为职业中毒。生产性毒物在流通过程中人们习惯上称毒害品。按毒害品的定义,属于毒害品的危险货物繁多复杂。按其化学组成,可划分为有机毒害品和无机毒害品两大部分。按照毒害品的毒性大小又可分为剧毒品、有毒品和有害品。《化学品安全标签编写规定》(GB 15258—99)中的定义如下:

剧毒品——急性毒性为:经口,$LD_{50} \leq 5mg/kg$;经皮接触 24h,$LD_{50} \leq$

40mg/kg；吸入1h，$LC_{50} \leq 0.5mg/L$的化学品。

有毒品——急性毒性为：经口，$5mg/kg < LD_{50} \leq 50mg/kg$；经皮接触24h，$40mg/kg < LD_{50} \leq 200mg/kg$；吸入1h，$0.5mg/L < LC_{50} \leq 0.5mg/L$的化学品。

有害品——急性毒性为：固体经口，$50mg/kg < LD_{50} \leq 500mg/kg$；液体经口，$50mg/kg < LD_{50} \leq 2000mg/kg$；经皮接触24h，$200mg/kg < LD_{50} \leq 1000mg/kg$；吸入1h，$2mg/L < LC_{50} \leq 10mg/L$的化学品。

1）毒害品的物理形态

毒害品的形态可能是固体，也可能是液体或气体。尤以气体、蒸气、雾、烟、粉尘等形态活跃于生产环境的毒害品会污染空气，且易经呼吸道进入人体，还可能污染皮肤，经皮肤吸收进入人体。

①气体。指在常温、常压下呈气态的物质。如氯气、氰化氢、硫化氢、氨气等。因其在流通过程中一般是经降温、加压盛装于耐压容器中，这样将这类物质称为有毒气体并列为第2类危险货物（即2.3项有毒气体）内，其毒性大小、危险程度的量度标准参照本类毒害品的量度标准。

②蒸气。指有毒固体升华、有毒液体蒸发或挥发时形成的有毒蒸气，当然也包括列入其他类别的固体或液体的蒸气。凡是沸点低、蒸气压大的物质，如有机溶剂，都容易形成蒸气，散发到空气中造成危害。

③雾。指混悬在空气中的液滴。如硝酸、盐酸、硫酸等在空气中散发出来的酸雾，也具有相当的毒性。

④烟。指飘浮于空气中的固体微粒，其直径小于0.1μm。有机物加热或燃烧时可以产生烟，例如农药熏蒸剂燃烧时所产生的烟。

⑤粉尘。指能较长时间飘浮于空气中的固体微粒，其粒子直径为0.1～10μm。

上述形态的物质不仅本类物质所具有，在其他几类物质中也普遍存在。毒害品通常是指常温、常压下呈液态或固态的物质。

2）人畜中毒的途径

毒害品对人畜发生作用的先决条件是侵入体内。人畜中毒的途径是呼吸道、皮肤和消化道。

在运输中，毒害品主要经呼吸道和皮肤进入人体内，经消化道进入的较少。

①呼吸道。整个呼吸道都能吸收毒害品，尤以肺泡的吸收能力最大。肺泡面积很大，肺泡壁很薄，有丰富的微血管，所以肺泡对毒害品的吸收

极其迅速。有毒气体和蒸气，5μm以下的尘埃能直接到达肺泡，进入血液循环而分布全身，可在未经肝脏转化之前就起作用。呼吸道吸收毒害品的速度，取决于空气中毒害品的浓度、毒害品的理化性质、毒害品在水中的溶解度和肺通气量、心血输出量等因素。而肺通气量和心血输出量又与劳动强度、气温等有关。

②皮肤。有许多毒害品能通过皮肤吸收，吸收后不经过肝脏即直接进入血液循环。毒害品经皮肤吸收的途径大致有3条：通过表皮屏障；通过毛囊；极少数可通过汗腺。由于表皮角质层下的表皮细胞膜富有固醇磷酯，故对非脂溶性物质具有屏障作用。表皮与真皮连接处的基膜也有类似作用。脂溶性物质虽能透过此屏障，但除非该物质同时又有一定的水溶性，否则不易被血液吸收。但当皮肤损伤或患有皮肤病时，其屏障作用被破坏，此时原来不会经过皮肤被吸收的毒害品能大量被吸收。毒害品经皮肤吸收的数量和速度，除与毒害品本身的脂溶性、水溶性和浓度等有关外，还与皮肤的温度升高、出汗增多、创伤部位等有关。

③消化道。毒害品经消化道进入体内，一般都是在运输装卸作业后，被毒害品污染的手未彻底清洗就进食、吸烟或将食物、饮料带到作业场所被污染而误食。另外，一些进入呼吸道的粉尘状毒害品也可随唾液咽下而进入消化道。毒害品经消化道吸收主要是在小肠。但某些无机盐（如氰化物）及脂溶性毒害品，可经口腔粘膜吸收。经消化道吸收的毒害品一般先经过肝脏，在肝脏转化后，才进入血液循环，故其毒性较小。

3）毒性大小的影响因素

就毒害品本身而言，其化学组成和结构是毒性大小的决定因素。但毒害品的物理特性也可影响毒性作用的大小。

（1）毒害品的化学特性是毒性大小的决定因素

无机毒物中，含有汞（Hg）、铅（Pb）、钡（Ba）、氰根（CN^-）等的物质一般均属于毒害品。

凡带有氰根（CN^-）的化合物，能在人体内释放出游离氰根，即可抑制细胞色素氧化酶，毒性较大。如氰化钠溶于水后即释出游离氰根，属剧毒品。而氰化银不溶于水，在水中几乎不释出游离氰根，因此其毒性比氰化钠小。硫氰酸钠在水中不释出游离氰根，而以硫氰酸根存在，毒性又小得多。

有机毒物中，含有磷（P）、氯（Cl）、汞（Hg）、氰基（—CN）、铅（Pb）、硝基（$—NO_3$）、氨基（$—NH_2$）多数属于毒害品。如苯胺、硝基苯等进入人体后，形成高铁血红蛋白，使血液失去运输氧气的功能，最后造成人体组织缺氧。卤化烃随着卤原子增多，其毒性增大。如一氯甲烷、二氯甲烷、三氯甲烷、四氯甲烷，随着氯元素的增加，毒性依次增强。绝大多数有机磷农药和磷酸脂类及硫化磷酸脂类进入人体后对人体有害，如磷酸三甲苯脂和二硫化焦磷酸四乙脂等。

(2)毒害品的物理特性对毒性大小的影响

①毒害品在水中的溶解度越大，其毒性也越大。如：氯化钡能溶于水，毒性较大。硫酸钡不溶于水，人吞服基本无毒。三氧化二砷的溶解度比三硫化二砷大3万倍，故前者的毒性大。

②毒害品的颗粒越小，越易引起中毒。因为颗粒越小，越易进入呼吸道而被吸收。将氰化钠制成颗粒状进行运输或储存，就是为降低其毒性。

③脂溶性毒害品易透过皮肤溶于脂肪进入血液引起中毒。如苯胺、硝基苯一类毒害品很容易通过皮肤引起中毒。

④毒害品沸点越低，越易引起中毒。毒害品沸点越低，就越易挥发成蒸气，增加毒害品在空气中的浓度，而引起吸入中毒。同理，气温越高，毒害品的挥发性越大，同时还会增加毒害品的溶解度和加剧人体呼吸的次数，从而增加毒害品进入人体的可能性。

4)毒性的量度

毒害品虽对人有毒害作用，但如果进入体内的毒害品剂量不足，则不会中毒。表示毒害品的摄入量与效应的关系称为毒性。通常认为：动物致死所需某毒害品的摄入量(或浓度)越小，则表示该毒害品的毒性越大。对某毒害品的毒性测定，是用动物进行的。毒性的计量单位是mg/kg，即把某毒害品使某动物死亡的最小量与该动物的体重相比，得到每千克的动物摄入某毒害品的毫克数。

常用的毒性指标有以下7个：

①致死中量，又叫“半数致死量”，用符号LD_{50}表示。LD_{50}是指能使一群试验动物(小白鼠、家兔等)的死亡率达到50%时的每千克体重的毒害品用量。如某物质对人的致死情况与白鼠相同，则体重为W千克的某人的50%致死的毒害品摄入量为$LD_{50} \times W$。

毒害品摄入的途径有口服、皮肤接触和呼吸3种。对口服和皮肤接触都用致死中量来表示。所以致死中量又分为：口服LD_{50}和皮试LD_{50}。必须说明的是同一种毒害品的这两个指标值是不同的，须经试验而定。

②半数致死浓度，用符号LC_{50}表示。经呼吸途径中毒，就不能用致死

中量来量度，而用半数致死浓度来表示。LC_{50}是指一群试验动物与气体毒害品呼吸接触一定时间后有50%死亡的该毒害品在空气中的浓度。对气体毒害品通常用ppm表示，1ppm表示该毒物在空气中浓度为一百万分之一（10^{-6}）；粉尘毒害品用每立方米空间含有某毒害品的毫克数（mg/m^3）表示。

③最高容许浓度，又称极限阈值，用符号TLV表示。TLV是指在该浓度下健康成人长期经受也不致引起急性或慢性危害的浓度。所谓最高，是指生产场所空气中含有该毒害品的浓度的极限，在多处多次的采样测定时，每次测定都不得超过此上限，而不是平均值不超过此限值。其度量单位同LC_{50}。

④绝对致死量，用符号LD_{100}表示。指使实验动物全部死亡的毒害品的最小用量。

⑤最低致死量，用符号LDL_0表示。指在已发生的中毒死亡的病历报告中的最小摄入量。在LD_{50}时，死亡率已达50%，那么死亡率是1%、0.1%、0.01%的毒害品用量，即可能致死的用量是多少呢？这是根据有死亡纪录的最小量而定的，而不是根据实验。单位不用毫克/千克（mg/kg），而直接用质量（mg）单位。

⑥最小中毒量，用符号TDL_0表示。指能引起染毒动物出现中毒症状的最小用量。

⑦最小中毒浓度，用符号TCL_0表示。指能引起染毒动物出现中毒症状的最小浓度。

《剧毒化学品目录》（2002年版）（国家安全生产监督管理总局、公安部、国家环境保护总局、卫生部、国家质量检验检疫总局、铁道部、交通部、中国民用航空总局公告2003年第2号）和《关于印发〈剧毒化学品目录（2002年版）补充和修正表〉的通知》（安监管危化字〔2003〕196号）共收录335种剧毒化学品。本目录将随着我国对化学品危险性鉴别水平和毒性认识的提高，不定期进行修订和公告新的目录。本目录是以化学品毒性指标作为判定界限而收录的，不改变现行有关危险化学品分类。

本目录包括序号、中文名称、英文名称、分子式、CAS号、UN号以及受限范围。其中：序号指本目录录入剧毒化学品的顺序；中文名称和英文名称是指剧毒化学品的中文和英文名称，其中化学名是按照化学品命名方法给予的名称；别名是指除“化学名”以外的习惯称谓或俗名；分子式是指该剧毒化学品的元素组成；CAS号是指美国化学文摘社为一种化学物质指定的惟一索引编号；UN 号是指联合国运输危险货物专家委员会在《关于运输危险货物的建议书》(橙皮书)中对危险货物指定的编号(在目录中标注 2 个 UN 号的是指该剧毒化学品 2 种不同形态危险货物指定的编号)；受限范围是指该剧毒化学品受到中国政府的限制范围。“I”表示国家明令禁止使用的剧毒化学品；“II”表示国家明令禁止使用的农药；“III”表示在蔬菜、果树、茶叶和中草药材上不得使用的农药。

3. 毒害品的其他危险性

毒性是毒害品的主要性质。若用闪点、燃点、燃速、腐蚀性等指标衡量，毒害品中又有不少是易燃品和腐蚀品。也就是说，各种毒害品还有很多其他化学特性。与运输装卸作业有关的如下：

(1)有机毒害品具可燃性

有机毒害品遇明火、高热或与氧化剂接触会燃烧爆炸，燃烧时会放出有毒气体，加剧毒害品的危险性。

毒害品中的有机物都是可燃的，其中还有不少液体的闪点低于 61℃，够得上易燃液体的标准。如：正辛硫醇，开杯闪点 46℃；戊腈，闪点 40℃；异戊腈，闪点 25℃；N-甲基苯胺，闪点 29.4℃；邻硝基苯甲醚，闪点 9.6 ~39℃；氯甲苯，闪点 52℃；氯甲酸丁酯，闪点 36 ~38℃；溴丙酮，闪点 45℃。

(2)遇酸或水反应放出有毒气体

例如：

$$KCN + HCl = KCl + HCN \uparrow$$

$$8KCN + PCl_5 + H_2O = 5KCl + K_3PO_4 + 8HCN \uparrow$$

氰化氢(HCN)与氰化钾(KCN)相比毒性更强，而且又是气体，比氰化钾更容易通过呼吸道中毒。因此，氰化物不得与酸性腐蚀品配装。

氰化钾与水也会发生反应，放出氨气：

$$KCN + 2H_2O = HCOOK + NH_3 \uparrow$$

氨气(NH_3)虽然也是一种毒气，但其毒性要比氰化钾弱得多。两害取其微，故氰化钾泄漏污染时，可用水来分解，不过要小心不得使氰化钾的水溶液溅至人身上，否则会加速中毒。

必须指出，并不是所有的遇水反应放出有毒气体的毒害品，都像氰化钾(氰化物)一样，反应后生成毒气的毒性比反应前的毒害品的毒性弱。例如氟化砷遇水发生反应放出的有毒气体是氟化氢，其危害性就比液体状的氟化砷大得多。反应式为：

$$2AsF_3 + 3H_2O = AsO_3 + 6HF\uparrow$$

(3)腐蚀性

有不少毒害品对人体和金属有较强的腐蚀性，强烈刺激皮肤和粘膜，甚至会发生溃疡加速毒物经皮肤的入侵。

4. 常见的毒害品

(1)61004 氢氰酸及 61001 氰化物

氢氰酸即氰化氢(HCN)，具有苦杏仁味，极易扩散，易溶于水(即称为氢氰酸)。含氰基(—CN)的化合物叫氰化物。大多数氰化物属剧毒物质，在体内能迅速离解出氰根(CN^-)而起毒性作用，50～100mg 就可使人致死。例如氰化钠，俗称山萘或七步倒，人仅服 1～3mg 走不出七步路即会死亡。

氰化物虽有较大毒性，但易被分解为低毒或无毒的物质。如氰化钾与水作用会逐渐被分解成甲酸钾和氨。遇 H_2O_2 分解很快，故小量的含氰毒物可用 H_2O_2 作解毒剂：

$$H_2O + KCN + H_2O_2 = KHCO_3 + NH_3\uparrow$$

氰化物遇酸或酸性腐蚀物品时会放出 HCN。

(2)61006 砷及其化合物

61006 砷的俗名为砒，为元素砷(As)的单质。通常为灰色的金属状的晶体，还有黄及黑的两种同素异形体。灰色的金属特性较突出，但性脆。相对密度 5.7，不溶于水。在空气中表面会很快被氧化而失去光泽。纯的未被氧化的砷是无毒的，口服后几乎不被吸收就排出体外。但因为砷易氧化，表面几乎都生成了剧毒砷的氧化物，所以砷也列为剧毒品。砷在自然界主要是以化合物存在，如硫化砷(雄黄)化学式 AsS，三硫化二砷(雌黄)化学式 As_2S_3 等。

砷主要有三价和五价 2 种化合物。五价的砷毒性较弱，三价的砷毒性极强。砷的三价氧化物(三氧化二砷 As_2O_3)又称亚砷酐。不纯的砷俗称砒霜或白砒，有剧毒。

砷为非金属，故其氧化物为酸性氧化物。有 2 种氧化物：61007 三氧化二砷(As_2O_3)和 61010 五氧化二砷(As_2O_5)。其对应的酸为亚砷酸(H_3AsO_3)和偏亚砷酸($HAsO_2$)及砷酸(H_3AsO_4)，皆为弱酸。其对应的盐则为亚砷酸盐和偏亚砷酸盐及砷酸盐。亚砷酸钠($NaAsO_2$)及砷酸钾(K_3AsO_4)等皆为剧毒品。其他砷化物也大都具有毒性。

砷与氢的化合物叫砷化氢，是气体，极毒，当砷化氢分子中的氢原子被有机化合物中的烃基取代后得到的有机砷化合物则叫做胂。胂类化合物也大都具有毒性。

一般,砷的可溶性化合物都具有毒性。砷及其化合物可用作药物和杀虫剂等。

(3)61097 四乙基铅[$Pb(C_2H_5)_4$]

61097 四乙基铅又名四乙铅,为无色油状液体。相对密度 1.64,有苹果香味。不溶于水,易溶于有机溶剂和脂肪,易挥发。主要作汽油抗爆剂。因高度挥发,易进入呼吸道。因溶于脂肪,易为皮肤接触吸收。毒性较大,主要侵害中枢神经系统。大鼠口服 LD_{50} 为 17mg/kg,空气中 TLV 为 0.005mg/m^3。

(4)61872 生漆

61872 生漆又名大漆、国漆。是一种天然漆树的分泌物,是从割开生长着的漆树皮层内流出来的白色粘稠液体。我国西南、西北、华中沿海及台湾均有出产,是我国久享盛名、经久耐用的天然漆料,也是我国出口的土特产主要品种之一。

生漆的化学成分复杂,主要成分也是碳氢元素为主的有机化合物。生漆的本色为乳白色或略带微黄色,当接触空气后色泽逐渐变深。在室温 20~35℃、相对湿度 80% 以上时干燥速度最快,漆膜的光泽及耐腐蚀、绝缘等性能均好。生漆有毒,其主要毒性表现在对皮肤有刺激,容易引起漆疮,特别是皮肤过敏者更易产生,其主要症状为搔痒、红肿,严重时会出现脓泡,及时医治,一般在 1~2 周内即可痊愈,也不会产生其他后遗症,但中毒时奇痒难忍。因此,有皮肤过敏症者应避免接触生漆。因生漆的包装到目前为止仍用木桶,尚无其他更好包装取而代之(生漆接触铁器或塑料等容器会起化学反应,而影响生漆质量),因此,在运输过程中渗漏也是难免的。装卸操作人员在操作时应尽量站在上风处,尽可能地避免生漆的蒸气侵蚀,更应注意皮肤不要接触生漆。

生漆因其化学成分是有机化合物,因此还具有可燃性,遇火种、高温有引起燃烧的危险。

生漆应储于避风阴凉的仓库内,防止受潮后包装腐烂;避免日光直晒,最高仓温不宜超过 30℃,以防止表面漆膜干燥变硬。闷热霉雨季节宜将漆桶敞开,利用夜露透气,防止发霉变质。冬季室温不宜低于 0℃。储存期不宜过久,免使质量降低。应与酸、碱、氧化剂等危险货物隔离存放。

操作时皮肤误触生漆，可用溶剂(如乙醇等)擦去，再用肥皂水洗净。注意切不可用热水洗浴，防止皮肤过敏。

七、第7类　放射性物品

自然界各种各样的物质中有一些物质的原子核不稳定，能够从其原子核内部自发地(即不受外界温度、压力的影响)、不断地向周围放出穿透力很强而人的感觉器官(视觉、听觉、嗅觉、触觉)觉察不到的射线，这种能放射射线的物质称为放射性物质。放射性物质所放出的射线对人体产生极大的危害，可致病、致畸、致癌，甚至可致死。这些辐射也可作用于其他物质(特别是未显影的照相底片和未显影的X光胶片)。辐射可用合适的仪器探测与测量。

放射性物品是危险货物的独立组成部分。放射性物品的危险性在于辐射污染，最终使人员受到辐射伤害。由于放射性物品的特殊性，我国单独制定了国家标准《放射性物质安全运输规程》，该标准的颁布对各种运输方式(包括陆地、水运和空运)的放射性物品运输都具有指导作用。

1. 放射性物品的定义

放射性物品系指放射性比活度大于7.4×10^4Bq/kg(读作每千克贝可)的物品。

放射性物质有块状固体、粉末、晶粒、液态和气态等各种物理形态。

2. 放射性物品的特性

粒子在物质中穿行的距离叫“射程”。射程大小主要取决于电离作用，电离作用越强，粒子每前进一步损失的能量就越大，因而射程就越短。带电粒子在物质中电离作用的强弱，主要取决于粒子的种类、能量及被穿透物质的性质。

外照射是指射线透过皮肤杀死人体组织细胞，使人体生理作用失调而引起病状，当射线作用后，体内不存在放射性物质。外照射造成的危害称为外照射危害。与外照射相对应的是内照射。内照射是指射线进入人体内而没有穿透人体即留在体内，由于电离作用而杀死人体组织细胞，使人的生理作用失调。内照射造成的危害称为内照射危害。

(1)放射性物品的种类和性质

放射性物品所放出的射线通常有3种：α射线、β射线和γ射线，还有一种中子流。各种不同的放射性元素或化合物，有的只能放出一种射线，有的可以同时放出几种射线。如镭的同位素，在其衰变过程中，就同时放出 3 种射线。各种射线的性质和对人体的危害性都不同。

①α 射线，又称甲种射线。是带正电的粒子流。其质量等于氦原子核（He），即具有 2 个正电荷，重量是质子的 4 倍，是电子的 7000 倍。铀等放射性元素衰变时会放出 α 粒子。

α 射线通过物质时，由于 α 粒子与物质原子中的电子相互作用，使这些原子电离成为离子。因此，当 α 粒子通过物质时，沿途发生电离作用而损耗能量，其前进速度也随之减慢。最后，它把能量耗尽，就会停止前进，并和空气中的自由电子结合而成为氦原子。

α 粒子在物质中的电离能力很强，射程很短，穿透能力很弱。在空气中只能前进 2.7cm，在生物中只能穿透 35μm，衣服纸张等即可挡住 α 射线。因而 α 射线对人体不存在外照射危害。由于 α 粒子的电离作用，一旦进入人体内，因电离作用强而大量损耗能量，穿不透人体就会积蓄在体内。α 射线源若受生物组织包围，即会使人体器官和组织在电离作用下受到严重损伤，而且致伤集中，不易恢复。因此，α 粒子的内照射危害最大，要特别注意防止放射射线的物质进入人体内。

②β 射线，又称乙种射线。β 粒子是电子，β 射线即是电子流，带负电，有很快的速度，通常达到 20 万 km/s。速度越高，能量越大，从而穿透能力也就越大。β 射线的穿透能力比 α 射线强。如磷—32（^{32}P）衰变时放出的 β 射线，在空气中能穿透 7m，在生物体中能穿透 8mm，在金属铅中能穿透 3.5mm。较大剂量的 β 射线就能穿透人体皮肤角质层而使组织受到伤害。因此，β 射线对人体可以造成外照射危害。但是，β 射线很容易被有机玻璃、塑料、薄铝片等材料屏蔽。同时由于 β 粒子比 α 粒子质量小、速度快、电荷少，因而其电离作用也就比 α 射线小得多，约是 α 射线的1/100。因此，β 射线对人体组织的内照射危害比 α 射线小。

③γ 射线，又称丙种射线。是一种波长很短的电磁波，即光子流，不带电，以 30 万 km/s 的速度运动。由于它速度快、能量大、不带电，不易被其他物质吸收，通过障碍物时，能量的损失只是其数目逐渐减少，而剩余光子的速度不变。所以，γ 射线的穿透能力很强，是 β 射线的 50 ~ 100 倍，是 α 射线的 1 万倍，要完全阻挡或吸收 γ 射线是很困难的。例如要把钴—60（^{60}Co）的 γ 射线减弱到原来的 1/10，阻隔它的铅板厚度须达 5cm，混凝土层厚度须达 20 ~ 30cm，泥土层厚度须达 50 ~ 60cm。所以，γ 射线的外部辐射会破坏人体细胞，对有机体造成伤害。γ 射线的电离能力最弱，只有 α 射线的 1/1000、β 射线的 1/10，而且不会滞留在体内。可见，γ

射线对人体基本上不存在内照射危害，而主要应防护γ射线外照射。

④中子流。中子是一种不带电的粒子，是原子核的组成部分。在自然界，中子不单独存在。中子流不是核衰变的产物，而是在原子核分裂中所产生的。即只有在原子核分裂时，才能从原子核里释放出中子。运输过程中常见的是中子源放出的中子流。中子源是将某些放射性物质与非放射性物质放在一起时，放射性物质衰变时放出的α粒子轰击非放射性物质而放出中子。

按能量大小可以把中子分为快中子、慢中子和热中子。快中子一般指能量大于0.5百万eV的中子，这类中子射程大、穿透力强。一般中子源放出的中子都属于快中子。慢中子是指能量在1000eV以下的中子。几乎没有直接发射慢中子的中子源。热中子即同周围介质处于热平衡的中子，其能量在1eV以下。

由于中子不带电，不能直接由电离作用而消耗能量，因而穿透力很强。当中子通过物质时，会与物质中的原子核碰撞而损失能量，使它的速度减低，快中子就成为慢中子了。中子与轻原子核碰撞时损耗的能量多，在和重原子核碰撞时损耗的能量少。例如，一个100万eV能量的快中子，与一个碳原子核碰撞一次，即损失其全部能量的28%；与一个铅原子核碰撞一次，只损失其全部能量的2%。由此可见，中子最容易被含有很多氢原子的物质和碳氢化合物所吸收，却能顺利通过铁铅等很重的物质。因此，通常用密度较小的物质使快中子减速，或吸收之。如水、石蜡和其他碳氢化合物或水泥等。

中子流不带电，在人体内的射程较长。人体是一个有机体，有大量的碳、氢轻质元素，这正是中子的良好减速剂。中子流在人体内长距离穿透时，撞击碳、氢的原子核而发生核反应。这些反应都有γ射线放出，对人体的危害极大。所以，中子流对人体的伤害，不论是外照射还是内照射都是极严重的。而且，重物质挡不住中子流。中子弹比原子弹更有杀伤力而且不毁坏建筑物，原因即在于此。

各种射线特性比较见表1-4-12。

(2)放射性指标

①放射性衰变和半衰期。放射性物质的原子核由于放出某种粒子而转变为新核的变化叫做衰变。

衰变是自发地、连续不断地进行的，并且不受任何外界条件的影响，一直衰变到原子处于稳定状态才停止。但是，完成衰变的过程中，有的元素快，有的元素慢。这是由于放射性元素原子的衰变并不是所有的原子都同时发生，而是每个时刻只有占原子总数一定比例的原子在发生衰变。为了表示放射性元素衰变的快慢，采用“半衰期”这个概念。

各种射线特性比较　　表 1-4-12

射线种类	α 射线	β 射线	γ 射线	中子流[①]
射线本质	粒子流	电子流	光子流	粒子流
极性	正	负	不带电	不带电的粒子
射线初速度	约 2 万 km/s	约 20 万 km/s	约 30 万 km/s	各有不同
电离能力	很强	较弱（不及 α 射线的 1/100）	很小	不电离
穿透能力	很弱	中等	很强	很强
主要伤害	内辐射	外辐射	外辐射	内辐射和外辐射
射程	空气 2.7～12cm；生物 35μm	空气 7～20m；生物 8mm	铅 5cm；混凝土 20～30cm；泥土 50～60cm；空气数百米	氢、轻物质（人体、HC 物、水）吸收中子流；重物质（金属、建筑物）不吸收中子流
主要吸收屏蔽材料[②]	空气、铝箔	铅板、有机玻璃、薄铁片、木材、塑料	铅板、铁板、铅玻璃、铅橡皮、混凝土、岩石、砖、土壤、水	水、石蜡、硼酸

注：①中子流在自然界不单独存在；

②材料吸收射线的效果，以表中所列的次序由强到弱。

所谓半衰期就是放射性物质的原子数目因衰变而减少到原来的一半所需要的时间。

每一种放射性物质的半衰期都是恒定的，而且各种放射性物质的半衰期都不同。如镭-226 的半衰期是 1620 年，磷-32 的半衰期是 14.3 天，碘-131 的半衰期为 8.04 天，硼-12 的半衰期只有 0.027 秒。对于运输储存来说，了解半衰期是十分重要的。经过 n 个半衰期后，放射性物质中只剩下$\frac{1}{2^n}$的原子还有放射性，而其余的都已蜕变成没有放射性的新原子核了。例如，经过 4 个半衰期，放射性物质的有效成分只剩下$\frac{1}{16}$。如果其余的$\frac{15}{16}$的放射性原子的衰变都是发生在运输储存过程中，而没有发挥任何有益的作用，损失就太大了。所以对于半衰期短的放射性物质要优先运输，不能久储。对于在一个半衰期内不能运达目的地的放射性物质，汽车运输不宜受理，建议采用更快的运输方式。半衰期对于内照射防护也是十分重要的，半衰期短的放射性物质如果滞留在人体内，过一段时间，其放射性会自行减弱直至消失；而半衰期长的放射性物质如果滞留在人体内，其内照射危害就是长时期的。

半衰期短的放射性物质称为短寿命放射性物质。长短只是一个相对概念，没有划定半衰期大于多少为长，小于多少为短。尤其对于运输而言，时间取决于速度和距离两个因素，时间的观念在各种运输方式中都不同，长短相对性更为明显。

②放射性活度（也称为放射性强度）。放射性活度是量度放射性物质的放射性的一个物理量。用每秒内某放射性物质发生核衰变的数目或每秒内射出的相应粒子数目来表示某物质的放射性活度。这反映了某放射性物质放射性的强弱程度。某放射性物质在每秒内发生衰变的核子数目越多，即其射出的相应粒子的数目越多，那么这种物质的放射性活度就越大。

放射性活度的单位，用贝可或居里表示。贝可即每秒的核衰变数目，记为Bq，即：1贝可=1衰变/秒。居里，记为Ci。贝可单位太小，故常用居里。居里还可细分为毫居里（mCi）和微居里（μCi），换算关系是：

$$1\mu Ci = 3.7 \times 10^4 Bq; 1mCi = 3.7 \times 10^7 Bq$$

$$1Ci = 10^3 mCi = 10^6 \mu Ci = 3.7 \times 10^{10} Bq$$

即当放射性物质在每秒内有370亿（3.7×10^{10}）个原子核发生衰变时，则其放射性活度为1居里。这个活度相当于1克纯镭的放射性活度。

放射性活度除了用居里、贝可表示外，γ射线的活度还可以用克镭当量来表示。即放射性物质所放出的γ射线在空气中所产生的电离效应与1克镭的γ射线在同样条件下所产生的电离应相等时，记为1克镭当量。

$$1\text{克镭当量} = 10^3\text{毫克镭当量} = 10^6\text{微克镭当量}$$

有了放射性活度，半衰期的概念就可以转换成放射性物质的活度减少到原来一半所需要的时间。例如有100mCi的磷-32，半衰期为14.3天。经过43天后，其活度为多少？43天经过了3个半衰期，其活度还有100mCi的$\frac{1}{2^3}$，即还有12.5mCi。

③放射性比活度。放射性比活度即单位质量（或体积）的放射性物质的放射性活度。又称比放射性或放射性比度。

使用放射性比活度，可以更确切地表示某种物质的放射性活度的大小。通常用放射性比活度来度量某一种物品是否应列入放射性物品。

放射性比活度的计算公式为：

$$放射性比活度(Am) = \frac{放射性活度(A)}{放射性物质的质量(M)} \tag{1-4-5}$$

放射性比活度的计量单位可以是：Bq/kg（贝可/千克）、Bq/g（贝可/克）或 Ci/kg（居里/千克）、μCi/g（毫居里/克）。

④射线的剂量。射线照射到物质或生物体上时，被照射者吸收了射线的能量产生电离作用。为了说明物质或生物体吸收能量的大小，引用剂量这个概念。活度是从放射体的角度衡量射线能量大小，剂量则从射线的接受体的角度来衡量射线能量大小。剂量是表示受照射物质在单位质量（或体积）内，吸收射线的能量值。照射量是用来量度 X 射线或 γ 射线在空气中的电离能力的量。常用的照射量单位有 R（伦琴）、C/kg（库仑/千克）。$1R = 2.58 \times 10^{-4}C/kg$。照射量虽也是一种剂量，但它的被照射体是空气。照射量不能用来度量暴露在该辐射场中的物质所吸收的能量，所以提出吸收剂量和剂量当量的概念。

吸收剂量是用来度量电离辐射与物质相互作用时，单位质量所吸收射线的能量多少的一个物理量。简单地说，吸收剂量是单位质量物质所吸收射线的能量。

吸收剂量计量的单位是：J/kg（焦耳/千克），并命名之为戈瑞（Gray）记为 Gy，也可以记为拉德（rad），1Gy = 1J/kg = 100rad。

照射量是吸收射线的物质为空气时的吸收剂量。

人体受到辐射时，虽然生物体的吸收剂量相同，但由于辐射类型和照射条件各不相同，可能产生完全不同的生物效应。因此，提出剂量当量的概念，表示人体对一切射线所吸收能量的剂量单位。为了便于对人体所受的各种辐射剂量作统一衡量，将每千克焦耳命名为希沃特（Sievert），简记为 Sv。1Sv = 1J/kg = 100rem。雷姆（rem）也是剂量当量的单位。

剂量当量和吸收剂量的单位都是 J/kg，但其含义却有本质的不同。吸收剂量是说明单位质量的介质吸收辐射能量的大小，而剂量当量则说明吸收了上述能量对人体组织可能带来的危害的大小。单位质量人体组织吸收了相同的辐射能量，由于辐射射线不同，剂量当量的数值可能会有很大的差异。例如，同样的吸收剂量，X 射线、γ 射线和电子的剂量当量与吸收剂量大致相同，而中子带来的危害 10 倍于 X 射线、γ 射线和电子，

所以其剂量当量10倍于吸收剂量,而如果是α辐射,其剂量当量20倍于吸收剂量。所以剂量当量与吸收剂量的关系为:

$$剂量当量 = 吸收剂量 \times 射线品质因素系数 \times 其他修正因素系数 \tag{1-4-6}$$

射线品质因素系数见表1-4-13。其他修正因素系数是除品质因素以外的各种有关因素的乘积。这些修正因素的存在是肯定的,但这些修正因素究竟应包括哪些,目前尚在研究中,还无法确定相应的修正系数,所以暂定为1。

射线品质因素系数 表1-4-13

射线种类	X射线	γ射线	电子	中子	α射线
射线品质因素系数	1	1	1	10	20

单位时间内剂量的大小,称为剂量率。相应于剂量的不同有照射剂量率、吸收剂量率和辐射剂量当量率。

单位时间内的照射量称为照射量率。其计量单位为C/kg·s(库仑/千克秒)、R/s(伦琴/秒)。

单位时间内的吸收剂量称为吸收剂量率。其计量单位为J/kg·s(焦耳/千克秒)、rad/s(拉德/秒)。

单位时间内所受到的剂量当量称为辐射剂量当量率,简称剂量当量率,又称辐射水平。其计量单位为Sv/s(希沃特/秒)、rem/s(雷姆/秒)、mSv/h(毫希沃特/小时)等。

很明显,时间越短,剂量当量越大,货物的辐射水平就越高,说明该放射性货物的放射危险性越大。所以辐射水平是一个很重要的参数。运输上,把辐射水平转化为运输指数,以确定放射性货物的危险程度。运输指数是距放射性货包或货物外表面1m处的最大辐射水平的数值,单位为mrem /h(毫雷姆/小时)。

⑤最大容许剂量。随着放射性同位素及其制品的应用和运输量的不断增长,接触放射性物品的人也越来越多。为了确保人身安全,提出和制定了最大容许剂量的概念和限值。所谓最大容许剂量,是人们通过当前大量的实践,并在现有知识水平来看,这样大的剂量在人的一生中任何时间都不应引起对人体的显著损伤。也就是人体所受到对身体健康没有危害的最大的射线照射量。在实际工作中,即使在最大容许剂量下,仍应争取将辐射的强度减至尽可能低的程度。

我国1974年5月1日颁布了《放射防护规定》,对256种放射性核素规定了其在露天水源中的限制浓度和工作现场空气中的最大允许浓度，同时规定了最大容许剂量当量和限制剂量当量，见表1-4-14。

电离辐射的最大容许剂量当量和限制剂量当量(单位:rem)　表1-4-14

受照射部位		职业性辐射工作人员的年最大容许剂量当量①	放射性工作场所相邻及附近区域工作人员和居民的年限制剂量当量
器官分类	名　称		
第1类	全身、红骨髓性腺、眼晶体	5	0.5
第2类	皮肤、骨、甲状腺	30	3②
第3类	手、前臂、足踝	75	7.5

注:①表内所列数值均指内、外照射的总剂量，不包括本有照射和医疗照射。

②16岁以下人员甲状腺的年限制剂量当量为1.5rem。

实际上，人们日常就生活在放射性的世界中。人在日常生活中受到的辐射见表1-4-15。一般说每人每年从天然辐射受到的剂量当量约为0.1~0.15rem。在地壳放射性含量较高的地区，居民每年从天然辐射中受到的剂量当量可达0.5~1rem，也未发现对人体或后代引起任何异常效应。此外，一次医疗X光胸部透视，可使人体受到40mrem的剂量当量。国际上和我国都把除天然辐射和医疗辐射以外的受照射剂量当量限制在每人每年500mrem以下，这个标准是国际公认的安全标准。

人在日常生活中受到的辐射剂量当量(单位:mrem)　表1-4-15

天然辐射		人工辐射	
宇宙射线	44	肠胃X光透	200
住房	40	放射性照相拍片	50
呼吸	18	X光胸部透视	40
地面	15	牙科放射性治疗	20
饮食	7	电视机(每观看1小时)	约0.15

八、第8类　腐蚀品

1. 腐蚀品的定义

从运输角度考虑，腐蚀不仅要看对材料的破坏，还应特别考虑对人体的伤害。同时也不能虑及长期的缓慢的腐蚀，而只能以即时的化学或电化学腐蚀作用为准。

本类货物系指能灼伤人体组织并对金属等物品造成损坏的固体或液体。与皮肤接触在4h内出现可见坏死现象，或温度在55℃时，对20号钢的表面均匀年腐蚀率超过6.25mm/a(读作每年毫米)的固体或液体。

腐蚀品对物质的即刻的腐蚀作用,主要是化学作用。有时会引起一系列复杂的化学变化。盐酸对铝制品的腐蚀比较简单:

$$6HCl + 2Al = 2AlCl_3 + 3H_2\uparrow$$

而氢氧化钠对铝制品的腐蚀就是一个比较复杂的过程。首先是铝表面上的氧化铝保护膜溶解在碱溶液中,生成偏铝酸钠($NaAlO_2$)和水:

$$Al_2O_3 + 2NaOH = 2NaAlO_2 + H_2O$$

然后,失去保护膜的铝与水作用,生成$Al(OH)_3$,并置换出氢:

$$2Al + 6H_2O = 2Al(OH)_3 + 3H_2\uparrow$$

最后,氢氧化铝与强碱氢氧化钠反应,生成偏铝酸钠和水:

$$2Al(OH)_3 + 2NaOH = 2NaAlO_2 + 4H_2O$$

总反应式为:

$$2Al + 2NaOH + 2H_2O = 2NaAlO_2 + 3H_2\uparrow$$

可见,强碱对铝的腐蚀,实质上是铝与水的置换反应,强碱的存在只是起了溶解氧化膜和氢氧化铝的作用,促使铝与水的反应能顺利地迅速地进行。

各种腐蚀品接触不同物品发生腐蚀反应的效应及速度是不同的,说明各种腐蚀品腐蚀性强弱不一。各物品的耐腐蚀性也参差不齐。

2. 腐蚀品的分项

腐蚀反应、构成复杂多样,其中不乏相互抵触的物品,如可燃物品与氧化剂,酸性与碱性物品等。分项时,以酸碱性作为主要的分类标志,再考虑其可燃性。这样,根据化学性质第8类危险货物(腐蚀品)分为3项:酸性腐蚀品、碱性腐蚀品和其他腐蚀品。其中,酸性腐蚀品又分成无机酸性和有机酸性腐蚀品2个子项。

(1)8.1项　酸性腐蚀品

酸性腐蚀品按其化学组成可分成无机酸性腐蚀品和有机酸性腐蚀品2个子项:

①无机酸性腐蚀品。这类物品都是具有酸性的无机物。酸性的大小,决定了腐蚀性的强弱。其中不少酸具有很强的氧化性,如硝酸、硫酸、氯磺酸等。很明显,具有强氧化性的无机酸不能接触有机物。无机酸性腐蚀品中还包括遇水或遇湿能生成酸的物质,如三氧化二硫、五氯化磷等。

②有机酸性腐蚀品。酸性的有机物品,如甲酸、溴乙酰、三氯乙醛、冰

醋酸等，绝大多数是可燃物，有很多是易燃的。如：乙酸，闪点40℃；丙烯酸，闪点54℃；丁基三氯硅烷，闪点52℃；丙酸，闪点54.4℃等。所以，同样是酸性腐蚀品，无机酸具有强氧化性，有机酸大多数可燃，绝不能认为同是酸性就把它们配载混储，它们之间必须分类管理，储存运输时不能一起存放。

(2)8.2项　碱性腐蚀品

碱性腐蚀品包括碱性的无机物和碱性的有机物。其碱性决定了其腐蚀性。一般地说，碱性的大小决定了腐蚀性的强弱；碱性腐蚀品的腐蚀性要比酸性物品的腐蚀性弱一些；无机碱比无机酸的腐蚀性弱；有机碱比有机酸的腐蚀性弱；同是碱性物品，无机碱要比有机碱的腐蚀性强。无机碱性腐蚀品中没有具有氧化性的物质，所以没有必要再把碱性腐蚀品分为有机碱性和无机碱性两个子项。碱性腐蚀品中的有机物如水合肼等是强还原剂，易燃，其蒸气会爆炸。

(3)8.3项　其他腐蚀品

其他腐蚀品指既不显酸性也不显碱性的腐蚀品，如次氯酸钠、三氯化锑、苯酚、甲醛等，分为无机物和有机物2类。无机物中的次氯酸钠、漂白粉有氧化性。有机物可燃，如甲醛的闪点50℃，爆炸极限7%～73%，具有极强的还原性。因为无机其他腐蚀品中的氧化剂和有机其他腐蚀品中的还原剂都不多，所以没有必要把本项物品再分为无机和有机2个子项。

腐蚀品的上述分类是由各种腐蚀品的本身化学性质决定的。看不到各种腐蚀品具有各种不同的性质，认为凡是腐蚀品就可以混储配载，酸与碱混装，氧化剂与还原剂配载，势必酿成恶性事故。

3. 腐蚀品的特性

腐蚀品是化学性质非常活泼的物质，能与很多金属、非金属及动、植物机体等发生化学反应。腐蚀品不仅具有腐蚀性，很多腐蚀品同时还具有毒性、易燃性或氧化性等性质中的一种或数种。

(1)腐蚀性

腐蚀品与人体、很多物品接触后，都能形成程度不同的腐蚀。其中对人体的伤害通常又称为化学烧伤(或化学灼伤)。

①对人体的烧伤。具有腐蚀性的固体、液体和气体物品都会对皮肤表面或器官的表面(如眼睛、食道等)产生化学烧伤。

固体腐蚀品如氢氧化钠等，能烧伤与之直接接触的表皮。液体腐蚀品能很快侵害人体的大部分表面积，并能透过衣物发生作用。气体腐蚀品虽然不多，但许多液体腐蚀品的蒸气和粉末状固体腐蚀品的粉尘，同样具有严重的腐蚀性，它们不仅能伤害人体的外部皮肤，尤其会侵害呼吸道和眼睛。

腐蚀品接触人的皮肤、眼睛或进入呼吸道、消化道，就立即与表皮细胞组织发生反应，使细胞组织受到破坏，而造成烧伤。呼吸道、消化道的表面粘膜比人体表皮更娇嫩更容易受腐蚀。内部器官被烧伤时，会引起炎症（如肺炎等），严重的会死亡。

有些腐蚀品对皮肤的伤害能力很小，但对某些器官却有强烈的刺激。如稀氨水对皮肤的腐蚀作用很轻微，但如溅入眼睛，则可能引起失明。

浓硫酸使皮肤和组织脱水，脱水后的皮肤组织从成分到外观都与木炭无异。氢氧化钠的浓溶液能使不溶于水的活体组织成为能溶于水的酸酯钠和醇。所以，氢氧化钠能溶解丝、毛和动物组织。皮肤接触液碱会被溶解，甚至极短的时间也会造成严重的伤害。摄入液碱，如不立即用1%的醋酸溶液中和就可致命。氢氧化钠浓溶液是带微红色（45%氢氧化钠水溶液）或微蓝色（30%氢氧化钠水溶液）的透明液体，将之误认为红白葡萄酒、烧酒或饮料而误食丧命时有所闻。

必须注意的是化学烧伤（灼伤）与物理烧伤（烫伤）有很大的不同。物理烧伤会使人立即感到强烈的刺痛，人的肌体会本能地立即避开。而化学烧伤有一个化学反应的过程，开始并不太感到疼痛，要经过数分钟、数小时，甚至数日后才表现出其严重伤害来，所以常常被人们忽视，其危害性也就更大。例如，皮肤接触氢氟酸后，表皮腐蚀似乎不严重，但氢氟酸会侵蚀骨骼中的钙而造成严重的后果。另外，物理烧伤脱离接触后，伤害可以不继续加深；而腐蚀品与皮肤接触后，灼伤逐步加剧，要清除掉沾在皮肤上的腐蚀品颇费周折，同时腐蚀品对皮肤等组织细胞的吸附作用很强，还会通过皮肤被吸收，引起全身中毒，加之化学烧伤的周围组织因坏死及中毒等原因，较难痊愈。故化学烧伤比物理烧伤更应引起重视。

②对物品的腐蚀。腐蚀性物品中的酸、碱甚至盐都能不同程度地对金属进行腐蚀。它们会腐蚀金属的容器、车厢、货舱、机仓及设备等。即使这些金属物品不直接与腐蚀品接触，也会因腐蚀品蒸气的作用而锈蚀。如化工物品运输车辆的损耗程度要比普通运输车辆的损耗大得多。

有机物质如木材、布匹、纸张和皮革等也会被碱、酸腐蚀。腐蚀品甚至能腐蚀水泥建筑物，撒漏于水泥地上的盐酸，能把光滑的地面腐蚀成为麻面。撒漏的硫酸不加水稀释流入下水道，会使水泥制的下水道毁坏。

氢氟酸甚至能腐蚀玻璃。

(2)毒性

腐蚀品中有很多物品还具有不同程度的毒性。如五溴化磷、偏磷酸、氢氟硼酸等。特别是具有挥发性的腐蚀品,如发烟硫酸、发烟硝酸、浓盐酸、氢氟酸等,能挥发出有毒的气体和蒸气,在腐蚀肌体的同时,还能引起中毒。

(3)易燃性和可燃性

有机腐蚀品具有可燃性。这是所有有机物的通性,是它们本身的化学构成所决定的。挥发性强的有机腐蚀品如冰醋酸、水合肼的闪点比较低,接触明火会引起燃烧。

有些强酸强碱,在腐蚀金属的过程中放出可燃的氢气。当氢气在空气中占一定的比例时,遇高热、明火即燃烧,甚至引起爆炸。

(4)氧化性

腐蚀品中的含氧酸大多是强氧化剂。它们本身会分解释放出氧,或在与其他物质作用时,夺得其电子将其氧化。如硝酸暴露在空气中就会分解产生氧气。

一方面,强氧化剂与可燃物接触时,即可引起燃烧,如硝酸、硫酸、高氯酸等。与松节油、食糖、纸张、炭粉、有机酸等接触后,即可引起燃烧甚至爆炸。

浓硫酸、浓硝酸可以氧化铜,同时放出有毒的二氧化硫或二氧化氮气体。

硝酸还能氧化毛发和皮肤的组成部分——蛋白质,使蛋白质转化为一种称为黄朊酸的黄色的复杂物质。所以硝酸溅到皮肤上,愈合很慢,并会留下很难看的疤痕。

另一方面,氧化性有时也可以被利用,浓硫酸和浓硝酸的强氧化性,使铁、铝金属在冷的浓酸中被氧化,在金属表面生成一层致密的氧化物薄膜,保护了金属。这种现象称为“钝化”。根据这一特点,可用铁制容器盛放浓硫酸,用铝制容器盛放浓硝酸。

(5)遇水反应性

腐蚀品中很多物品与水会发生反应,并放出大量的热量。这些反应大致分为以下 2 种:

①遇水分解。这类反应以氯化物为典型。

氯磺酸能被水分解,发生强烈反应,生成盐酸和硫酸:

$$ClSO_3H + H_2O = HCl + H_2SO_4$$

三氯化磷被水分解为盐酸和磷酸：

$$PCl_3 + 3H_2O = H_3PO_3 + 3HCl$$

四氯化硅被水分解后生成硅酸和盐酸；亚硫酰氯和硫酰氯遇水反应后分别生成氯化氢和二氧化硫或亚硫酸等。

②遇水化合。这类反应以各种酸酐为典型。例如三氧化硫遇水生成硫酸；五氧化二磷遇水生成磷酸等。会发生这类反应的物品受潮后腐蚀性增强。

遇水反应的腐蚀品都能与空气中的水汽发生反应而发烟（实质是雾，习惯上称烟），它对眼睛、咽喉和肺有强烈的刺激作用，而且有毒。由于反应剧烈，并同时放出大量的热量，当满载这些物品的容器遇水后，则可能因漏进水滴，猛烈反应，使容器炸裂。所以尽管没有给这些物品贴上"遇潮时危险"的副标志，其防水的要求应和4.3项危险货物（遇湿易燃物品）相同。

4. 常见的腐蚀品

(1)81007 硫酸（H_2SO_4）

一般认为，硫酸的消费量可以从某个角度衡量一个国家的经济状况和发展水平。硫酸是重要的工业原料，硫酸铝、盐酸、氢氟酸、磷酸钠和硫酸钙等，在制造时都要用硫酸。因此，硫酸市场是比钢铁工业更好地反应实业状况的指标。硫酸的运输量和储存量在整个酸性腐蚀品中占首位。

纯硫酸是无色的油状液体，常见的不纯的硫酸为淡棕色。硫酸在水中可以无限溶混。98%的硫酸水溶液的相对密度1.84，沸点338℃，凝固点10℃。SO_3溶于硫酸中所得产物俗称发烟硫酸，其化学式为$H_2S_2O_7$，称为焦硫酸。焦硫酸比硫酸还要危险。

稀硫酸具有酸的一切通性。能腐蚀金属，能中和碱，并能与金属氧化物和碳酸盐作用。

浓硫酸有以下特性：

①浓硫酸溶于水时，能释放出约84kJ/mol（千焦/摩尔）的高热量。因此，稀释浓硫酸时必须十分小心，应该把浓硫酸缓缓加入水中。否则，把水倒入浓硫酸中，开始时因为水较轻仍旧浮在酸层的上部，当水扩散至酸中时，即放出溶解热，可发生局部沸腾，会剧烈溅散而伤人。

②浓硫酸对水有极强的亲和性。当其暴露在空气中时，能吸收空气中的水蒸汽。浓硫酸的脱水能力前面已作了介绍。浓硫酸甚至能使高氯

酸脱水，生成七氧化二氯：

$$H_2SO_4(浓) + 2HClO_4 = H_4SO_5 + Cl_2O_7$$

七氧化二氯很不稳定，几乎在生成的同时就爆炸性地分解成氯和氧。所以浓硫酸与高氯酸不能配载混储。

③浓硫酸能与许多物质反应，生成一种或多种危险产物。含氯和氧的氧化剂能与浓硫酸反应生成氯的氧化物。氯的氧化物不稳定，化学性质异常活泼。氯酸钾混以浓硫酸会立即发生爆炸性反应，生成二氧化氯：

$$3KClO_3 + 3H_2SO_4(浓) = HClO_4 + 2ClO_2 + 3KHSO_4 + H_2O$$

二氧化氯能自动分解成单质氯和氧，氧化能力极强。

浓硫酸也能分解由沸点较低的酸生成盐。把盐与硫酸混合加热，即可分馏出更易挥发的产物。如：

$$2NaF + H_2SO_4 = Na_2SO_4 + 2HF$$

浓硫酸与硝酸盐、盐酸盐也会发生类似的反应，故浓硫酸不宜与盐类混贮配载。事实上浓硫酸不宜与任何其他物质配载。

④浓硫酸还可起氧化剂的作用。例如：

$$C + 2H_2SO_4(浓) = CO_2\uparrow + 2SO_2\uparrow + 2H_2O$$

$$Pb + 3H_2SO_4(浓) = Pb(HSO_4)_2 + SO_2\uparrow + 2H_2O$$

这些反应的潜在危险性在于产物 SO_2 为有毒气体。

(2)81004 硝酸(HNO_3)

硝酸盐与硫酸之间的复分解反应可以生成硝酸：

$$2NaNO_3 + H_2SO_4 = Na_2SO_4 + 2HNO_3$$

纯硝酸为无色液体，但通常由于溶有二氧化氮(NO_2)而呈红棕色。二氧化氮是由于硝酸暴露在光线下而生成的产物：

$$4HNO_3 = NO_2\uparrow + 2H_2O + O_2\uparrow$$

工业上，硝酸是仅次于硫酸的重要的酸。68% ~70% 的硝酸水溶液相对密度 1.5，沸点 86℃，凝固点 -42℃。硝酸可以与水以任意比混溶。

硝酸与碳酸盐、金属氧化物及碱能以一般酸的典型方式进行反应。但硝酸与金属接触发生的不是置换反应，不放出氢气，而是氧化反应：

$$Zn + 4HNO_3(浓) = Zn(NO_3)_2 + 2NO_2\uparrow + 2H_2O$$

硝酸作为氧化剂，几乎与一切金属和非金属起反应。银能溶于硝酸，金则不溶。粉末状金属能与硝酸起爆炸性反应。硝酸的氧化能力随酸中溶有的二氧化氮量的增加而增强。纯硝酸中溶有过量的二氧化氮称为发烟硝酸，这是一种非常强的氧化剂。

浓硝酸还能因氧化反应而溶解非金属：

$$C + 4HNO_3 = CO_2 \uparrow + 4NO_2 \uparrow + 2H_2O$$

$$S + 6HNO_3 = H_2SO_4 + 6NO_2 \uparrow + 2H_2O$$

不管具体的反应如何，硝酸在发生腐蚀反应的同时一般总会生成有毒气体 NO 和 NO_2 中的一种。

硝酸的氧化能力能引起木材和其他纤维产品的燃烧。松节油、醋酸、丙酮、乙醇、硝基苯等常见的有机物与浓硝酸相混能发生爆炸。硝酸还能氧化蛋白质。

(3)81013 盐酸(HCl)和 81015 氯化氢(HCl)

在工业中，盐酸的重要性仅次于硫酸和硝酸。工业上俗称的三酸二碱是最重要的化工原料，三酸即硫酸、硝酸和盐酸。就产量和运输量来说，盐酸超过硝酸占第二位。

氯化氢是无色的气体，有强烈气味，在空气中能冒烟，蒸气密度 1.2，有毒。空气中浓度超过 1500ppm 时，数分钟内可致人死亡。

氯化氢极易溶解于水，85g 氯化氢溶解在 100g 水中时，所得水溶液称为盐酸。氯化氢和盐酸的化学式均为 HCl。工业等级的盐酸氯化氢的水浓度一般为 31%，通常因含铁离子而呈黄色。相对密度 1.2。

浓盐酸和稀盐酸均为强酸，它们的主要危险在于能迅速腐蚀金属及大多数与其接触的物质，其酸蒸气的毒性为第二个严重危险性。吸入达危险数量的氯化氢，可使呼吸管道中的细胞完全变态，并能破坏气管内层。对于成人来说，氯化氢在空气中的浓度为 5ppm 时开始有气味；5 ~ 10ppm时对粘膜有轻度刺激；35ppm 时短暂接触会强烈刺激咽喉；50 ~ 100ppm时达忍耐的限度；1000ppm 时短暂接触就有肺水肿的危险。

盐酸的第三个危险性与溶解气体相同。盐酸受热时，氯化氢会从水中逸出，此时盐酸容器内会产生相当大的压力，而导致耐压能力不大的耐盐酸腐蚀的容器破裂。

(4)81023 氯磺酸($ClSO_3H$)

氯磺酸是无机酸性腐蚀品，是由硫酸衍生出来的强酸。硫酸中去掉一个羟基(—OH)后的基团(—SO_3H)称为磺(酸)基。磺基与烃基(R—)或卤素原子(F—、Cl—、Br—等)结合而成的化合物统称为磺酸，命名为某磺酸。与甲基(CH_3—)相连叫甲磺酸(CH_3SO_3H)；与苯基(C_6H_5—)相连称苯磺酸($C_6H_5SO_3H$)；与氯原子相连即氯磺酸。大多数磺酸是易溶于水的晶体，具有强酸性，并有相似的性质。

氯磺酸是无色的油状液体。在空气中能发烟,具有很强的腐蚀性,甚至比浓硫酸的危险性还大。遇水会发生强烈的反应,同时放出大量的热。

氯磺酸是一种能与许多化合物反应的强氧化剂,其与粉状金属、硝酸盐均能起爆炸性反应。

在180℃以上高温时,氯磺酸能分解成硫酰氯和硫酸:

$$2ClSO_3H = SO_2Cl_2 + H_2SO_4 (T > 180℃)$$

硫酰氯 SO_2Cl_2 会继续分解成有毒的二氧化硫和氯气:

$$SO_2Cl_2 = SO_2\uparrow + Cl_2\uparrow$$

除了对人体健康的影响外,这些气体的产生还能导致容器内部压力增高而爆炸,所以氯磺酸卷入火场是很危险的。试图用淋水的常规方法来救护卷入火场的氯磺酸容器必定适得其反,因为氯磺酸遇水反应更强烈。

(5)82001 氢氧化钠(NaOH)

氢氧化钠(别名烧碱,苛性钠,苛性碱,苛性曹达,固碱,火碱)是最常见的强碱,在整个工业部门有许多用途。纯氢氧化钠是白色的块状或片状固体,极易溶于水。氢氧化钠大量是以30%和45%的水溶液在市场出售和运输。运输量很大。

固体氢氧化钠在空气中除极易吸收空气中的水汽外,还会吸收二氧化碳生成碳酸钠而变质:

$$2NaOH + CO_2 = Na_2CO_3 + H_2O$$

这是因为NaOH能与非金属氧化物反应生成盐和水。因此在贮存和运输固体氢氧化钠时,必须防止其与空气接触。

氢氧化钠的浓溶液能与活体组织作用,能溶解丝、毛和动物组织,会严重灼伤皮肤。

氢氧化钠与酸类反应剧烈,能腐蚀某些铝、锌、铅类金属和某些非金属,并放出氢气。还能与玻璃的主要成份二氧化硅反应,生成易溶于水的硅酸钠,而使玻璃腐蚀:

$$2NaOH + SiO_2 = Na_2SiO_3 + H_2O$$

但其反应速度缓慢。故长期存放氢氧化钠溶液(又称液碱)时,不宜使用玻璃或陶瓷器皿。

九、第9类 杂类

1. 杂类物品的定义和分项

本类物品系指在运输过程中呈现的危险性质不包括在上述 8 类危险性质中的物品。

第 9 类危险货物(杂类)分为 2 项:

(1)9.1 项　磁性物品

本项物品系指航空运输时,距其包装件表面任何一点 2.1m 处的磁场强度 $H \geqslant 0.159\text{A/m}$(读作每米安培)。

(2)9.2 项　另行规定的物品

本项物品系指具有麻醉、毒害或其他类似性质,能造成飞行机组人员情绪烦躁或不适,以致影响飞行任务的正确执行、危及飞行安全的物品。

2. 杂类物品的特性

由定义可知,杂类物品具有磁性、麻醉、毒害或其他类似性质。

(1)9.1 项　磁性物品

磁性物品,其危险货物编号为 GB 91001。永久磁铁以及含有磁性零部件的设备仪表、光学仪器、移动电话、家电产品等货物,距包装件表面任何一点 2.1m 处的磁场强度 $H \geqslant 0.159\text{A/m}$ 的,在航空运输时要作为"磁性物品"运输。

此项物品在其磁场强度范围内,对飞机的导航、通讯设备有一定的影响,干扰飞行罗盘的准确性,从而影响飞机安全。

(2)9.2 项　另行规定的物品

此项物品特性各异,运输杂类物品应充分考虑其特性,采取相应的防护措施。

①二氧化碳(固体),即干冰,其危险货物编号为 GB 92001。干冰用于食品工业作制冷剂,也可用作人工催雨的化学药剂以及消防灭火剂。

该物品为白色升华性结晶,无嗅。临界温度 31.0℃,临界压力 7.4×10^6Pa。相对密度 1.5862。在常压下升华可得到 -78.5℃左右的低温,并吸收大量的热量。干冰气化时吸收的热量是同质量的冰溶解气化吸收热量的 2 倍,而且这个过程比冰快得多,故人体接触之瞬间即能严重冻伤。因其外形与普通的冰雪很相像,常被误认而用手去抓,但因温度在 -78.5℃,故造成冻伤。在封闭的空间内气化,高浓度时有窒息性,空气中二氧化碳含量只要达到3%,就会使人窒息死亡。因此,不得使干冰直接接触裸露的皮肤肌体。

②影响飞行安全的物品(未列名的),其危险货物编号为 GB 92002。本项物品具有麻醉、刺激或其他类似性质,会使驾驶人员情绪烦躁或不

适，危及运输安全。如榴莲、大蒜油等物品即属于9.2项。

3. 杂类物品的补充说明

当某种物品对某种运输方式有一定的危险性，但又不具备前列的8类危险货物的任何一种特性而可以归入其中某一类时，有的“危规”如国际海事组织（IMO）和国际航空运输协会（IATA）的《运输危险货物规则》都为此设立了第9类杂类。我国《危险货物分类和品名编号》和《危险货物品名表》中也列出了杂类危险货物的品名，我国的这两个标准中的杂类是专为航空运输而设的。被确认为危险货物的物品，经特殊包装、抑制，基本上都能采用水路、铁路、公路等运输方式，但不能都采用民用航空运输方式。

众所周知，汽车是能真正实现门到门服务的一种运输工具。过去，汽车运输危险货物不设第9类危险货物。随着科学技术的不断发展，在运输过程中呈现的危险性质不包括在前8类危险性中的新物品即第9类危险货物不断涌现，新物品的数目也越来越多，此类危险货物的某些特性也会对汽车运输安全性产生影响；加之新技术在汽车上的应用，如GPS等先进装置，加大了汽车受磁场（第9类危险货物）干扰的倾向；一定运输天气下，此类物品具有麻醉、刺激或其他类似性质，会使驾驶人员情绪烦躁或不适，危及运输安全。这样，现代汽车运输安全也应考虑杂类危险货物，按其货物特性采取相应措施。

十、关于“危险货物的分类与相关特性”的几点说明

1. 一种危险货物具有多种危险特性

《危险货物分类和品名编号》将危险货物按其主要特性和运输要求分为9类。通过前面各类危险货物的特性介绍可以发现，某类危险品除具有本类危险货物的主要特性外，还具有一些次要特性，也称为副特性，即次要危险性。例如：列入易爆易燃类的不少物品具有毒害性和腐蚀性；列入毒害品类的不少物品具有易燃性和腐蚀性；列入腐蚀品类的不少物品具有易燃性、毒害性和氧化性；列入氧化剂类的不少物品具有毒害性和腐蚀性，有机过氧化物还具有易爆易燃性等。

一种危险货物的多种危险特性，除了由危险货物本身的物理、化学、生化等特性所决定以外，还与确定各类危险货物的性能标志的非互排斥性有关。即，据以确定各类危险货物的性能指标——爆速、闪点、爆炸极限、燃点、自燃点、遇水反应、获得电子的能力、半数致死量、半数致死浓

度、放射性比活度、腐蚀性等不是相互排斥或对立的。用不同的指标可以衡量不同的危险特性。如果某种货物用不同的指标去测定，有两个以上的测定值在危险货物的定义参数范围内，则该货物就具有两种以上的危险特性。例如：闪点低于61℃的液体可以列入易燃液体；毒害品和腐蚀品中有不少有机物，而有机物都是可燃物，其中有不少液体的闪点低于61℃，也称得上具有易燃性；若用毒害品的衡量标准来衡量列入各类危险货物的毒害性，有很多物品都能达到毒害品的标准。如列入易燃气体中的一甲胺、二甲胺、三甲胺、煤气、石油气、环氧乙烷等；列入易燃液体的甲醇、乙硫醇、乙腈、乙酸烯丙酯、乙硫醚、二甲基肼、苯、二硫化碳、二氟苯、二氯乙烷等；列入易燃固体的二硝基苯肼、二硝基苯酚、对二氯苯、四聚乙醛、金属粉末等；列入氧化剂的五氟化碘、亚硝酸钠、硝酸钡、氯酸钡等；列入腐蚀品的二氯化硫、五氧化二磷、五氯化磷等，所有的腐蚀品接触人体都会对人体造成伤害，口服一口硫酸或液碱足以致死，此时就不必研究硫酸或液碱等腐蚀品的半数致死量了。

《常用危险化学品的分类及标志》(GB 13690—92)中，根据每种常用危险化学品易发生的危险，综合归纳为145种基本危险特性。对每种危险化学品应选用适当的基本危险特性来表示它们易发生的危险。我国尚未明文规定决定危险特性主次的方法和原则，对于《危险货物品名表》中"未列名"的物品的主副性质，应该由权威机构作出判定。

2. 危险货物的副特性也会酿成大事故

不少货物表现出错综复杂的危险特性。确定一种危险货物的主要危险特性时，同时指出此种危险货物具有的其他(或称副)危险特性，并规定分别用危险货物包装主标志和副标志表示，以引起运输装卸储存人员的注意。

亚硝酸钠是氧化剂，副特性是"有毒"。因亚硝酸钠的氧化性而发生事故的很少，而把亚硝酸钠误作食盐食用造成中毒死亡的事件却常见之于报端。

由此可知，危险货物的副特性也会酿成大事故，在危险货物的运输中，在注意到一种货物的主要危险特性时，必须对其可能具有的其他危险特性也给予足够的重视。

因此，在危险货物的运输储存过程中，对副特性的防范应与其主要危险特性分别而又同样严格地进行防范。

3.《危险货物品名表》中的"未列名"项

目前世界上存在的化学品超过1000万种,日常使用的有700万余种,每年还会有千余种新化学品问世,随着化工生产的发展,新品种不断涌现,《危险货物品名表》上的列举不可能无遗漏。因此,《危险货物品名表》中设有"未列名"项,主要用于危险性质属于本类、而品名表中未列名的危险货物。

1

第五章 《危险货物品名表》及其适用

第一节 《危险货物品名表》的结构和作用

为了在实际操作中能明确到底有哪些是危险货物及其相关信息，国内外各种运输方式的“危规”或其他有关危险货物生产、储存的管理规定，都配套了一个重要的组成部分——《危险货物品名表》。这些《危险货物品名表》共列出了4000多种在运输中常见的危险货物，为从事危险货物运输的人员提供了危险货物编号、名称、别名、分子式（或分子结构）、进行运输的限制条件、分类和标志、货物的主副危险特性及分类、包装类别、与运输有关的特殊规定、应急措施及注意事项等详细资料，而这些信息又是从事危险货物运输各方人员必须掌握的，所以说《危险货物品名表》是危险货物运输不可缺少的重要技术文件之一。

一、《危险货物品名表》的结构

1. 国内危险货物品名表介绍

《危险货物品名表》采用了危险货物编号、品名、别名及备注4项，备注栏内主要注明该货物的联合国编号，由4位数字组成。其具体格式见表1-5-1。

《危险货物品名表》格式　　表1-5-1

编　号	品　　名	别　　名	备注1)
11001	爆破用电雷管	工程电雷管	0030
11002	爆破用非电雷管	工程非电雷管	0029
11003	弹药用雷管	炮弹雷管	0073
11004	爆破用非电雷管组件		0360
11005	传爆管〔带雷管的〕	助爆管	0225
11006	传爆管〔不带雷管的〕	助爆管	0042
11007	导爆索〔外包金属的〕		0290
11008	导爆索〔柔性的〕		0065
11009	爆炸管		0043
11010	火帽		0377

注：1）备注栏内的数码是指联合国危险货物运输问题专家委员会推荐的《最常见运输危险货物品名表》中的编号。

2. 国际危险货物品名表介绍

(1)《关于危险货物运输的建议书　规章范本》

目前,国际上通用的危险货物品名表,是联合国危险货物运输专家委员会制定的《关于危险货物运输的建议书　规章范本》中推荐的《最常见运输危险货物品名表》。

联合国《最常见运输危险货物品名表》采用了联合国编号、名称和说明、类别或项别、副危险、联合国包装类别、特殊规定、限量、包装和中型散装容器、便携式罐体和散装箱,其格式见表1-5-2。下面对品名表各栏作一具体说明。

联合国《最常见运输危险货物品名表》格式　　表1-5-2

联合国编号	名称和说明	类别或项别	副危险	包装类别	特殊规定	限量	包装和中型散装容器		便携式罐体和散装箱	
							导则	特殊规定	导则	特殊规定
(1)	(2)	(3)	(4)	(5)	(6)	(7)	(8)	(9)	(10)	(11)
1050	无水氯化氢	2.3	8			无	P200			
1051	氰化氢,稳定的,含水少于3%	6.1	3	I		无	P200			
1052	无水氟化氢	8	6.1	I		无	P200		T10	TP2
1053	硫化氢	2.3	2.1			无	P200			
1055	异丁烯	2.1				无	P200		T50	
1056	压缩氪	2.2				120ml	P200			
1065	压缩氖	2.2				120ml	P200			
1066	压缩氮	2.2				120ml	P200			
1067	四氧化氮(二氧化氮)	2.3	5.1,8			无	P200		T50	TP21
1069	氯化亚硝酰	2.3	8			无	P200			
1070	氧化亚氮	2.2	5.1			无	P200			

第1栏"联合国编号(UN No.)"是引用了联合国危险货物运输专家委员会对每一常用的危险货物的编号,它由4位阿拉伯数字组成。

第2栏"名称和说明"包含比其他正常印刷字号大一字号的正式运输名称或紧随其后的以正常印刷字号印刷的、对其进行的补充解释。

第3栏“类别或项别”注明该危险货物根据危险货物分类标准属于9大危险货物分类中的哪一类或哪一项。对于第1类,还包括对该危险货物的配装类(共有13个配装类,用英文字母A～L,不包括I,再加上N和S表示)。根据本栏目显示的内容在包装件上粘贴相应的主标志。

第4栏“副危险”包含根据危险货物分类标准确定的重要副危险的分类或分项。

第5栏“包装类别”包含为危险货物指定的联合国包装类型号码(如I、II或III)。如果一个条目含有不只一个包装类别,则须根据该危险货物的特性确定其包装类别。

除了第1、2、6.2和7类危险货物所用的包装另有规定外,所有其他类别的危险货物根据其所具有的危险程度不同,将其包装分为3个类别:

具有高度危险性——包装类I;具有中度危险性——包装类II;具有低度危险性——包装类III。

第6栏“特殊规定”包含的编号是指在《关于危险货物运输建议书　规章范本》的第3.3.1章中列出的危险货物与运输有关的一些特殊规定。特殊规定中如没有给出另外含义,则适用于该危险货物允许的所有包装类。

第7栏“限量”提供的是根据《关于危险货物运输建议书　规章范本》的第3.4章限量规定运输的危险货物每一内包装许可的最大量。其中“无”字,指不允许按限量运输的危险货物。

第8栏“包装和中型散装容器导则”列出的首字母数字码(如P112)是指该危险货物适合的在《关于危险货物运输建议书　规章范本》第4.1.4章中列明的包装导则。包装导则指出了适合运输的危险货物可能使用的包装(包括中型散装容器和大宗包装)。

字母“P”代码是除中型散装容器和大宗包装以外的包装导则;字母“IBC”代码是指适用于中型散装容器的包装导则;字母“LP”代码是指适用于大宗包装的包装导则;含有“N/A”时,则指该危险货物不需要包装。

第9栏“包装和中型散装容器特殊规定”包含的首字母数字码是指特定危险货物的特殊包装规定。

特殊规定中“PP”字母是指适用于“P”代码包装的特殊包装规定;特殊规定中“B”字母是指适用于“IBC”代码包装的特殊包装规定;特殊规定中“L”字母是指适用于“LP”代码包装的特殊包装规定。

第10栏“便携式罐体和散装箱导则”包含一个字母“T”后跟数字的

代码(如:T12),用来注明根据便携式罐体内装的危险货物要求确定的罐体类型。

代码中包含"BK"指适用于装运散装货物的散装箱。

第11栏"便携式罐体和散装箱特殊规定"包含一个字母"TP"后跟数字的代码(如:TP1 ~ TP31),用于注明使用便携式罐体运输危险货物的特殊规定。

在危险货物品名表中使用的缩写词和符号有如下含义,见表1-5-3。

危险货物品名表中使用的缩写词和符号 表1-5-3

缩写词/符号	栏　目	含　义
N. O. S	2	未另列明的
+	2	在附录B中作解释的条目

(2)《国际公路运输危险货物协定》介绍

《国际公路运输危险货物协定》(ADR,简称"国际公路危规")是欧洲经济委员会(ECE)根据联合国《关于危险货物运输的建议书　规章范本》的规定,结合公路运输的特点制定的,并经联合国危险货物运输专家委员会批准发布实施。"国际公路危规"危险货物品名表有联合国编号、名称和说明、类别、分类规则、包装类别、标签、特殊规定、限量、包装导则、特殊包装规定、混合包装规定、联合国便携式罐体导则与特殊规定、ADR罐体导则与特殊规定、罐体运输车辆、运输种类、运输特殊规定(包括包装、散装、装卸和处理、操作)、危害识别号码等共22栏,其格式见表1-5-4。

品名表各栏含义说明:

第1栏"联合国编号"是根据联合国分类制度给物品或物质划定的系列号码。

第2栏"名称和说明"包括英文用大写字母、中文黑体字表示的正式运输名称,可能附加英文用小写字母、中文用宋体字写出的说明文字,如存在相同分类的异构体,正式运输名称可用多数表示。水合物可酌情包括在无水物质的正确运输名称下。

第3a栏"类别"如果是第1类,还包括按照第2.1章描述的分类制定给物品或物质划定的配装组。

第3b栏"分类规则"包含危险物质或物品的分类规则。

表 1-5-4

《国际公路运输危险货物协定》危险货物品名表格式

联合国编号	名称和说明	类别和项别	分类规则	包装类别	标签	特殊规定	限量	容器			联合国便携式罐体		ADR 罐体		罐体运输车辆	运输类别	运输特殊规定				危险识别号码	联合国编号	名称和说明
								包装导则	特殊包装规定	混合包装规定	导则	特殊规定	罐体导则	特殊规定			包件	散装	装卸和搬运	操作			
	3.1.2	2.2	2.2	2.1.1.3	5.2.2	3.3	3.4.6	4.1.4	4.1.4	4.1.10	4.2.4.2	4.2.4.3	4.3	4.3.5.3.8.4	9.1.1.2	1.1.3.6	7.2.4	7.3.3	7.5.11	8.5	5.3.2.3		3.1.2
(1)	(2)	(3a)	(3b)	(4)	(5)	(6)	(7)	(8)	(9a)	(9b)	(10)	(11)	(12)	(13)	(14)	(15)	(16)	(17)	(18)	(19)	(20)	(1)	(2)
1452	氯酸钙	5.1	O2	II	5.1		LQ11	P002 IBC08	B2 B4	MP2			SGAV	TU3	AT	2		VV8	CV24		50	1452	氯酸钙
1453	亚氯酸钙	5.1	O2	II	5.1		LQ11	P002 IBC08	B2 B4	MP2			SGAN	TU3	AT	2			CV24		50	1453	亚氯酸钙
1454	硝酸钙	5.1	O2	III	5.1	208	LQ12	P002 IBC08 LP02 R001	B3	MP10			SGAV	TU3	AT	3		VV8	CV24		50	1454	硝酸钙
1455	高氯酸钙	5.1	O2	II	5.1		LQ11	P002 IBC06	B2	MP2			SGAV	TU3	AT	2		VV8	CV24		50	1455	高氯酸钙
1456	高锰酸钙	5.1	O2	II	5.1		LQ11	P002 IBC06	B2	MP2			SGAN	TU3	AT	2			CV24		50	1456	高锰酸钙
1457	过氧化钙	5.1	O2	II	5.1		LQ11	P002 IBC06	B2	MP2			SGAN	TU3	AT	2			CV24		50	1457	过氧化钙
1458	氯酸盐和硼酸盐混合物	5.1	O2	II	5.1		LQ11	P002 IBC08	B2 B4	MP2			SGAV	TU3	AT	2		VV8	CV24		50	1458	氯酸盐和硼酸盐混合物

续上表

联合国编号	名称和说明	类别和项别	分类规则	包装类别	标签	特殊规定	限量	容器			联合国便携式罐体		ADR 罐体		罐体运输车辆	运输类别	运输特殊规定				危险识别号码	联合国编号	名称和说明
								包装导则	特殊包装规定	混合包装规定	导则	特殊规定	罐体导则	特殊规定			包件	散装	装卸和搬运	操作			
	3.1.2	2.2	2.2	2.1.1.3	5.2.2	3.3	3.4.6	4.1.4	4.1.4	4.1.10	4.2.4.2	4.2.4.3	4.3	4.3.5.3.8.4	9.1.1.2	1.1.3.6	7.2.4	7.3.3	7.5.11	8.5	5.3.2.3		3.1.2
(1)	(2)	(3a)	(3b)	(4)	(5)	(6)	(7)	(8)	(9a)	(9b)	(10)	(11)	(12)	(13)	(14)	(15)	(16)	(17)	(18)	(19)	(20)	(1)	(2)
1458	氯酸盐和硼酸盐混合物	5.1	O2	III	5.1		LQ12	P002 IBC08 LP02 R001	B3	MP2	T4	TP1	SGAV	TU3		3		VV8	CV24		50	1458	氯酸盐和硼酸盐混合物
1459	氯酸盐和氯化镁混合物	5.1	O2	II	5.1		LQ11	P002 IBC08	B4 B2	MP2	T4	TP1	SGAV	TU3	AT	2		VV8	CV24		50	1459	氯酸盐和氯化镁混合物
1459	氯酸盐和氯化镁混合物	5.1	O2	III	5.1		LQ12	P002 IBC08 LP02 R001	B3	MP2			SGAV	TU3		3		VV8	CV24		50	1459	氯酸盐和氯化镁混合物
1461	无机氯酸盐,未另作规定的	5.1	O2	II	5.1	274 605	LQ11	P002 IBC06	B2	MP2			SGAV	TU3	AT	2		VV8	CV24		50	1461	无机氯酸盐,未另作规定的
1462	无机亚氯酸盐,未另作规定的	5.1	O2	II	5.1	274 509 606	LQ11	P002 IBC06	B2	MP2			SGAN	TU3	AT	2			CV24		50	1462	无机亚氯酸盐,未另作规定的
1463	无水三氧化铬	5.1	OC2	II	5.1 +8	510	LQ11	P002 IBC08	B4	MP2			SGAN	TU3	AT	2			CV24		58	1463	无水三氧化铬
1465	硝酸钕镨	5.1	O2	III	5.1		LQ12	P002 IBC08 LP02 R001	B3	MP10			SGAV	TU3	AT	3		VV8	CV24		50	1465	硝酸钕镨

第4栏“包装类别”是给物品或物质划定的联合国包装类型号码(即,I、II或III)。如果条目列出的包装类别超过一个,待运输物质或配制品的包装类别必须根据其性质通过使用规定的危险类别标准来确定。

第5栏“标签”是按照第5.2章对物品或物质进行标签的样签号。

第6栏“特殊规定”所示的号码是第3.3章中所记载的物品或物质有关的任何特殊规定。特殊规定适用于允许特定物质或物品的所有包装类别,除非有不同的情况。

第7栏“限量”是准许按照限量有关规定运输有关物质的每个内容器所装的最大数量。本栏中“无”字是指物品或物质不允许按照限量规定运输。

第8栏“容器包装导则”数字编码是指第4.1.1节中规定的有关包装导则。包装导则表明可用于运输物质或物品的容器(包括中型散装容器和大型容器)。

第9a栏“容器特殊包装规定”包括特殊包装规定的文字数字编码。

第9b栏“容器混合包装规定”包含以字母“MP”开头的字母数字编码,适用于混合包装规定,如果本栏没有包含以字母“B”开头的编码,则只适用于一般要求。

第10栏“联合国便携式罐体导则”中一个字母数字编码代表一个便携式罐体导则。该导则严格规定了便携式罐体中允许运输物质的最低要求。无编码则表示便携式罐体不允许运输。

第11栏“联合国便携式罐体特殊规定”包括符合便携式罐体特殊附加规定的字母数字编码。以字母“TP”开头,表示该便携式罐体的制造或使用的特殊规定。

第12栏“ADR罐体导则”包括罐体类型的字母数字编码。该罐体类型符合关于允许ADR罐体中相关物质运输的最低严格罐体规定。无编号表示不允许在ADR罐体中运输。

第13栏“ADR罐体特殊规定”包括符合ADR罐体特殊附加规定的字母数字编码。

第14栏“罐体运输车辆”包含一个根据7.4.2中指定用于罐体中物质运输车辆的编码(见9.1.1)。

第15栏“运输类别”包含一个表示运输类别的数字,该运输类别以免税为目的,对物质或物品按每运输单位所载数量进行分配。

第16栏“包件运输特殊规定”包括以字母“V”开头,针对包件运输的适应性特殊规定的字母数字编码。

第17栏“散装运输特殊规定”包括以字母“VV”开头，针对散装运输的适应性特殊规定的字母数字编码。无编码表示不允许散装运输。

第18栏“运输装卸和搬运特殊规定”包括以字母“CV”，关于装载、卸载和装卸的适应性特殊规定的字母数字编码。无编码表示只适用于一般规定。

第19栏“运输操作特殊规定”包括以字母“S”开头，针对运输操作适应性特殊规定的字母数字编码。

第20栏“危害识别号码”包括一个由2个或3个数字组成的号码（某些时候有字母“X”的前缀），需要罐体或散装运输时该号通常出现在桔黄色牌子的上部。

二、《危险货物品名表》的作用

《危险货物品名表》是从事危险货物运输作业的重要依据，危险货物运输各方人员从中可以获取各种有用的信息，用以确保危险货物运输、装卸作业的安全。另外，《危险货物品名表》具有法律效力，危险货物运输各方都必须严格遵守品名表的各项规定。

1. 确定危险货物的范围

品名表中列名的危险货物均为根据分类、试验和标准确定的危险货物，必须按该表中适用的要求进行运输。没有列名的货物有2种情况：一种是已知的排除在危险货物以外的普通货物；另一种是化工新产品，不能确定是否是危险货物或是哪一种类的危险货物。根据《道路危险货物运输管理规定》和《汽车运输危险货物规则》，托运人应该对该货物作出鉴定，出具《危险货物鉴定表》，见表1-5-5，从而确定该货物的品名、分类或分项、特性、运输规定，根据其规定进行运输。

2. 规定危险货物运输的正式名称

化学物品的命名是一个非常复杂和混乱的问题。同一个物品有工业名称、商业名称、习惯名称、民俗名称、译名和学名等；同是译名，从英语、日语、俄语译过来又各不相同；同是学名又有习惯命名法和系统命名原则之别。例如：氯苯，又称为氯化苯、一氯化苯、苯基氯；硫氰酸甲醋，又称为甲基芥子油、甲基硫代碳酰胺；2-甲基吡啶，又称为α-皮考啉、α-甲基吡啶；甲基叔丁基甲酮，又称为3,3-二甲基-2-丁酮、2,2-二甲基-3-丁酮、频哪酮等。

危险货物性质鉴定表　　表 1-5-5

品　名		别　名	
英文名		分子式	
理化性能[a]			
主要成分[b]			
包装方法[c]			
中毒急救措施			
撒漏处理和消防方法			
运输注意事项[d]			
鉴定单位意见	属于＿＿＿＿类＿＿＿＿项危险货物 比照＿＿＿＿＿＿＿＿品名办理 比照《危规》第＿＿＿＿＿＿号包装		
鉴定单位联系人：　　电话：　　传真： 地址：　　邮编： 鉴定单位及鉴定人＿＿＿＿＿＿＿＿（盖章）　　年　月　日			
申请单位联系人：　　电话：　　传真： 地址：　　邮编： 申请鉴定单位＿＿＿＿＿＿＿＿（盖章）　　年　月　日			
注：鉴定单位由国家安全生产监督管理局指定。			
[a]性能包括色、味、形态、相对密度、熔点、沸点、闪点、燃点、爆炸极限、急性中毒极限及危险程度； [b]凡危险货物系混合物，应该详细填写所含危险货物的主要成分； [c]包装方法应注明材质、形状、厚度、封口、内部衬垫物、外部加固情况及内包装单位质量（重量）等； [d]对该种货物遇到何种物质可能发生的危险，提出防护措施。			

危险货物名称不统一，将会给运输带来很大的隐患，可能会导致对货物性质认定上的错误，进而造成一系列如货物包装、适用运输规定、注意事项、应急措施等错误，甚至会导致灾难性事故。因此，为规范统一的危险货物运输正式名称，国家制定颁布了《危险货物命名原则》(GB 7694—87)，该标准规定：对无国家标准确定名称的危险货物，其正式名称原则上应按中国化学会在1980年修订的《无机化学命名原则》和《有机化学命名原则》所确定的系统命名原则命名；对于按上述系统命名原则确定的名称过于复杂时，可采用通用的商业名称和习惯名称作为正式名称；当危险货物的有效成分含量、溶液的浓度、是否含水、含水量、稳定剂量、状态及运输限定条件等，对其所在类、项或级有影响时，应在品名之后的括号内注明附加条件，该附加条件作为名称的组成部分。

所以，为了避免名称不统一所造成的麻烦，以防运输过程中发生错误，必须按《危险货物品名表》上的正式名称来制作各种运输单据和凭证。国际运输中，遵照国际“危规”的要求，必须按危险货物品名表中列出的正确运输名称来制作各运输单据与凭证。

第二节　危险货物运输的限制与相关免除

一、危险货物运输的限制

由于危险货物的危险性，货物必须在一些特定的条件下方可运输。为了确保运输安全，现实中对危险货物的本身状态以及危险货物的包装、包装件限量、运输量、运输和装卸操作、车辆等做了一系列的限定。根据限定的种类，大体可以分为：限制运输、限量运输和限量包装。

1. 限制运输

从危险货物自身来说，某些危险货物自身具有不稳定性，会产生各种不同的危险性，如爆炸性、聚合性、遇热分解出易燃、有毒、腐蚀或窒息性气体等。对于大多数危险性物质，自身的不稳定性可以通过适合的包装、稀释、添加稳定剂、添加抑制剂、控制温度或采取其他特殊措施来控制其不稳定性，使用这些技术处理后达到运输要求。例如，未加抑制剂的正丁基乙烯(基)醚、未经稀释或含量大于27%的过氧化(二)丙酰都是禁运物品。

从运输管理方面来说，主要从承运人资质、车辆、设备、从业人员、运输、装卸等方面对运输危险货物进行限制的。

(1)资质限制

《危险化学品安全管理条例》、《中华人民共和国道路运输条例》要求危险货物承运人必须经过资质认定,达到交通部《道路危险货物运输管理规定》规定的资质条件,方可从事运输,未达到资质条件的,禁止运输。

(2)车辆、设备限制

车辆安全技术状况应符合《机动车运行安全技术条件》的要求;车辆技术状况应达到一级车况标准;车辆配置应符合《道路危险货物运输车辆标志》的标志;车辆应配置运行状态记录装置;运输易燃易爆危险货物车辆的排气管应安装隔热和熄灭火星装置,并配备导静电橡胶拖地带装置;车辆应有切断总电源和隔离电火花装置,切断总电源装置应安装在驾驶室内;装卸易燃易爆危险货物的机械、工、属具应有消除产生火花的措施等。运输车辆和设备必须满足上述条件时,方可从事运输、装卸危险货物作业。

《道路危险货物运输管理规定》明确做出规定:除铰接列车、具有特殊装置的大型物件运输专用车辆外,严禁使用货车列车(经特许,具有特殊装置的大型物件运输专用车辆除外)装运危险货物;倾卸式车辆只准装运散装硫磺、萘饼、粗蒽、煤焦沥青等危险货物。

(3)从业人员限制

从业人员的素质、技术水平,是决定运输安全的重要因素,所以国家对道路危险货物运输从业人员实行资格认定。从业人员必须通过交通部门的考核,领取从业资格证书方可上岗作业。

(4)运输、装卸限制

从安全角度出发,《汽车运输、装卸危险货物作业规程》对危险货物的运输、装卸分类、分包装进行限制。例如,运输途中不得进入运输危险货物车辆禁止通行的区域;驾驶人员连续行车时间不得超过4h,一天驾驶总时间不得超过8h;装卸操作时,轻拿轻放,谨慎操作,严防跌落、摔碰、溢漏,禁止撞击、拖拉翻滚、投掷等。危险货物承运人、装卸人必须严格按照该标准的规定进行作业。

2. 限量运输

这是指一个运输工具在一次装载运送危险货物中的最大允许载运量。由于汽车本身的核定载质量不大,所以对汽车危险货物限量运输的规定比较原则化,但出于安全考虑,实行限量运输是必然趋势。例如,对单车次最高装载量和罐体最大容积等做出限制规定。各运输企业可以根据本企业的技术设备、管理训练能力，规定本企业的载运车辆一次装载危险物品的最大数量。

在道路危险货物运输中，对单车一次装载量没有明确的限制，最高限量为汽车核定载质量。对于放射性物质，《放射性物质安全运输规程》规定，常规运输条件下，一辆汽车内装载的放射性货包的运输指数总和不得超过50，而且车厢屏蔽层外表面的辐射水平不得超过2mSv/h（200mren/h），在距离表面2m远的任意一点不得超过0.1mSv/h。爆炸品和过氧化物中可以堆码的物品，其高度不可超过1.5m，最高件超过车厢栏板的部分必须小于该包件的1/3等。

执行上述规定，实质上是对运输量的限定。原则上说，因此而装载不足的损失应由托运人承担。

3. 限量包装

限量包装的含义是指一单件包装的最大允许装载量。单件包装既可以是内包装，也可以是组合包装。在这种情况下一般是规定两个量，即每小件内包装限装多少，每件外包装限装多少。限量包装主要的决定因素是危险货物的性质。一般地说，危险性越大的货物，适用的包装应越小。如，钢桶（1A1）装载液体危险货物，对于采用I类包装的，其最大容积为250L；对于采用II类包装的，其最大容积为450L。其次是包装的形式、材质和强度。金属容器的包装限量要比木质材料的包装限量大。同是密封型木箱，直接装固体货物，包装限量可达50kg，而如果作组合包装的外包装则其包装的货物净重不得超过20kg。使用可伸缩带覆盖的货盘作为装运货物的外包装时，其每一包件的总重量不得超过20kg。

二、危险货物运输的相关免除

有的货物其品名虽然列在《危险货物品名表》中，但在一定的条件下，使其危险性降低到相当的程度或控制在很小的范围内，而在运输过程中不致造成人身伤亡和财产损毁，从方便运输、方便托运人出发，可以作普通货物运输，称为危险货物运输的免除，也叫危险货物豁免运输。

1. 国内适用运输免除的危险货物

①根据国家《放射性物质安全运输规程》所规定的可按普通货物运输的放射性货物、豁免包装或装过放射性同位素的空容器，以及部分涂有放射性反光剂的工业成品；

②经发货人确认已经清洗、消毒、清除危险的空容器，并由发货人在货物运单上注明承担责任的，且空容器外表原有的危险性能标志应除去。

盛装过危险货物的空容器，器内往往残留有危险品，加之空容器可能密封不严，残留物会撒漏造成一定的危险，而易燃液体的空容器中残留液体挥发会与空气形成爆炸性混合气，其危险性甚至比满桶更大。所以，规定盛装过危险货物的空容器的运输，应与原装物品的条件相同，按危险货物运输。

在本书第一篇第四章第二节的“三、危险货物的品名、编号”中，介绍了《危险货物品名表》中有少数危险货物品名前加有“＊”，就是表示在国内，经交通主管部门批准，可按普通货物运输，而外贸按危险货物运输。

2. 国外适用限量内豁免运输的危险货物

在国际危险货物运输中，各种运输方式的“危规”对限量内豁免运输都作了详细的规定，对于危险性小、托运量有限的包装危险货物，可以获得豁免，不按危险货物而按限量条款进行运输，并在危险货物品名表中列明，如联合国《关于危险货物运输建议书　规章范本》的品名表的第7栏“限量”规定了限量运输的相关物质或物品每一内包装认可的最大量。其中“无”是指不允许按限量运输的物质或物品。

对于允许限量内豁免运输的危险货物，对其托运有严格的要求：

(1)包装

按照限量内要求运输的危险货物只能放入内包装，然后放在适合的、符合规定的外包装里。每一包件的总毛重不得超过30kg。

满足包装条件的可伸缩带覆盖的货盘可以作为物品的外包装或可以作为按照这些特殊规定盛装危险货物的内包装，如果内包装易于破碎或穿孔，像玻璃、陶瓷、某种塑料等材料均不应采用这类包装运输。每一包件的总毛重不得超过20kg。

(2)积载

危险货物品名表中列出了积载规定，按限量内规定所载运的危险货物被指定为积载类A。

(3)隔离

只要考虑到隔离规定，并且一旦泄漏，货物之间不至于发生危险性反应，那么限量内运输的几种不同危险货物可以装于同一外包装之内。

危险货物的一般隔离要求不适用于限量危险货物的包件隔离或限量危险货物与其他货物之间的隔离。

(4)标记和标志

根据限量内运输特殊规定所载运的危险货物的包装不需要加任何标志,也不必贴上“海洋污染物”标记;如无特殊规定标上下面任何一项就可以被认为是正确运输名称:

①正确运输名称和联合国编号;

②“第×类限量内运输危险货物”的字样。在这种情况下,联合国编号不必显示在包装之上。

装有限量内运输危险货物的货物运输组件不需要加标牌,但是在其外表面必须适当标明“限量”字样。

(5)运输单证

除了满足有关运输单证的具体规定外,“限量”字样应当与运输说明一起包括在危险货物的申报单中,除非“第×类限量运输危险货物”的说明可以用在运输单证中代替危险货物品名表中的正确运输名称。所有有关物质的联合国编号和包装类别必须与运输单证中要求的其他资料一起包括在内。

(6)免除

个人或家庭使用,便于分销商销售而包装或分发的限量内运输危险货物,其包件可以免除正确运输名称和联合国编号。

第六章 危险货物运输包装常识

从管理学和经济学的角度来说,商品包装是为了保护商品品质的完好和数量的完整所采取的措施。在国际国内贸易中,除少数商品外,绝大多数商品都需要有一定的包装;商品的包装是实现商品价值和使用价值,并使商品价值增值的重要手段;对于危险货物来说,其货物包装还具有确保运输安全以及人民生命财产安全的重大意义。

第一节 危险货物运输包装基本要求

一、商品(货物)包装的种类

商品(货物)包装有多种含义。一种是指盛装商品的容器,通常称为包装用品或包装物,如箱、桶、筐、篓、袋、包、盒、瓶等;另一种是指包扎商品的操作过程和方法,如装箱、打包、灌桶、扎捆等;还有一种是把以上两者结合起来,指使用适当的材料或容器,并采用一定的技术,对货物加以保护的工具和方法。

根据商品(货物)的特点、运输方式以及消费者的习惯,不同的商品(货物)有不同的包装,国际上并没有统一的分类方法,我国按照商品在流通过程中的不同作用,把商品(货物)包装分为运输包装和销售包装两种。

1. 运输包装

运输包装又称外包装、大包装,是指商品(货物)在运输装卸和储存过程中,为避免损伤,保护商品、减少运费所需要的包装。运输包装能防振、防湿、防盗、防漏等,具有保护商品品质安全和数量完整的性能。所以,运输包装一般都比较坚固、结实。运输包装可分为单件运输包装和集合运输包装两类。

2. 销售包装

销售包装又称为内包装,是商品(货物)进入零售和消费环节,同消费者直接见面,消费者消费商品时的包装。所以,这类包装要美观大方,应该注明厂名、商标、品名、规格、容量、用途和用法，方便消费者识别、选购、携带和使用。目前，销售包装趋向小型化、透明化、艺术化和实用化。销售包装主要分为以下4类：便于陈列展销类包装、便于识别商品类包装、便于消费者携带和使用的包装以及便于运输储存类包装等。

本书所说的包装是指运输危险货物包装。它是采用一定的材料和技术对危险货物施加的一种保护性措施，以保证其在运输过程中完好无损。它是保证运输危险货物安全的基础。因此，必须重视危险货物的运输包装。

二、危险货物运输包装的作用

对于一般商品来说，其包装的作用主要表现为：一是保护商品，便于运输，这是包装最基本的功能；二是扩大销售，增加利润，这是商品市场竞争的必然要求；三是商品包装在一定程度上还反映出一个国家生产力和科学技术的水平，这是一个国家综合国力和科技水平的外在表现。

危险货物的危险性主要取决于其自身的理化性质，同时也要受到外界条件的影响，如温度、雨雪水、机械作用以及不同性质货物之间的影响。对于危险货物运输包装来说，除了一般的经济学、市场营销学上的意义外，还具有如下重要的作用：

①能够防止被包装的危险货物因接触雨雪、阳光、潮湿空气和杂质而使货物变质，或发生剧烈化学反应所造成的事故；

②可以减少货物在运输过程中所受到的碰撞、振动、摩擦和挤压，使危险货物在包装的保护下保持相对稳定状态，从而保证运输过程的安全；

③可以防止因货物撒漏、挥发以及与性质相悖的货物直接接触而发生事故或污染运输设备及其他货物的事情发生；

④便于储运过程中的堆垛、搬动、保管，提高车辆生产率、运送速度和工作效率；

⑤可以防止放射性物质放出的射线对人体的内照射和外照射所造成的危害。

三、危险货物运输包装的基本要求

根据危险货物的性质和运输的特点以及包装应起的作用，危险货物的运输包装必须具备以下基本要求：

1. 包装材质应与所包装的危险货物的理化性质相适应

危险货物对包装材料有腐蚀作用,要求相应的包装材质必须耐腐蚀。同属强酸的浓硫酸可用铁质容器,其他任何酸都不能用铁器盛装。因为75%以上的浓硫酸会使铁的表面氧化生成一层薄而结构致密的氧化物(Fe_3O_4)保护膜,能阻止浓硫酸与铁质容器的连续反应。不过不能将盛装浓硫酸的铁器敞开置放,否则浓硫酸会吸收空气中的水分变稀而变成稀硫酸。稀硫酸能破坏已形成的四氧化三铁,使铁容器被腐蚀。铝可以作硝酸、醋酸的容器,但不能盛装其他酸。氢氟酸不能使用玻璃容器等。总而言之,危险货物包装容器与所装物品直接接触的部分,不应受该物质的化学或其他作用的影响。包装与内装物直接接触部分,必要时应有内涂层或进行相应处理,以使包装材质能适应内装物的物理、化学性质,不使包装与内装物发生化学反应而形成危险产物或导致或削弱包装强度。

2. 包装物应具有相适应的强度,其构造和封闭装置能经受起运输过程中正常的冲撞、振动、挤压和摩擦

包装应有一定的强度,以保护包装内的货物不受损失,是一般货物运输包装的共同要求。

危险货物的包装强度,与货物的性质形态密切相关;压缩气体和液化气体,处于较高的压力下,使用的是耐压钢瓶,强度极大;又因各种气体的临界温度和临界压力不同,要求钢瓶耐受的压力大小也不一样。我国所用的各种气体钢瓶的耐压的强度等级和钢瓶的材质、制造工艺、技术要求、检验、使用、保管维修等程序和方法等均应符合国家劳动人事部颁发的《气瓶安全监察规程》的有关规定。

盛装液体货物的包装,考虑到液体货物热胀冷缩系数比固体大,液体货物的包装强度应比固体的高。同是液体货物,沸点低的可能产生较高的蒸气压力;同是固体货物,密度大的在搬动时产生的动能也大,这些都要求包装有较大的强度。

一般来说,当货物性质比较危险时,发生事故的危害性是较大的,所以,其包装强度应高一些。同一种危险货物,单件包装重量越大,包装强度也应越高。同一类包装运距越长、倒载次数越多,包装强度也应越高。

检验包装强度的方法,是根据在运输过程中可能遇到的各种情况做各种不同的模拟试验,以检验包装构造是否合理,能否经受起正常运输条件下所遇到的冲撞、挤压、摩擦等。通常包装模拟试验有气压试验、落体试验、静负荷(堆积)试验、温度湿度试验、水平冲击试验、滚动振动试验、气密水压试验等,但不是每一种包装都要做以上的各种试验,而是根据货

物的性质，所用包装材质和形式选作其中一项或几项。

《危险货物运输包装通用技术条件》(GB 12463—90)，把危险货物的包装强度分为3个等级。一级包装适用于装有较大危险性的货物；二级包装适用于装有中等危险性的货物；三级包装适用于装有较小危险性的货物。

在国际危险货物运输中，确定采用哪个等级包装的依据是货物的危险程度。除第2类压缩气体和液化气体和第7类放射性物品的包装另有规定外，《国际海上危险货物运输规则》、《国际公路运输危险货物协定》等的危险货物品名表中对各自所列危险货物都具体指明应采用包装的等级，这既表明了该货物的危险等级，又强调了等级的重要性。

3. 包装的封口应与所装危险货物的性质相适应

一般来说，危险货物包装的封口应严密不漏。特别是挥发性强或腐蚀性强的危险货物，封口更应严密，但对有些危险货物不要求封口严密，甚至还要求设有通气孔。应如何对待某种危险货物包装封口，要根据所装危险货物的性质决定。一般来说，大部分危险货物的包装要求严密封口。

必须采取非严密包装的货物大致有：

①油浸的纸、棉、绸、麻等及其制品。该类危险货物要用透笼箱包装，以保持良好的通风。

②碳化钙(电石)。碳化钙吸收空气中的水分，即能发生化学反应产生易燃的乙炔气体。如果桶内乙炔气不能及时排出而积聚起来，运输时遇到滚动、碰撞等原因，桶内坚硬的碳化钙块就会与铁桶壁碰撞产生火星，点燃桶内的乙炔气而发生爆炸。所以，装碳化钙的铁桶应严密到不漏水、不漏气，在桶内充氮抑制乙炔的产生，或者应有排放桶内乙炔气的通气孔，同时注意通气孔应能防止桶外的水进入桶内；否则，将是十分危险的。

③双氧水(过氧化氢 H_2O_2)。纯净的 H_2O_2 为无色浆状液体。20℃时密度1.438，熔点-89℃，沸点151.4℃，能与任何比例的水混和。高浓度的 H_2O_2 溶液中应加入稳定剂。双氧水受热或经振动即分解释放出原子氧，有爆炸危险。所以，H_2O_2 的包装应有出气小孔，以随时排出分解出的 O_2，释放出容器内的压力。另外，H_2O_2 具有强烈的腐蚀性，3%的 H_2O_2 水溶液医药上常作消毒用。

④液氮。液氮的临界温度-147.1℃。装液氮的安瓿瓶不耐高压，也

不能保持瓶内的－147.1℃以下的低温，所以不时会有液氮气化，如不让其排出，将会有爆炸危险。考虑到氮气无毒不燃的性质（空气中本来就有78%的氮），故液氮要求必须用不封口的安瓿瓶包装。

根据包装性能的要求，严密封口可分为气密封口（即不透气的封口）、液密封口（即不透水的封口）和牢固封口（即封口关闭的严密程度应使所装的干燥物质在正常运输过程中不致漏出）3种。

气密封口一般适用于装有下列物质的包装上：产生易燃气体或蒸气的；如任其干燥时即可成为爆炸性的；产生毒性气体或蒸气的；产生腐蚀性气体或蒸气的；与空气发生危险反应等。

4. 内、外包装之间应有适当的衬垫

运输包装有很多是复合包装。直接用于商品销售的包装称销售包装。为方便销售，一般单件重量较小，故又称小包装。为了运输的方便，将若干个小包装组合起来再包装成一个大件，称运输包装。这样的运输包装就是一个组合包装。组合包装由外包装（又称大包装）和内包装2部分组成。

危险货物复合包装的组成，还应包括外包装和内包装之间的衬垫材料。因为危险货物的特性对衬垫材料有以下特殊要求：

①衬垫材料应具备一定的缓冲作用。即衬垫要能防止冲撞、振动、摩擦等情况发生而对内包装产生机械等方面的损害。

②衬垫材料应具有吸附作用。当机械损害力量过分强，以致突破缓冲作用仍使内包装产生损坏隐患时，如果内包装的是液体物质，衬垫材料应能将此液体物质充分吸收，确保其渗漏不会影响到外包装；如果内包装的是粉末状货物，衬垫材料应将其充分吸附，不使其撒漏。

③衬垫材料应具有缓解作用。正因为要求衬垫材料有吸附所装货物的作用，衬垫材料有可能直接接触危险货物，因此应对所装货物的危险特性有一定的缓解作用。如具有氧化性的货物，不能使用有机材料作衬垫等，不给危险货物以肆虐的机会，或将其破坏作用降到最低限度以至于零。

实际中，通常使用的衬垫材料有瓦楞纸、细刨花、草套、草垫、纸屑等有机物以及气泡塑料、发泡塑料、硅藻土、蛭石、陶土、黄沙等隋性材料。

5. 运输危险货物包装应能适应一定范围的温度、湿度变化

我国幅员辽阔，地区之间环境条件差异较大，同一时间各地的气温、气候、湿度等相差很大，如1月份，哈尔滨平均气温为－25.8℃，而广州为

9.2℃;8 月份,昆明的平均最高气温为 24.5℃,南京、上海为 33℃。国际货物运输的温差相距更大。温差对某些危险货物有重要的影响,运输包装必须适应这些环境和条件的变化。

如氯化氢、氰化氢、四氧化氮是经过降温加压后装在钢瓶内呈液态的物质,它们的沸点极低,一般都在 20℃以上即变成气体,这些气体有毒,不能允许其逸出,这样必然增强了包装的内压,故这些货物要用耐压钢瓶盛装。又如无水醋酸(俗称冰醋酸),在低于 16℃时即凝成固体,体积会膨胀,容易将盛装的容器胀裂,或部分结冰在容器内晃动,将易碎容器敲破而发生事故。因此,温差较大地区内的运输,不能用易碎品作冰醋酸的内包装等。

同一时间内,各地相对湿度也相差很大。如上海 8 月份的平均相对湿度为 84%,乌鲁木齐为 44%。因此,包装的防潮措施应按相对湿度最大的地区考虑,以利于防止货物吸潮后变质和吸潮后引起化学反应而发生的事故。

通常包装用的防潮衬垫有塑料袋、沥青纸、铝泊纸,耐油纸、蜡纸以及干燥剂等,同时一些外包装如纸箱、纸袋、木箱等也有一定的防潮作用与性能。

6. 件包装货物的重量、规格和形式应满足运输要求

每件货物包装的重量和体积应符合包装规定,不能过重或过大,否则不便于搬运。较重的货件应有便于提起的提手或抓手,应有便于使用装卸机械的吊环扣或底部槽间隙。一般来说,危险性大的货物,单件货物重量要小一些;危险性小的货物,可以允许采用较大一些的包装。单件货物重量不只是与危险货物的性质有关,还与各种运输方式的货舱大小、运输形式和装卸手段有关。以铁桶为例,海运规定单件货物的最大容积为 450L,最大净重为 400kg。因为港口装卸有庞大的船舶起重机、港口起重机,船舱是上部开门,货物进出货舱很方便,这样的体积和重量对海运不存在什么困难。件重 400kg 对铁路运输来说是可以接受的。但是,450L 体积的大铁桶要进入火车的车厢就很困难。所以铁路运输规定,铁桶的件容积不得超过 220L。而航空运输则规定桶的最大容积 220L,最大净重 200kg。

同样,包装的外形尺寸也应与运输工具相适应,包括集装箱的容积、装载量和装卸机具相配合,以便于装卸、积载、搬运和储存。

7. 包装的外表应按规定标明各种包装标志

为了实现危险货物运输安全，使从事危险货物的运输、装卸、储存等有关人员在进行危险货物运输作业时提高警惕，以防发生危险，并在一旦发生事故时能及时采取正确的施救措施，危险货物运输包装必须具备国家规定的《危险货物包装标志》(GB 190—90)。标志应正确、明显和牢固、清晰。一种危险货物同时具有两种以上危险性质的，应分别具有表明该货物主副特性的主副标志。一个集合包件内具有几种不同性质的物货，所有这些货物的危险性质标志都应在集合包件的表面标示出来。

为了说明货物在装卸、保管、运输、开启时应注意的事项(如易碎、禁用手钩、怕湿、向上、吊装位置等)，危险货物运输包装上必须同时粘贴有《包装储运图示标志》(GB 191—2000)。包装的表面还必须有内装货物的正确品名(必须与托运书中所列品名一致)、货物的重量等运输识别标志以及表明包装本身的质量等级的标志等。

8. 危险货物运输包装必须按规定进行性能试验

由于危险货物性质的特殊性，为了确保运输安全，避免危险货物在正常的运输条件下受到损害，对于危险货物的运输包装还必须按照有关规定进行性能试验。经试验合格后并在包装表面标注上持久、清晰、统一的合格标记后方可使用。

一般来说，每种包装形式或包装材质在生产前都应该对该包装的设计、尺寸、体积、选材、制造以及包装方法进行试验，如果在设计、选材、制造和使用等环节有任何变动或改动，都应进行重复试验，以确保性能标准满足运输安全。对重复使用的包装除清洗整理外，应定期进行重复试验，不论实际上是否对重复使用的包装进行过试验，但在其使用时都必须达到性能试验的要求和标准。

第二节 危险货物运输包装分类

一、货物包装的基本分类

从理论上分析，货物包装按照不同的分类标准具有多种分类。

1. 按货物包装的目的划分

按货物包装的目的划分，一般分为运输包装、销售包装和单个包装等3类。

2. 按货物包装的要求划分

按货物包装的要求划分，一般分为专用包装和通用包装2类。

3. 按包装物的周转情况划分

按包装物的周转情况划分，一般分为一次性（即报废性）包装与多次周转包装2类。

4. 按包装的结构形式划分

按包装的结构形式划分，一般分为固定式包装、可拆卸包装与折叠式包装等3类。

5. 按包装货物的种类划分

按包装货物的种类划分，一般分为食品包装、针棉织品包装、危险货物包装等3类。

6. 按货物包装的方法划分

按货物包装的方法划分，一般可分为防水、防锈、真空、充气、压缩包装以及冷冻、危险货物的特殊包装等2大类。

7. 按货物运输方式划分

按货物运输方式划分，一般分为铁路货物包装、载货汽车货物包装、船舶货物包装和航空货物包装等4类。

二、危险货物运输包装的基本分类

危险货物运输包装的分类主要有以下3种分类方法：

1. 按危险货物的物质种类分类

危险货物自身的理化性质客观上就决定了包装的特殊要求，各类危险货物有的可采用通用的危险货物包装，有的只能或必须采用分类物品的专用包装。所以，按危险货物的物种划分，一般可分为：

（1）通用包装

一般来说，通用包装主要适用于易燃液体、易燃固体、自燃物品和遇湿易燃物品、氧化剂和有机过氧化物、毒害品和感染性物品等货物。

（2）爆炸品专用包装

对于爆炸品来说，其运输包装必须进行专用包装，甚至在爆炸品之间都不能相互替用。一般来说，为了保证爆炸品在储运过程中的安全，爆炸品的生产设计者在设计、生产爆炸品时，往往根据本爆炸品所必须满足的防火、防振、防磁等要求，同时也设计了该爆炸品的包装物，而且其包装设计需与爆炸品的设计同时被批准，否则不得进行爆炸品的生产。

（3）压缩气体和液化气体（气瓶）专用包装

压缩气体和液化气体危险货物的专用包装，其最显著的特点是能承受一定程度的内压力，所以又称压力容器包装。

(4)放射性物品包装

由于各种放射性物品的特殊性，对其包装的要求应符合国家技术监督局正式实施的有关国家标准或规定。这些标准或规定的实施对各种运输方式的放射性货物运输安全都具有指导作用。

(5)腐蚀性物品包装

由于腐蚀性物品对其包装的材料具有一定的腐蚀性，所以需用各种不同的材料来包装各类腐蚀品。腐蚀品的包装从整体看最庞杂，各种材料、各种形式的包装在腐蚀品中都被使用了。而从各腐蚀品的品种看又是最专一的。某种腐蚀品只能用某种材料包装，某件包装用于一种腐蚀品后，如能重复使用，也只能用于该腐蚀品而不能移作它用。

(6)特殊物品的专用包装

在所有的易燃液体、易燃固体、自燃物品和遇湿易燃物品、氧化剂和有机过氧化物、毒害品和感染性物品中，还有一些品种，由于某种特殊性质而需采用专门包装。例如；双氧水专用包装、二硫化碳专用包装、黄磷专用包装、碱金属专用包装、碳酸钙专用包装、磷化铝熏蒸剂专用包装等。

2. 按危险货物的包装材料分类

按危险货物使用的包装材料分类，一般可分为木制包装、金属制包装、纸制包装、玻璃陶瓷制包装、棉麻织品制包装、塑料制包装和编织材料包装等。

(1)木制包装

①木材。木材是传统的主要包装材料之一，包括天然板材和胶合板、木屑板等人工板材。木制运输包装可分为木桶包装和木箱包装2大类。

②木桶。主要有桩形木桶、鼓形木桶(即琵琶桶)、胶合板桶、纤维板桶包装等。用于盛装危险货物的木桶，一般规定容积不得超过60L，净重不得超过50kg。

③木箱。主要有加档密木箱、无档密木箱、条板花格木箱(即透笼木箱)、胶合板箱、纤维板箱、刨花板箱包装等。一般规定盛装危险货物的净重不超过50kg。

(2)金属制包装

金属制包装的主要形式有桶(包括罐)和箱(包括盒、听)包装2大类。其基本性能表现为牢固、耐压、耐破、密封、防潮，而且其强度是所有通用包装中最高的。它是运输危险货物中使用最多、最广的包装方式之一。其所用的主要金属材料是各种薄钢板、铝板和塑料复合钢板等。

①热轧薄钢板。它属于普通碳素钢板，亦称黑铁皮。其厚度0.25～2.0mm不等。单件包装的容积大或所装货物的净重大，所用的板材相应的就厚一些，其强度标准以符合包装性能试验的要求为准。

②镀锌钢板。由于锌是保护性镀层，能保护钢板在使用过程中免受腐蚀。锌在干燥空气中不起变化，在潮湿空气中与氧或二氧化碳生成氧化锌或碳酸锌薄膜，可以防止锌继续氧化，锌镀层经铬酸或铬酸盐钝化后形成钝化膜，其防腐能力大为加强，但锌易溶于酸或碱且易于与硫化物反应。对应于黑铁皮而言，镀锌钢皮也称白铁皮。

③镀锡钢板。俗称马口铁，它具有良好的耐腐蚀性、冲压成型性、可焊性和弹性。锡遇稀无机酸不溶解，与浓硝酸不起反应。只是在遇浓硫酸、浓盐酸以及苛性碱溶液在加热时溶解。

④塑料复合钢板。其基件是普碳钢薄板，复合塑料采用软质或半软质聚氯乙烯塑料薄膜或聚苯乙烯塑料薄膜。塑料复合钢板，具有钢板的断切、弯曲、深冲、钻孔、铆接、咬合、卷边等加工性能，又有很好的耐腐蚀性，可耐浓酸、浓碱以及醇类的侵蚀，但对醇以外的有机溶剂的耐腐蚀性差。

⑤铝薄板。包装使用的铝薄板的铝的纯度应在99%以上，铝板厚2mm以上，其特点是耐硝酸和冰醋酸，可焊而咬合性差。一般不用卷边咬合而用焊接。同时铝薄板的质地较软，往往在铝桶外套上可拆钢质笼筋，以增加其强度。

(3)纸制包装

纸质包装主要有纸箱、纸盒、纸桶、纸袋等。纸质包装的特点是防振性能很好，经特殊工艺加工，强度还可以与木材相比。如果纸塑复合，可使纸质包装的防水性和密封性大大提高。

(4)玻璃、陶瓷制包装

各种玻璃瓶、陶坛、瓷瓶等包装，其特点是耐腐蚀性强但很脆、易破碎。所以又称易碎品。

(5)棉麻织品及塑料编织纤维包装

用棉麻织品及塑料编织纤维做成的包装，一般统称袋。在危险货物运输包装中也具有较多的用途。

(6)塑料制包装

塑料制包装的形状比较多。桶、袋、箱、瓶、盒、罐都可用塑料制造。其所用的塑料种类也很多，主要有聚氯乙烯、聚苯乙烯、聚乙烯、钙塑、发泡塑料等。塑料还能与金属或纸制成各种复合材料。塑料包装的特点是质轻、不易碎、耐腐蚀。与金属、玻璃容器比较，其耐热、密封、耐蠕变性能相对要差一些。

(7)编织材料包装

编织材料包装主要是指由竹、柳、草三种材料编织而成的容器。常见的有竹箩、竹箱、竹笼、柳条筐、柳条篓、薄草席包、草袋等。编织包装容器的荆、柳、藤、竹、草等物必须具备不霉、不烂、无虫蛀，而且编织紧密结实的基本要求。

3. 按危险货物的包装类型分类

按危险货物包装容器类型一般可分为桶类、箱类、袋类、筐类、包类、捆类、坛瓶类以及组合包装、复合包装、集装箱等多种。但在各种包装分类方法中，以包装类型分类是最主要的分类方法。危险货物运输包装中不允许使用包类、捆类和裸露的坛瓶类。因此，危险货物按运输包装的类型分，主要可归纳为桶、箱、袋3大类。

(1)桶类

①铁桶。包括马口铁桶、镀锌铁桶和各种大小的铁罐。铁桶和铁罐都是圆柱体形的容器，人们习惯上把在10L以下的小铁桶称为罐。

铁桶按其封口盖形式又分为闭口桶、中口桶和大口桶等3种。

铁桶的桶体必须为垂直的圆柱形，不倾斜。周围的瓦楞箍须均匀，不倾斜、不弯曲。桶身和桶盖平正，不得突出桶边高度，且不得有锈蚀。焊接缝和卷边咬合缝必须坚固密实，宽度10mm左右。根据需要，也可在桶内喷涂各种性能不同的涂料，如酚醛树脂、环氧防腐漆等。

目前运输中常见的是220L、110L、60L、30L 4种规格的铁桶(见表1-6-1)，和1gal(加仑)、0.5gal、0.25gal等规格的铁罐。

②铝桶。铝桶只能是小口桶，其接缝不能采用卷边机械咬合而必须焊接，桶身外有不与桶身相接的钢质笼筋以增加桶的强度。其余条件与铁桶相同。铝桶的规格一般是220L和110L 2种。一般适用于装腐蚀性液体。

③铁塑复合桶。一般有2种铁塑复合桶。一种是塑料复合在钢板上，另一种是小口铁桶内衬一只塑胆。铁塑复合桶只有小口桶，一般应符合小口铁桶的各项要求。塑料内胆胆壁最薄处不得小于0.8mm。内胆

和外壳分别用螺纹盖各自密封。其规格一般是220L和60L 2种。适用于装腐蚀性液体。

常用铁桶规格类型表　　表1-6-1

项目 / 要求 / 规格类型	适用品名	材　质	厚度(mm)	尺寸和形状
220L 每桶装200kg	苯酚等	镀锌铁皮	1.0~1.2	I型
	硫化碱、氢氧化钠等	黑铁皮	0.5~0.6	
	苯胺、硝基苯等	薄钢板或铝板	1.25	
110L 每桶装100~150kg	甲醛、高锰酸钾等	镀锌铁皮	0.5~0.6	II型
	氰熔体、保险粉等	黑铁皮	0.5~0.6	
	丙酮、电石等	薄钢板或铁板	1.0	
60L 每桶装50kg	氯酸钾、氯酸钠等	黑铁皮	0.5~0.6	III型
	氰化钾、氰化钠等	镀锌铁皮	0.5~0.6	
30L 每桶装15~30kg	各种油漆	马口铁	0.3	IV型
	各种油漆	铝锌铁皮	0.35	

④木板桶。桶壁、桶底都用木板做成,桶身有4道铁箍加固,桶壁严密牢固,底盖有十字形撑挡木。桶内涂涂料并衬有纸、布或塑料薄膜等。板缝都用漆腻相嵌,严密不漏。木板桶适用于装粘稠状的液体。从外形上看,有的桶身成圆柱形称柱形(或直形)木板桶;有的桶身成鼓形称鼓木桶或琵琶桶。鼓形桶比直形桶能承受更大的外部压力,木板桶最大装货量为70kg。

⑤胶合板桶。桶身用3层或5层胶合板制成。桶身结合直缝用钉,桶底、桶盖用木板,并有古钱形(内方外圆)或十字形撑挡木加固。桶身用4道铁箍加固。胶合板桶适用于装粉末状货物。货物应先装入纸袋、布袋或塑料袋内码紧密封不漏后,再装入胶合板桶内。胶合板桶装货量一般不超过50kg。

⑥纤维板桶、厚纸板桶。桶身用纤维板或多层牛皮纸粘合的厚纸板制成。桶形、结构、用途和使用方法都与胶合板桶相同。纤维板桶、厚纸板桶的装货量一般不超过50kg。

⑦塑料桶。塑料桶一般是采用聚乙烯或钙塑为原料加工成厚壁、薄壁、大小各异的包装容器。按其开口形式分,也有小口、中口和大口之别。

小口桶适用于装液体货物；中口、大口桶适用于装结晶状、粉末状的固体货物。大口桶内应衬塑料袋或2层牛皮纸袋，袋口密封。塑料桶一般用螺纹盖封口，应密封不漏。装货量一般不超过50kg。

(2)箱类

箱类包装一般包括以箱为外包装的各种组合包装、集装箱等。

①集装箱。集装箱是一种现代化的运输单元，实际也是一种容器。因此集装箱也有货箱或货柜之称。因其装载量大、结构科学、各种类型的货物以及托盘都能装入、装卸速度快，是目前国际海陆空运输中广泛采用的一种运输包装。其特点是将货物集零为整，积小为大，成为一个集装单元。其本身的标准化、系列化、通用化有利于装卸机械化、自动化的实现，有利于不同运输方式之间的快速换装和联合运输。使用集装箱能缩短装卸时间，加快车船周转，保证货运质量，节省包装材料和费用。集装箱因能露天存放还能节约仓容面积，所以能降低运输成本。

制作集装箱的材料90%以上是金属(有钢板、铝合金板等)，此外，还有玻璃钢集装箱。集装箱的容积最小的在$1m^3$以上。考虑到国际间和各种运输方式之间的联运，集装箱的大小、规格都有国际标准；国际标准的集装箱宽为8ft(英尺)，高为8ft或8ft6in(8英尺6英寸)，长有10ft、20ft、30ft、40ft不等。因其断面尺寸基本相同，箱子的大小在于长度的变化，即以长度的尺寸作为集装箱的规格，如20ft、40ft箱等。通常在长方体的集装箱的8个顶角上都有紧固锁扣。

②铁皮箱。采用黑铁皮或白铁皮制成。接缝一般用焊接、铆接或双重卷边结合。箱内用合适材料作内衬套；铁皮箱一般用于装块状固体或作销售包装的外包装。爆炸物品的专用包装中，有很多是铁皮箱。如子弹箱、炮弹箱等。

③危险货物保险箱。这是一种特制的包装容器，一般用来运送少量的爆炸品以及性质特殊或科研用的少量贵重的危险货物。保险箱的设计制作要求必须达到即使箱内货物发生爆炸或其他化学变化，也不会对周围环境造成任何破坏。保险箱的构造一般有5层：第1层(外层)是铁皮，第2、第3层分别是木板和石棉，第4层是铁板，第5层再用塑料或铝板衬里。箱盖和箱体应采用套压口，骑缝处有衬垫，箱盖压紧后应紧闭不漏。箱内不许露铁。箱子的体积不得超过$0.5m^3$，装货后总重量不得超过200kg。

④密木箱。一般习惯上讲的木箱都指的是密木箱。木箱由底板、侧板、端板、顶盖板和加强板(俗称带条板或档)等组成。密木箱用天然板

材紧密拼制而成，不留空隙，故称密木箱或全木箱。箱外用铁箍或塑料编织带加箍，或者在棱角上包铁皮加固，箱内衬塑料袋或牛皮纸袋。

固体货物先装入塑料袋或牛皮纸袋，牢固封口后再封木箱，木箱应密封不漏。木箱装固体危险货物，其货物净重一般不超过50kg。

液体危险货物先装入玻璃瓶或塑料瓶内，严密封口后再装入木箱，箱内需用合适材料衬垫。瓶的规格一般有0.5L、1L、2L、5L、20L等，但不管采用什么规格的瓶，木箱装瓶货物的净重一般不超过20kg。

强酸性腐蚀货物先装入耐酸陶坛、瓷瓶中，用耐酸材料严密封口后再装入木箱中，箱内用不燃松软材料衬垫。货物净重不得超过50kg。

采用木箱包装危险货物时，不论采用怎样的组合方式，木箱本身作为外包装应牢固、完好和严密不漏。

⑤胶合板箱、纤维板箱、刨花板箱。箱的六面板分别为胶合板、纤维板或刨花板。应用质量良好的天然木材作坚固的框架，箱外设计有加强板，箱角有铁皮包角，箱身外有铁箍或编织带加固。该3种木箱又统称人造板箱，具有自重轻、节约木材、便于运输等特点，但其用于包装危险货物时则受到较大限制。一般来说，人造板箱只能用于包装固体货物和以铁听、铁罐作内包装的货物，包装方法与件重限制同木箱。只有5层或7层胶合板制成的板箱，经试验有足够的强度，才可代替木箱成为有广泛适用性的外包装。

⑥瓦楞纸箱。瓦楞纸箱强度的幅度很大。在强度达到规定要求的条件下，瓦楞纸箱可以代替全木箱作为外包装使用。

⑦钙塑箱。钙塑是在聚乙烯和聚丙烯中填充无机钙盐而制成的一种新型包装材料，它可制成各种容器。在强度达到规定要求时，钙塑箱也可代替木箱作外包装。

⑧条板花格木箱。又称透笼木箱。一般应具有16根横板。每块箱板的宽度不得小于50mm。两板的间隔根据货物性质与重量确定，以货物不漏出为原则。箱板宽度总和不应小于木架总宽的60%；一般箱角包铁皮，箱身用铁箍加固。透笼箱有半透笼和全透笼2种。箱的六面全部透笼称为全透笼箱。箱的任何一面为满面则称为半透笼箱。透笼箱适用于装油纸、油布、绸制品或作油漆等30kg以下的铁桶、铁听的外包装。

⑨编织箱（包括筐、笼、篓等）。箱身应有立筋支撑，以增强抗压能力。箱盖要大于箱身，箱外用铁箍或用塑料编织带加固。在适用的条件下，可作前述各种箱的代用品。一般用于油漆、农药的外包装。

（3）袋类

①棉布袋。用于装粉状货物，其重量不得超过25kg。缝口针距不大于10mm。可内衬纸袋、塑料袋或在布上涂塑。

②麻袋。一般以黄麻、红麻、青麻等为原料机织而成，分为大粒袋、中粒袋、小粒袋3种。主要适用于装固体货物，重量不超过80kg。可内衬牛皮纸袋或塑料袋，亦可用沥青将牛皮纸粘于麻袋里面，制成沥青麻袋。

③乳胶布袋。用乳胶布制成，内衬塑料袋。具有耐酸碱、防水防潮和密封性能好的特点。可直接用作以液体(如水、酒精等)作稳定剂的固体货物(如硝化棉)的外包装，也可以作内包装再装入大口铁桶或全木箱中。

④塑料袋。塑料袋有塑料薄膜袋和塑料编织袋2种。习惯所称塑料袋即指塑料薄膜袋，塑料编织袋习惯上称为编织袋。

塑料袋可制成中型和重型包装袋。中型袋较薄，只能作内包套或衬里用。重型袋较厚，可作外包装，适用于包装粉状、粒状货物，其净重不得超过25kg。

塑料丝、带编织而成的袋即为编织袋，具有较高的强度、延伸率较小、不易变形、耐拉、耐冲击、耐磨损、防滑等特点，可以代替麻袋作货物的外包装。编织袋有全塑编织袋、全塑涂膜编织袋、塑麻交织袋等。

⑤纸袋。纸袋一般是用2~6层牛皮纸制作。纸袋的用纸重量通常为70g/m^2 和80g/m^2。纸面上不允许有洞眼、破损、裂口和严重的皱纹、褶子或鼓泡等缺陷。纸袋的层数根据货物的性质、装货重量以及运输条件的优劣和倒运的次数等因素而定。为防潮和增加强度，可在牛皮纸上涂塑。牛皮纸袋可作其他包装的内包装或里衬，也可作外包装；作外包装适用于粉状固体货物，最常见的是用于杀虫粉剂。装货净重小于25kg。

⑥集装袋。是集合运输包装的一种。可用塑料丝编织，也可用丙纶编织布、涂塑维纶帆布加工缝制，具有负荷力强、耐腐蚀、使用方便等特点，载质量有1t和2t 2种。粉状货物的包装一般用袋，但25kg一袋的货物装卸很不方便，且难以使用机械化装卸。若把25kg的袋装货集装成1t或2t袋中，可以极大地提高装卸效率，减少货损货差，保证货物运输质量，降低运输成本等。

三、危险货物运输包装的代号和代码

任何一种危险货物的包装基本上都可分为外包装、中间包装和内包装3部分。只有1层或2层包装的可视为特例。因此，包装的形式、方法就可由若干组数码来表示。每组数码由1个阿拉伯数字后接1个英文大

写字母组成。前者表示包装形式,后者表示包装所用的材质。一个最复杂的包装代码可以分为3组数码,从左至右分别代表外、中、内3层包装。如果只用1层包装,那么1个代码就只有1组数码。

《危险货物运输包装通用技术条件》规定,阿拉伯数字代表包装的容器,标记代号分别为:

1—桶;

2—木琵琶桶;

3—罐;

4—箱、盒;

5—袋、软管;

6—复合包装;

7—压力容器;

8—筐、篓;

9—瓶、坛。

大写英文字母代表包装容器的材质,标记代号分别为:

A—钢;

B—铝;

C—天然木;

D—胶合板;

F—再生木板(锯末板);

G—硬质纤维板、硬纸板、瓦楞纸板、钙塑板;

H—塑料材料;

K—柳条、荆条、藤条及竹篾;

L—编织材料;

M—多层纸;

N—金属(钢、铝除外);

P—玻璃、陶瓷。

第三节　危险货物运输包装标志

一、运输包装标志的意义

货物运输包装标志的基本含义,是指用图形或者文字(文字说明、字母标记或阿拉伯数字）在货物运输包装上制作的特定记号和说明事项。运输包装标志有3方面的内涵：一是运输包装标志是在收货、装卸、搬运、储存保管、送达直至交付的运输全过程中区别与辨认货物的重要基础；二是运输包装标志是一般贸易合同、发货单据和运输保险文件中记载有关事项的基本组成部分；三是运输包装标志还是包装货物正确交接、安全运输、完整交付的基本保证。

货物的品类繁杂、包装各异、到达地点不一、货主众多，要做到准确无误、安全迅速地将货物运到指定地点，与收货人完成交接任务，从而使运输任务顺利完成，货物运输包装标志对每个环节都起着决定性作用。主要表现在以下3个方面：

①正确使用运输包装标志，可以保护货物运输与各个环节的作业安全，防止发生货损、货差以及危险性事故。究其原因，是因为货物运输包装标志直接表明了货物的主要特性和发货人的要求与意图。

②在流通过程中，运输包装标志一般要在单证、货物上同时表现出来。它是核对单证、货物并使单货相符，以便正确、快速地辨认货物，高效率地进行装卸搬运作业，安全顺利完成流通全过程，准确无误地交付货物等环节的关键。

③运输包装标志还可以节省制作大量单据的手续与时间，而且易于称呼，使运输人员一见标志即对有关事项一目了然，避免造成误解，浪费人力和时间。

二、运输包装标志分类和内容

目前，运输包装标志可以分为识别标志、储运指示标志和危险货物包装标志等3类。

1. 识别标志

识别标志是识别不同运输批次之间的标志。主要包括：

①主要标志。在贸易合同和文件上一般简称“嘿（唛）头”，是以简明的几何图形（如三角形、四边形、六边形、圆形等图形）配以代用简缩字或字母，作为发货人向收货人表示该批货物的特定记号标志。所用的特定记号，以公司或商号的代号表示。有的则直接写明托运人和收货人的单位、姓名与地址的全称。我国民航总局规定：在每件货物上都必须用全称。

②目的地标志。亦称到达地或卸货地标志。目的地标志用来表示货

物运往到达地的地名。国内即为到达站站名,国外为到达国国名和地名。

③批数、件数号码标志。该标志表示同一批货物的总件数及本件的顺序编号,其主要用途是便于清点货物。

④输出地标志。亦称为生产地或发货地标志。它是用来表示货物生产地或发货地的地名。国内即为始发站站名,国外为原产国名、产地地名或发货站的国名、地名以及站名。

值得注意的是:目的地和输出地标志不能使用简称、代号或缩写文字,必须以文字直接写出全名称。如果是国际货物运输,还必须用中、外两种文字同时对照标明。

⑤货物的品名、质量和体积标志。它表明货物包装内的实际货物,每一单件包装的实际尺寸(长×宽×高)和重量(总重、净重、自重)。体积与重量标志是供承运部门计算运费、选择装卸运输方式和货物在运输工具内的堆码方法时参考。危险货物品名应包括该货物的含量以及所处的抑制条件,如含水百分比、加钝感剂×××等。

⑥运输号码标志。即货物运单号码。它是该批货物进站、核对、清点、装运及到站卸取货物的依据。

⑦附加标志。亦称为副标志。它是在主要标志上附加某种记号,用以区分同一批货物中若干小批或不同的品质等级的辅助标志。

2. 包装储运图示标志

包装储运图示标志是根据货物对易碎、易残损、易变质、怕热、怕冻等有特殊要求所提出的搬运、储存、保管以及运输安全等的注意事项。我国国家标准《包装储运图示标志》分为以下几种(见图1-6-1):

①小心轻放。用于表示碰撞振动易碎,需要轻拿轻放的货物。

②禁止手钩。用于不得使用手钩的货物。

③由此吊起。用于指示吊运时置放链条或绳索的位置。

④怕湿。用于表示货物怕湿。

⑤允许堆码极限。用于表示特殊货物的允许最大堆码重量或层数。

⑥向上。用于指示包装堆码置放的方向并指示不得倾倒。

⑦怕热。用于表示货物怕热。

⑧重心点。用于指示包装货物的重心所在位置。

⑨禁止滚翻。用于表示不得滚动搬运的货物。

⑩温度极限。用于表示需要控制温度的特殊货物。

国际标准化组织推荐的货物搬运图示标志有7种,表示8种意思的搬运注意事项,适用于装有一般货物的运输包装标志,见图1-6-2。图示标志的颜色最好底色是白色,以黑色涂印。

小心轻放标志(白纸印黑色) 禁止手钩标志(白纸印黑色) 由此吊起标志(白纸印黑色)

怕湿标志(白纸印黑色) 允许堆码极限标志(白纸印黑色) 向上标志(白纸印黑色)

怕热标志(白纸印黑色) 重心点标志(白纸印黑色) 禁止滚翻标志(白纸印黑色)

温度极限标志(白纸印黑色)

图1-6-1 包装储运图示标志

3. 危险货物运输包装标志

危险货物运输包装标志,也称为危险性能标志。为了明确和显著地识别危险货物的性质,保证装卸、搬运、储存、保管、送达过程的安全,应根据各种危险货物的特性,在运输包装的表面加上特别的图示标志,必要时再加以文字说明,以便于有关人员采取相应的防护措施,以防止不安全事故的发生。

危险性能标志的制定,是以危险货物的分类为基础,以便于根据货物或包件所贴的标志的一般形式(标志图案、颜色、形状等),识别出危险货物及其特性,并为装卸、搬运、储存提供基本指南。

一般来说,标志的颜色或图案不同时,贴有这些标志的货物不能堆放在一起,在某些特殊情况下,即使是贴有同种标志的货物也应慎重复核,不能将其随意堆放在一起。

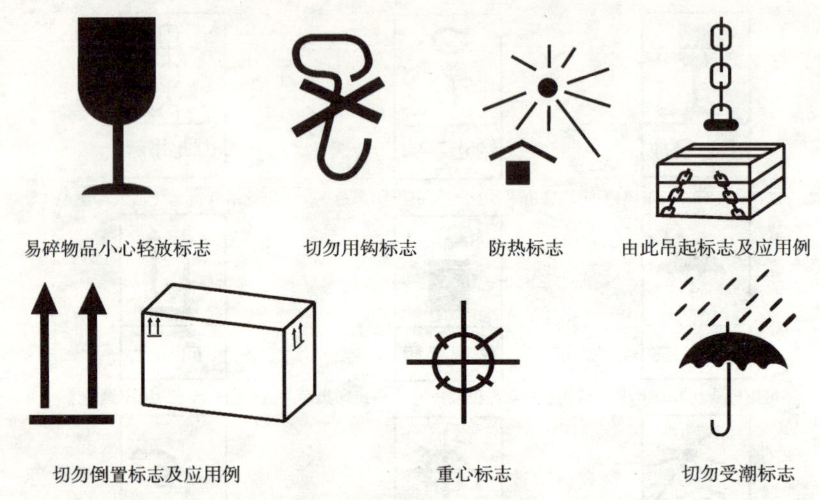

图 1-6-2　国际搬运图示标志

我国国家标准《危险货物包装标志》规定主标志 15 个,副标志 6 个,使用方法与联合国危险货物专家推荐委员会的规定相似。标志的图案有:炸弹开花(表示爆炸)、火焰(表示易燃)、骷髅和交叉的大腿骨(表示毒害)、三圈形(表示传染)、三叶形(表示放射性)、从两个玻璃器皿中溢出的酸碱腐蚀着一只手和一块金属(表示腐蚀)、一个圆圈上面有一团火焰(表示氧化性)和一个气瓶等。

危险货物包装件外表面可贴 1 个主标志,说明该危险货物的类别和特性;也可贴 2 个或 2 个以上的标志,按货物标志粘贴的位置顺序可确定主、副标志。如自上而下贴 3 个标志,说明最上边的为主标志,下边 2 个为副标志;自左而右的贴法,说明左边是主标志,其余为副标志。主标志说明是最应注意的危险性,副标志说明该货物兼有其他危险性,是多种危害兼备的危险货物。

需要说明的是:航空运输危险货物除采用上述的联合国推荐的标志外,还有 2 种危险货物包装标志:即磁性货物和仅限货机标志。

三、运输包装标志的制作与使用要求

1. 运输包装标志的制作要求

①标志要简明清晰醒目,大小适当,易于辨认,便于制作。要求正确、

明显、牢固。图案要清楚、文字要精练、字迹要清晰。

②制作标志的颜料，应具有耐温、耐晒、耐摩擦和不溶于水的性能，不致发生脱落、褪色或模糊不清的现象。用于制作酸性、碱性、氧化物等危险货物包装使用的各种标志的颜料，应有相应的抗腐蚀性。以免因受内装物的侵蚀而模糊不清。

③识别标志如采用货签时，应选用坚韧的纸质材料，对于不宜用纸质货签的运输包装，也可采用金属、木质、塑料或布制货签。

④标志的大小要与包装的大小相适应。显示标志的部位要得当、显著，以便于装卸和交付时辨认。

⑤危险货物包装标志及包装储运图示标志的制作尺寸、材料应符合国家标准的规定。

⑥不能加上任何广告性的宣传文字或图案。结汇用的提单、发票等单据上的运输标志应与货物外包装上的运输标志完全相同。

2. 运输包装标志的使用要求

①每件货物包装的表面都必须有识别标志和相应的储运图示标志和货物性能标志。

②标志的文字书写应与底边平行。带棱角的包装，其棱角不得将标志图形或文字说明分开。书写、粘贴标志都应标在显著的位置，以利识别。如箱形包装，箱的相对两侧都必须有各种标志；袋形包装袋的两大面，桶形包装的桶盖和桶身的对应侧面都必须有必备的标志。总之，每一包装必须有两组以上相同的标志，其位置应在相对的两侧。“由此吊起”和“重心点”两种标志，使用时应根据要求粘贴、涂打或钉附在货物外包装的实际准确位置。

③如一个集合货物包件内有两种以上不同性质的危险货物，如从包件外不能一目了然地看清包件内各包装标志的话，集合包件外除识别标志外，还必须具有包件内各种货物的性能标志。包件内的各包装必须有齐备的各种标志或标识。

④放射性货物的性能标志，要正确填写内装物品的核素符号与放射性活度，如有运输指数的，必须准确填写。填写的数字应清晰、不褪色。

⑤如一种危险货物除主要危险性能外，还有比较重要的副性能，应分别标有相应的主性能标志和副性能标志。磁性物质标志的使用应与其他任何主副标志同时并用。

⑥货物的运输包装上，禁止有广告性、宣传性的文字或图案，以免与包装标志混杂，影响标志的正常使用。包装在重复使用时，应把原有的(废弃的)包装标志痕迹清除干净，以免与新标志混淆不清而造成事故。同时，不准在包装外表乱写乱涂任何与标志无关的文字或图案。

四、危险货物危险性能评价标志

长期以来,全世界各国和有关国际组织都在着力研究货物危险性的评价标志和系统方法。不少国家或部门从不同的角度提出了危险货物危险性能的评价方法。综合起来,可以归纳成 5 种危险性:火灾的危险性、健康上的危险性、反应危险性、对生物资源的危险性和对环境的危险性等。每种危险性再分别根据定性或定量标准分成 5 个等级,即:几乎无危险性、较小危险性、中等危险性、高等危险性和激烈危险性。

①火灾的危险性。根据货物闪点高低将其分成 5 等。

②健康上的危险性。根据对皮肤、眼睛的腐蚀刺激程度和 LD_{50} 或 LC_{50} 的值将其分为 5 等。

③反应危险性。反应危险性又称化学活动性。主要是从与水的反应性(禁水性)和自身反应性两方面考虑。分别根据反应温度的高低、使货物温度上升的程度以及反应产物是否有气体生成或是否有聚合反应等将其分为 5 等。

④对生物资源的危险性。主要是指某物质在生物体内的积聚从而造成损害。根据被污染的水、气、食物经口摄产生急性或慢性中毒的危险程度将其分为 5 等。

⑤对环境的危险性。主要是指对海上自然环境的影响和毒性的耐久性。

很显然,与运输危险货物密切相关的是前 3 种危险性。美国防火协会(NFPA)采用称作 704M 制的标志体系来表示这 3 种危险性,并用特定的标志贴在危险货物包装的表面,如一旦发生火灾或其他危险时,消防或其他工作人员便能迅速识别货物的危险性能和等级。

第四节　危险货物运输包装英文标识

随着我国市场经济的发展,尤其是我国加入 WTO 以后,我国的进出口贸易逐年扩大,其中危险货物运输量也大幅度增加。面临未来的国际贸易运输量的不断增加,许多危险货物也将被“请”进或“请”出国门,所以,在危险货物的外包装上,仅能识别危险货物的分类及危害性显然不能满足运输危险货物业务的需要,还要求我们能识别货票、包装以及装箱单上的简单英文标识,这也是从事运输危险货物业务人员必须“应知”、“应会”的重要内容之一。

运输危险货物的主要用语有:说明性标记词语和警戒性标记词语。说明性标记词语如:CENTRE OF BALANCE(重心);BOTTOM(下部或底部);BOILING POINT(沸点)等。警戒性标记词语如:AVOIDE COMPACT(防止冲击碰撞);BE WARE OF FUME(严防漏气);DO NOT CRUSH(切勿挤压)等。危险货物运输包装英文标识主要用语表详见附录三。

第七章 道路危险货物运输托运及承运

第一节 道路危险货物运输托运人责任

在运输过程中与危险货物运输有关的当事人包括货物制造商、包装制造商、仓储商、经销商、货主、发货人、托运人、代理打包托运者、代理承运受理者、承运人、收货人等。一个当事人可以兼任多个角色，如果制造商直接向运输公司托运，则货物的制适商、货主、发货人和托运人将合为一方。如果某人从经销商处购得货物，到仓库提货后，再委托他人代理办理托运手续，则就有多个当事人参与。而在合同运输的法律关系中，只规定两个相互承担义务、享有权利的当事人，即托运人和承运人。在危险货物运输中，托运和承运各方，都有明确的责任。一个当事人如果兼任了托运和承运，就应该同时承担托运和承运的责任。分清了危险货物运输托运人和承运任的责任，其他当事人的责任就容易明确。

一、托运人的定义和范围

1. 定义

货物运输合同中，委托运输、交给货物并支付运费的当事人，称为货物运输托运人。

2. 托运人的范围

危险货物运输的托运人，为明确责任，应以在“危险物品托运证明书”上签字的人为主要托运人。但也不排除在特殊情况下，按法律的规定，把发货人、收贷人、运输代理人作为托运方的连带责任人。

二、危险货物托运人的责任

1999 年 10 月 1 日实施的《中华人民共和国合同法》第三百零七条规定“托运人托运易燃易爆、有毒、有腐蚀性、有放射性等危险物品的，应当按照国家有关危险物品运输的规定对危险物品妥善包装，作出危险物标志和标签，并将有关危险物品的名称、性质和防范措施的书面材料提交承运人。托运人违反前款规定的，承运人可以拒绝运输，也可以采取相应措施以避免损失的发生，因此产生的费用由托运人承担”。这一条款在法律上概括了托运人的责任。

1. 托运人关于货物的责任

托运人必须对其托运的货物负责，应按《汽车运输危险货物规则》的规定有所为或有所不为。

①托运人应向具有汽车运输危险货物经营资质的企业办理托运，且托运的危险货物应与承运企业的经营范围相符合。托运人不能托运国家禁止运输的货物。

②托运人应如实详细填写运单上规定的内容，提交与托运的危险货物完全一致的安全技术说明书和安全标签。

③托运人只能托运《危险货物品名表》上列名的货物。当托运未列入该品名表的危险货物时，应提交与托运的危险货物完全一致的安全技术说明书、安全标签和危险货物鉴定表。

④危险货物性质或消防方法相抵触的货物应分别托运。

⑤盛装过危险货物的空容器，未经消除危险处理、有残留物的，仍按原装危险货物办理托运。如果是未装过危险货物的新空包装，或虽装过危险货物但已经过彻底清洗并确认是消除危险状态的空包装可以不作危险货物托运。

⑥使用集装箱装运输危险货物的，托运人应提交危险货物装箱清单。如果集装箱或集合包装内部有不同品名的货物，托运人要确认这些货物的性质不会相互抵触发生化学反应，相抵触的，要分别托运。

⑦托运需控温运输的危险货物，托运人应向承运人说明控制温度、危险温度和控温方法，并在运单上注明。

⑧托运食用、药用的危险货物，应在运单上注明“食用”、“药用”字样。

⑨托运放射性物品，按《放射性物质安全运输规程》办理。

⑩托运需要添加抑制剂或者稳定剂的危险化学品，托运人交付托运时应当添加抑制剂或者稳定剂，并在运单上注明。

⑪托运凭证运输的危险货物，托运人应提交相关证明文件，并在运单上注明。

⑫托运危险废物、医疗废物，托运人应提供相应识别标识。

⑬托运人如果瞒报、错报货物的性质，托错了危险货物的分类分级，

或把危险货物托成普通货物，或在普通货物里夹带危险货物，则由托运人负全部法律责任；旅客运输中，旅客在随身行李或交运行李中有上述情况者，其责任也同上述；托运人和旅客不得将隐含的危险物品故意隐瞒。

2. 托运人关于包装的责任

包装是安全的保障，对货物进行包装并确保其符合国家安全运输的要求是托运人的责任。

①托运人必须依据各种运输方式，按国家法律、标准的规定对货物进行包装。

②托运人必须对提交货物的包装负全部责任。

包装容器可能是由专门的包装生产厂家制造，并由其进行规定的包装试验过的；也可能是化工物品的生产厂商在其产品出厂时即已具备的；也可能是货主在提交运输以前先委托他人另行包装过的；或者是某托运者通过背书转移后从一次运输转为另一次运输的等等。不管是什么情况，对于合同运输的双方而言，托运人应对其托运货物的包装质量负全部责任。托运人当然可以就包装不合格向有关各方交涉，但这与承运人无关。总之，不是由包装制造商、货物生产商、代为包装商、托运人等共同对承运人员负连带责任，而是由托运人单独对承运人负全部责任。

③货物交付运输后，在启运前发现包装破损撒漏的，如不能证明是承托人的过错造成的，托运人有责任改换或修理包装；如果有证明是承运人的过错造成的，也应由托运人负责改换或修理包装，而由承运人赔偿托运人由此而造成的直接损失。改换或修理后的包装必须符合国家规定的要求。包装泄漏污染了车厢、货舱，托运人应提供清洗材料和方法。

④托运人托运货物的包装与国家规定的具体规定不一致时，托运人有责任向承运人提供包装试验和适用的情况及证明文件。

⑤集装箱或集合包装内部的所有单件包装都必须保证不采用集装箱或集合包装时，亦能达到国家规定的质量标准。

3. 托运人关于包装标志和标签的责任

①托运人交运的货物包装外表必须有国家规定的各种包装标志。

②识别标志必须由托运人自己制作、打印、粘贴，托运人要对其正确性负责。

③储运指示标志和危险性能标志可以由承运人提供，但必须由托运人自己粘贴在托运人所交付的货物包装的外表上，托运人要对这些标志使用的正确性负责。

④集装箱和集合包装的外表必须有箱内所有危险货物的性能标志。同时，箱内所有事件包装的外表都必须有本单件包装所装危险货物的性能标志。

⑤每件货物包装的外表、集装箱外表、罐体外表都必须标有所装危险货物的《危险货物安全标签》。

⑥托运人交运的货物包装外表不得有可能引起歧义的文字、图案和无关的标志。

4. 托运人关于运输证单的责任

货物在运输业务流转活动中，每项业务活动都有相应的证明文件，记录业务活动的发生经过和结果。这些证明文件又称为运输证单或单据。运输证单的种类很多，制作者也不相同：有属于承运者内部管理为明确各储运环节岗位责任的各种单据，有属于托运人与有关各方发生业务往来如委托运输代理、委托包装检验等的各种单据。

在货物合同运输中，对合同双方都有法律约束力的文件是运单。在危险货物运输中，各种“危规”都规定了托运人必须向承运人提交“危险货物托运证明书”作为货运单的补充和承运人制作货运单的依据。托运人要对经其本人签署的“危险货物托运证明书”的正确性负法律责任。上述托运人在货物、包装、标记上的各种责任，都应在“危险货物托运证明书”中得到体现，向承运人提交“危险货物托运证明书”及附属于证明书的各种证明文件是托运人的责任和义务。托运人如有特殊要求经承运人同意，特殊要求应在托运书上载明。

托运剧毒化学品，托运人需提供《剧毒化学品公路运输通行证》。

托运人必须在托运证明书上承诺对自己制作的托运证明书内容的正确性负法律责任。

5. 托运人关于收货的责任

收货人往往是运输合同缔约当事人以外的第三人，他虽未参与合同的订立，但享有向承运人领取货物、提出赔偿请求的权利，同时必须承担接受货物的义务。所以相对于承运人来说，收货人是托运方的连带责任人。

《公路货物运输合同实施细则》第十八条第三款规定：“货物包装完整无损而货物短损、变质，收货人拒收，或货物运抵到达地找不到收货人，以及由托运方负责装卸的货物，超过合同规定装卸时间所造成的损失，均应由托运方负责赔偿”。

上述实施细则对托运人关于收货的责任已经讲得很清楚。《汽车运输危险货物规则》从汽车运输生产的特点出发，特别强调“承运人自受货起至送达交付前，应负保管责任”，并进一步规定：“危险货物运达卸货地点后，因故不能及时卸货的，应及时与托运人联系妥善处理。不能及时处理的，承运人应立即报告当地公安部门。”而由此引起的承运人的经济损失或危险货物发生变化而造成的其他损失，托运人应负相应的责任。

以上是从商业运输的角度、为保证危险货物的运输安全，托运人应负的责任。非营业性运输实质上是托运人与承运人合一，除了经济赔偿责任的划分与商业运输不同以外，从危险货物运输安全的要求出发，则是同样的。非营业性运输危险货物，运输者必须承担起上述5方面运输危险货物的责任。而对交通运输管理部门来说，上述5方面的托运人责任既是处理合同运输承托双方纠纷的准则，更重要的是进行危险货物运输安全管理的标准。当然，危险货物承运人也有其相应的责任，但相比之下，托运人的责任对危险货物的运输安全起着主导的作用，是安全运输危险货物的内因。

第二节　道路危险货物运输承运人责任

承运人是合同运输中提供运输工具并负责进行运输，而收取运输劳务费用的当事人。托运人把危险货物交付给承运人，并从承运人处得到货运单后，危险货物的保管责任即同时移交给承运人。直到收货人从承运人手中提取货物为止，在整个承运期间，承运人要对所运危险货物的安全负全部责任。

货物运输要经过托运受理、仓储保管、装卸货物、运送、交付等环节。这些环节分别由不同的当事人来操作完成。

在危险货物运输中，承运人各方都必须严格遵守《汽车运输危险货物规则》和其他有关危险货物的规定，明确中转交接手续，划清各环节的职责范围和责任，共同完成运输。

在整个承运期间，承运人要对所运危险货物的安全负责。完成一项完整的运输业务，有可能由一个运输企业承担，也有可能由几个运输企业共同承担，共同承担的企业应负连带责任。无论是哪种情况，运输过程的各个环节都有其各自的职责范围和相应的责任。需要强调指出的是，分清各个环节的责任，并不是推卸责任。承运人连带责任的含义是，一旦发生运输事故，一般先由事故发生地的承运人全权与托运人（或收货人）解决事故纠纷，然后再在负连带责任的承运人各方内部分清责任的归属，按过错和损失的大小来确定各承运人之间的债权、债务关系，由有过错方赔偿无过错方的损失，由过错大损失小的一方补偿过错小损失大的一方。

一、危险货物托运受理时承运人责任

承运人中的发货站承诺托运人委托运输的要求，并接受委托人交给货物的过程是托运的受理。受理完毕，发货站签署货运单，运输合同即告成立，各承运当事人都有按约定完成合同的义务。

受理是整个运输过程的开始。受理工作质量是危险货物运输全过程质量管理的基础。受理危险货物，除受理普通货物的一般规定必须遵守外，发货站还必须按危险货物的运输要求对托运人提交的运输证单和货物，对照《汽车运输危险货物规则》的各项规定进行全面、详尽、严格的审核。

1. 对托运单的审核

托运人制作托运单的各项要求和规定是托运人的责任，托运人要对其递交的托运单准确性负责。发货站也有责任审核其所接受的托运单准确性，并就其准确性对承运人的其他各方负责。《汽车运输危险货物规则》第7.2条指出："承运人应核实所装运危险货物的收发货地点、时间以及托运人提供的相关单证是否符合规定，并核实货物的品名、编号、规格、数量、件重、包装、标志、安全技术说明书、安全标签和应急措施以及运输要求。"

2. 对所托货物的审核

托运人必须确保其所托运递交货物的性能、包装、标志等各种情况与托运书的说明完全一致，托运人要对此负法律责任。

汽车运输货物，运输批量相对小，受理人员可以对所托货物逐件检查。又可分2种情况：

1. 零担运输和班车运输

货物的交付和运送是时间和空间分离的两个环节。承运人必须对所受理的危险货物的包装和标志逐件审核，审核的具体内容和要求即是托运人的责任。

2. "门到门"的整车运输

这种运输形式，货物的交付不是与托运手续的办理同时进行，而是与运送连续进行，即没有仓储环节，货物在运送前交付，货物交付后即装车运送。《汽车运输危险货物规则》第 7.3 条规定："危险货物装运前应认真检查包装的完好情况，当发现破损、撒漏，托运人应重新包装或修理加固，否则承运人应拒绝运输。"实质上提出了对货物包装进行逐件审核的要求。

至于包装内容物受理人员不可能也不必对其性能、成分作审核。在包装完好无损、火漆封志或铅封丸完整的情况下，承运方不对包装的内容物负责。托运方要对其所交付货物的理化特性负全部责任。但受理方保留必要的审核权，在受理人员认为必要时，可以要求托运方启封开箱检查。但这不能理解成如果受理人员不行使保留审核权即是对包装内容物的默认，而应理解为相信托运人的陈述，由托运人对自己陈述的诚实性、准确性负责，这在法律上称为诚信法则。某些大批量的汽车运输不对货物的包装和标志作逐步审核，奉行的仍是诚信法则。

二、危险货物储运保管承运人的责任

储存也称仓库储存或仓储。仓储是生产流通消费的中间环节。从整个社会再生产的过程来说，仓储是发生在生产后流通（运输）前和流通（运输）后消费前。就货物运输生产的过程而言，仓储是发生在受理后运送前和运送后交付前。社会再生产过程的仓储与运输过程的仓储相比，前者仓储的规模大、储存时间长，后者仓储的规模小、储存时间短。

危险货物的仓储保管不仅关系到港口、车站、机场的安全，且已直接关系到社会的安全。1993 年 8 月 5 日深圳清水河危险品仓库爆炸即是一例。所以，任何国家和地区都对危险货物仓储保管进行立法管理。《危险化学品安全管理条例》的第二章，对危险物品的仓储设置、构造、储存保管作出了严格规定。运输企业要设立仓储就必须遵守有关危险货物储存保管的法规，并经批准才能建立。并必须建立健全各项危险货物储存管理、收发的规章制度，确保储存的货物完整无损。

危险货物仓库必须有严格的管理制度。危险货物仓库管理的规章必须包括下述内容：

①货物入库必须检验。入库应有入库单和交接手续。入库后要登账，出库后要销账。入库时要详细核对货物品名、规格、重量、容器包装等。发现品名不符、包装不合规格、容器渗漏时，必须立即移至安全地点处理，不得进库。

②化学危险品仓库的安全检查，每天必须进行2次。对性质不稳定的物品，应定期进行测温，作好记录。

入库储放的每种物品应明显地标明物品的名称、燃烧特征及灭火方法。某些需要特别储存条件的应另外标明。

夏季气温很高的地区，要严密注意高气温对低沸点货物的影响；暴雨或梅雨季节要注意湿度对货物、特别是对遇水反应货物的影响等。

③仓库进出货物后，对可能遗留或散落在操作现场的危险品，要及时进行检查、清扫和处理。

④仓库区内严禁一切明火。如需动火，必须经有关部门批准，先撤离库内和附近的物品，在指定的地点，按指定的项目进行，并派专人准备好灭火器材进行监护。

⑤允许进入仓库区的运货汽车应有特殊的防火设备。如排气管应安装火星熄灭器和防易燃物滴落在排气管上的防护挡板或隔热板等。汽车与库房之间，应划定安全停车线，一般为5m，防止汽车与库门距离过近。严禁在仓库区内检修汽车，特别是装有危险物品的汽车。

⑥不准在库房内或在危险物品堆垛的附近进行试验、分装、打包、封焊及其他可能引起火灾的任何不安全操作。每天工作结束时，应作防火检查，关闭门窗，切断电源。库房内不准住宿，不准在库房内或危险物品堆踩旁休息。

⑦仓库内的避雷针、电线和建筑设施应定期检查。在每年雷雨季节之前进行检查整修，保证安全使用。

⑧化学危险物品仓库，根据规模大小，设有足够的消防水源和必须的消防器材以及抢救防护用具等，并经常进行检查保养，以免失效。

⑨仓库应有严格的人员出入库、机械操作、明火管理等安全制度。对某些剧毒的或贵重的或爆炸的危险物品严格贯彻“五双管理制度”，即双人保管、双人收发、双人领料、双本账、双锁管理制度。

⑩危险货物出库必须认真复核。把好危险货物出库复核关，可以防止发生差错，防止包装不良或有隐患的危险货物出库，对于保证运输安全、生产需要是十分必要的。发货出库要按合法凭证规定的货位编号、品名、规格、国别或产地、发站和收货人、包装、件数等，把货物准确地点交给提货人员或装入有关的车辆及其他运具。在货物出仓前，对每笔货物必须实行两人以上的复核制。有些仓库实行三员核对制：实行保管员以单对卡，以卡对实物，以实物对提货单；搬运员以提货单核对实物；值勤员以

提货单对实物、对件数，然后点交提货人。三员核对后，在提货单上的货位、品名、发站和收货人、规格、数量的项目中画钩做记号，称为“五剔”。

就运输过程的仓储而言，货物的出库有2种情况：一是到货站的货物出库，是收货人来取货，说明整个运输过程安全完成；二是发货站的货物出库，货物从受理托运承诺运输的发货站转交给运送人，则危险货物的保管责任也随之移交给运送人。

三、危险货物装卸堆桩时承运人的责任

在危险货物的储存前后和运送前后，都会发生货物的装卸和堆桩。把货物搬上运输工具称为装货；把货物搬下运输工具称为卸货；货物在仓库里或运输工具的车厢平台、货舱里堆放时称堆桩或堆垛。装卸、堆桩的安全操作对危险货物的安全尤为重要。《危险化学品安全管理条例》第三十七、四十二条、《汽车运输、装卸危险货物作业规程》都对危险货物的装卸、堆桩的安全操作提出严格而又详尽的规定；《汽车货物运输规则》（交通部令1999第5号）对承、托双方的责任进行了明确。

从装卸对象来分，装卸工作分为托运人装卸、承运人装卸及站场、装卸经营人装卸，即货物装卸有的是由货主来完成的，有的是由承运人负责装卸的，或者承运人或托运人承担装卸后，委托站场、装卸经营人进行装卸作业的。装卸完毕后，货物需要绑扎苫盖篷布的，装卸人员必须将篷布苫盖严密并绑扎牢固；由承、托运人或委托站场编制有关清单，做好交接记录；并按有关规定施加封志和外贴有关标志。承、托双方应履行交接手续，包装货物采取件收；集装箱重箱及其他施封的货物凭封志交接；散装货物原则上要磅交磅收或采取承托双方协商的交接方式交接。货物在装卸中，承运人应当认真核对装车的危险货物名称、重量、件数是否与运单上记载相符，包装是否完好。当发现破损、撒漏，要通知托运人，托运人调换包装或修理加固，征得承运人同意，承托双方需做好记录并签章后，方可运输，由此产生的损失由托运人负责。交接后双方应在有关单证上签字。至此，危险货物的保管责任即移交给承运人，承运人就正式接受了危险货物的保管责任。

四、危险货物运送和送达交付时承运人的责任

货物由运输工具从甲地运到乙地，称运送。货物运送到目的地，交付给收货人称送达或交付。

《危险化学品安全管理条例》、《汽车运输危险货物规则》、《汽车运输、装卸危险货物作业规程》及《汽车货物运输规则》对汽车运送和交付危险货物作了一系列的规定。主要概括有：

①危险货物运输过程中，应随车配备押运人员，货物应随时处在押运人员的监管之下。车辆中途临时停靠，应安排人员看管；需要停车住宿或者遇有无法正常运输的情况时，应当向当地公安部门报告。随车人员严禁吸烟。行车作业人员不得擅自变更运行作业计划、严禁擅自拼装、超载。

②运输危险货物的车辆严禁搭乘无关人员。运输爆炸品和需要特别防护的烈性危险货物，应要求托运人派熟悉货物性质的人员指导操作、交接和随车押运。

③运输途中，押运人员应密切注意车辆所装载的危险货物动态，根据危险货物性质，定时停车检查，发现问题及时会同驾驶人员采取措施妥善处理。不得擅自离岗、脱岗。

④运输途中不得进入危险货物运输车辆禁止通行的区域，如繁华街区、居民住宅区、名胜古迹和风景名胜区等；确需进入上述区域的，应当事先向当地公安部门申报，并遵守公安部门规定的行车时间和路线。

⑤运输途中，发生危险货物被盗、丢失、流散、泄漏等情况时，承运人及押运人员必须立即向当地公安部门报告，并采取一切可能的警示措施。

⑥货物抵达承、托双方约定的地点后，收货人应凭有效单证提（收）货物，无故拒提（收）货物的话，承运人可以索取因此造成的损失。

⑦货物交付时，承运人应当与收货人做好交接工作，发现货损货差，由承运人与收货人共同编制货运事故记录，交接双方在货运事故记录上签字确认。见表1-7-1。

⑧货物到达目的地后，承运人知道收货人的，应及时通知收货人，收货人应当及时提（收）货物，收货人逾期不提（收）货物的，承运人也不能因此免除保管责任，但收货人应当向承运人支付保管费等费用。收货人不明或者收货人无正当理由拒绝受领货物的，依照《中华人民共和国合同法》第一百零一条的规定，承运人可以提存货物。

⑨货物待领期间，如果货物发生变化，危及安全，承运人有临机处置之权责，但最好是会同当地公安部门共同进行以备赔偿纠纷的解决。

以上是就货物运输一般流程而言的危险货物的运达和交付。在“门到门”的流程中，往往有这种情况：危险货物运达卸货地点后，或者是下班时间已过，找不到收货人，或者是找到收货人但因为收货人与托运人的供销纠纷而拒绝收货等。总之,因各种原因而不能及时卸货,发生这种情况时,不管能不能及时卸货的责任在哪一方,为确保货物和环境的安全,“在待卸期间行车和随车人员应负责看管车辆和所装危险货物,同时承运人(运送人)应及时与托运人联系妥善处理。危及安全时,承运人应立即报请当地公安部门处理。

货运事故记录单 表 1-7-1

运单号码	
记录编号	

<table>
<tr><td colspan="3">托运人</td><td></td><td colspan="2">地址</td><td colspan="3"></td><td>电话</td><td colspan="2"></td><td colspan="2">邮编</td><td></td></tr>
<tr><td colspan="3">收货人</td><td></td><td colspan="2">地址</td><td colspan="3"></td><td>电话</td><td colspan="2"></td><td colspan="2">邮编</td><td></td></tr>
<tr><td colspan="3">承运人</td><td></td><td colspan="2">地址</td><td colspan="3"></td><td>电话</td><td colspan="2"></td><td colspan="2">邮编</td><td></td></tr>
<tr><td colspan="2">车号</td><td colspan="3"></td><td>驾驶人员</td><td colspan="2"></td><td>起运日期</td><td colspan="2">年 月 日 时</td><td colspan="2">达到日期</td><td colspan="2">年 月 日 时</td></tr>
<tr><td colspan="2">出事地点</td><td colspan="4"></td><td>出事时间</td><td colspan="4"></td><td colspan="2">记录时间</td><td colspan="2"></td></tr>
<tr><td rowspan="5">原运单记载</td><td colspan="2">编号</td><td>货物名称及规格型号</td><td colspan="2">包装形式</td><td>件数</td><td>新旧程度</td><td colspan="3">体积
长×宽×高
(cm)</td><td colspan="2">重量
(kg)</td><td colspan="2">保险保价价格</td></tr>
<tr><td colspan="2"></td><td></td><td colspan="2"></td><td></td><td></td><td colspan="3"></td><td colspan="2"></td><td colspan="2"></td></tr>
<tr><td colspan="2"></td><td></td><td colspan="2"></td><td></td><td></td><td colspan="3"></td><td colspan="2"></td><td colspan="2"></td></tr>
<tr><td colspan="2"></td><td></td><td colspan="2"></td><td></td><td></td><td colspan="3"></td><td colspan="2"></td><td colspan="2"></td></tr>
<tr><td colspan="2"></td><td></td><td colspan="2"></td><td></td><td></td><td colspan="3"></td><td colspan="2"></td><td colspan="2"></td></tr>
<tr><td colspan="5">事故发生详细情况及原因分析</td><td colspan="10"></td></tr>
<tr><td colspan="5">承运人签章</td><td colspan="3">年 月 日</td><td colspan="3">托运人或收货人签章</td><td colspan="4">年 月 日</td></tr>
<tr><td colspan="5">注意事项</td><td colspan="10">本记录应一式三份,承运人、托运人、责任方各一份,每增加一个责任方增加一份记录。</td></tr>
</table>

注:货运事故记录单的规格应为长×宽=220×170(mm)。

以上是从合同运输的角度,阐述了危险货物承运人的责任。保证危险货物运输的安全不仅是托运和承运的合约行为,而且关系到社会和公众的安全。非营业性运输,虽然没有所谓的托运与承运之间的纠纷,但因为关系到社会公众的安全,除受理和支付两点以外,本节所阐述的危险货物运输者的责任对非营业性运输危险货物同样适用。强调承运人的责任,交通运输管理部门既可藉此处理合同运输承托双方的纠纷,又可藉此对非营业性危险货物运输提出标准和要求,以确保社会和公众的安全。

第三节 道路危险货物运输受理

道路危险货物运输作业过程一般包括托运、受托、验货、派车、配货、派装、运送、卸车、保管和交付等环节。按照货物运输阶段的不同,可将作业划分为发送作业、途中作业和达到作业,危险货物运输受理属于发送作业阶段,由受理托运、组织装车和核算制票 3 部分组成,作业程序见图 1-7-1。

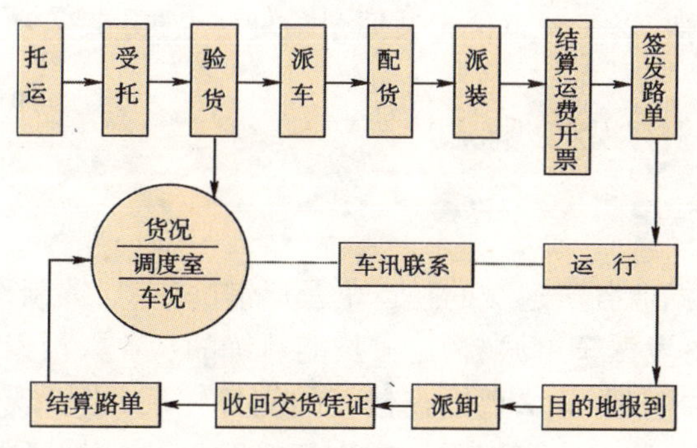

图 1-7-1 道路运输危险货物作业程序

一、受理托运

1. 托运

无论是货物交给危险货物运输企业运输,还是企业主动承揽货物,都必须由货主办理托运手续。托运手续是从托运人递交“危险货物托运证明书”开始的。

危险货物的托运必须符合《汽车运输危险货物规则》的相关规定,具体内容可见本章第一节“危险货物托运人的责任”。

2. 受托

承运人审查托运人递交的托运证明书,根据企业的经营范围和运输能力,决定是否接受委托。若接受,让货主认真填写托运单,办理承运手续。承运人要认真审核运单上所填写货物的收发货地点、时间以及所提供的单证是否符合《汽车运输危险货物规则》的相关规定，并核实货物的编号、品名、规格、数量、件重和货物包装标志、标签以及应急措施和运输要求，检查单证附录是否齐全。

3. 验货

理货员凭托运单验货、堪察现场、落实货物分批数量、起运时间、可用车型，向调度室汇报并作记录。

根据托运单填写的内容，一一核实货物的编号、品名、规格、数量、件重、净重、总重和货物包装标志、标签是否与托运单上一致。货物包装是否破损以及是否符合国家相关规定，具体要求如下：

①危险货物一般应单独包装。同一件包装内的货物必须是同一项或同一配装号(除爆炸品外)，而且消防方法不相抵触的物品。

②包装的种类、材质、封口等应适应所装货物的性质。

③包装规格、形式及单位包装质量应便于装卸、搬运和保证运输过程中的安全。

④包装必须有规定的标志。

二、组织装车

调度室根据业务员送交的托运单及反馈的信息，编制作业计划，选配合适的车辆，签发派车单派装，选派技能熟练的从业人员组织装货。

危险货物装车前应认真检查包装的完好情况，当发现破损、撒漏时，托运人应调换包装或修理加固。货物交接时，双方应做到点收、点交，并由双方在运单上签章确认。

承运人有权拒绝运输不符合国家有关规定、标准要求的危险货物。

三、核算制票

货物一经派车装运，开票员根据发货单位的发货通知单或磅码单上的货名、数量、质量、卸货地点、收货单位等计算运费，填开货票，核收运费；货票一式五联，即：存查、缴款、发票、随货同行、单车结算。根据派车单、货票及有关单证，由调度室签发行车路单代行车命令，交驾驶人员凭此发车。

第四节　道路危险货物运输相关文件

就承运人而言，道路危险货物运输可以分为运输企业和自备运输单位。运输企业是专门从事汽车运输货物、以营利为目的、以提供运输劳务为手段的经济组织。运输企业从事的是营业性运输，又称商业运输。商业运输是一种契约行为，是一种合同运输，运输当事人各方之间会发生一系列的法律关系，即权利、义务关系。自备运输单位是附属于工农业生产企业或商业企业的运输单位，它们是仅为本企业生产、经营服务的，其运输称为自备车运输。由于道路危险货物运输的特殊性，不论是营业性运输还是自备车运输，均须提供相关运输文件，方可进行运输。

一、危险货物运单和托运书

商业运输的合同形式之一是运单。《汽车货物运输规则》第二十四条规定："汽车货物运输合同采用书面形式、口头形式和其他形式。书面形式合同种类分为定期运输合同、一次性运输合同、道路货物运单（以下简称运单）。"道路危险货物运输，承运人必须填写运单，并经承托双方签章认可后生效。从事危险货物多式联运，承运人应填写《危险货物多式联运表》，见表1-7-2。

运单由承运人制作，在收齐单据上所列的所有货物后，由承运人签发给托运人。托运人在托运货物时，要向承运人递交托运书。托运书是托运人托运货物的正式文件，是承运人制作运单的依据。托运人填写托运书时要字迹清楚，内容齐全，并对所填关于货物的各项说明和声明的正确性负责。如果由于托运人在托运书中所填的内容不正规、不正确或不完备而使承运人或任何其他人遭受到任何损失，托运人应负全部责任。在托运书中托运人还应承诺遵守承运人的运输规章。托运书中必须包含以下必不可少的材料：危险货物运输名称、联合国编号和国内编号、货物类别和项别、包装类别、包件的编号和种类、该货名所包含的危险货物总量（根据适当情况，按体积、总重量或净含量计）、发货人的名称和地址、收件人的名称和地址、任何特殊协议项目所要求申报的材料等。

托运危险货物必须符合《汽车运输危险货物规则》有关危险货物托运的相关规定及下述附加规定：

1. 托运第1类爆炸品的附加规定

①对于每个注有说明的物质或物品，其中有爆炸成分总的净重，用kg表示。

②对于两种及以上货物的混合包装，在运单上必须注明货物的名称和危险品编号，以及配装组。

危险货物多式联运表　　表 1-7-2

<table>
<tr><td colspan="3" rowspan="3">1. 托运人/收货人/发货人</td><td colspan="2">2. 运输票据号码</td></tr>
<tr><td>3.
第 1 页，共　页</td><td>4. 托运人参考号</td></tr>
<tr><td></td><td>5. 货运代理人参考号</td></tr>
<tr><td colspan="3">6. 收货人</td><td colspan="2">7. 承运人（由承运人填写）</td></tr>
<tr><td colspan="3"></td><td colspan="2">托运人声明
特此声明：本托运货物的内容在下面用正式运输名称充分准确地作说明，并按照适用的国际和国家政府规章进行分类、包装、作标记和贴标签/揭示牌，并且所有方面都状态良好适宜运输</td></tr>
<tr><td colspan="3">8. 本货物符合以下规定的限度：（划去不使用者）
客货机　　　货　机</td><td colspan="2" rowspan="3">9. 关于装卸的附加说明</td></tr>
<tr><td>10. 船舶/飞机航班号和日期</td><td colspan="2">11. 装货港/地点</td></tr>
<tr><td>12. 卸货港口/地点</td><td colspan="2">13. 目的地</td></tr>
<tr><td colspan="5">14. 运输标记　　＊包件数目和种类：货物说明　　毛重（千克）　　净重　　体积（立方米）</td></tr>
<tr><td colspan="5"></td></tr>
<tr><td>15. 集装箱识别号/车辆登记号</td><td>16. 封印号码</td><td>17. 集装箱/车辆尺寸和型号</td><td>18. 皮重（千克）</td><td>19. 合计毛重（包括皮重）（千克）</td></tr>
<tr><td>集装箱/车辆包装证书
特此声明：上述货物系按照适用的规定包装/装入上述集装箱/车辆
所有集装箱/车辆货载必须由负责包装/装货的人填写并签字</td><td colspan="4">21. 接收单位收据
收到上述数目的包件/集装箱/拖车，外观妥善，但备注写明者除外。接收单位：</td></tr>
<tr><td>20. 公司名称</td><td colspan="2" rowspan="3">托运人姓名
车辆登记号
签字和日期</td><td colspan="2">22. 公司（填报本说明的托运人）名称</td></tr>
<tr><td>申报人姓名/身份</td><td colspan="2">申报人姓名/身份</td></tr>
<tr><td>地点、日期</td><td colspan="2">地点、日期</td></tr>
<tr><td>申报人签字</td><td colspan="2">驾驶人员签字</td><td colspan="2">申报人签字</td></tr>
</table>

＊　危险货物必须写明正式运输名称、危险性类别、联合国编号、包装类别（划定的）以及适用的国家和国际规章要求的任何其他资料。

危险货物多式联运表(续　页)　　续上表

<table>
<tr><td rowspan="3">1. 托运人/收货人/发运人</td><td colspan="2">2. 运输票据号码</td></tr>
<tr><td rowspan="2">3.
第 1 页,共　页</td><td>4. 托运人参考号</td></tr>
<tr><td>5. 货运代理人参考号</td></tr>
<tr><td colspan="3">14. 运输标记　＊包件数目和种类:货物说明　毛重(千克)　净重　体积(立方米)</td></tr>
<tr><td colspan="3"></td></tr>
</table>

＊　危险货物必须写明正式运输名称、危险性类别、联合国编号、包装类别(划定的)以及适用的国家和国际规章要求的任何其他资料。

③托运人提交爆炸品的准运证明文件。

2. 托运第2类压缩气体和液化气体的附加规定

对于罐体中装有混合物的运输，应该给出混合物组分的体积或质量百分率。成分低于1%的不必标明。

3. 托运第4.1项易燃固体和第5.2项有机过氧化物的附加规定

对于第4.1项易燃固体和第5.2项有机过氧化物，在运输过程中要对温度进行控制的，在托运书和运单上要标明控制温度和应急温度，如："控制温度……℃，应急温度……℃"，并向承运人说明控温方法。

4. 托运第6.2类感染性物品的附加规定

对于托运医疗废物，医疗废物专用包装物、容器，应当有明显的警示标识和警示说明，在运单上要加注说明。

5. 托运食用、药用危险货物的附加规定

托运食用、药用的危险货物，应在运单上注明"食用"、"药用"字样。

二、托运证明文件

托运须凭证运输的危险货物，除填写托运书外，还需提供相应证明文件。证明文件作为托运书的附录，在托运时一并交付给承运人。

①托运未列入《危险货物品名表》或《剧毒化学品目录》的危险货物，必须附有《危险货物鉴定表》。

②托运放射性物品，必须附有经有关主管部门批准的"批准证书"和认可的核查单位及核查人员盖章或签名的"放射性货包表面污染及辐射水平检查证书"。

③托运放射性同位素空容器，必须附有"放射性同位素空容器检查证明书"，并必须经有关主管部门确认后才能有效。

④托运危险货物的包装如果与国家有关规定的包装不同时，必须附有"包装检查证明书"和"包装适用证明书"，"包装检查证明书"经主管部门确认后才能有效。

⑤使用集装箱托运危险货物，要附有现场检查员签字的"集装箱装运危险货物装箱证明书"，见附录四，详细说明箱内危险货物的包件装在何装置上或装于何装置内、集装箱/车辆/装置的识别号以及证明操作是按以下条件进行的：

A. 货运装置干净、干燥、看起来适合容纳该货物；

B. 如果托运物包含1.4项以外的第1类物质，货运装置应该是结构耐用的；

C. 应该分装的货物，没有装在同一货运装置上或装置内；

D. 所有包件都进行了外部损伤、泄漏或过滤检查，只有完好的包件被装载；

E. 鼓形圆桶是竖直放置的（除了主管部门批准的其他方式）；

F. 所有包件都适当地装在货物运输装置上或装于货物装置内并且安全可靠；

G. 当危险货物用散装容器运输时，货物内部应是均匀分布的；

H. 危险货物装置和包件都加了适当的标记、标签和标牌；

I. 处于熏蒸的集装箱，必须标贴有熏蒸警告符号。当采用固体二氧化碳（干冰）用作冷却目的时，集装箱外部门端明显处贴显示标记或标志，并标明"内有危险的二氧化碳（干冰），进入之前务必彻底通风"字样。

⑥托运危险化学品，必须将"危险化学品标签"粘贴、挂栓（或印刷）在容器或包装的明显位置，其格式及样例见表1-7-3、表1-7-4。

⑦托运爆炸物品和剧毒化学品，应提供公安部门签发的《爆炸物品准运证》和《剧毒化学品公路运输通行证》。后者样式见图1-7-2。

⑧其他承运人认为必要的证明文件。

危险化学品标签格式 表1-7-3

化学品英文名字 化学品中文名字 （或危险组分名称、含量） 分子式	UN No CN No
提示词 （重要危险性）	表示危险性的图形符号
危险性 急　救 灭火方法	泄漏处置 处理和储运
防护措施或图形符号 其他说明 净重量	
生产厂（公司）名称、地址、邮编、电话	

危险化学品标签样例 表 1-7-4

(1)爆炸品

2,4,6-Trinitrotoluene

三硝基甲苯

$C_6H_2(NO_2)_3CH_3$

UN No 0209

CN No 11035

危险

爆炸、毒害,避免接触明火高热、摩擦撞击

危险性

· 有爆炸危险
· 高度危害毒物
· 对血液、肝脏、眼睛造成损害

急　救

· 彻底冲洗接触部位
· 输氧或进行人工呼吸
· 漱口、饮水、洗胃、导泻

灭火方法

· 雾状水
· 禁止用砂土盖压

泄漏处置

· 切断火源
· 隔离,设警示牌
· 戴防毒面具,穿化学防护服
· 扫起泄漏物
· 用水冲洗或用水润湿后收集

储　运

· 库房应隔热、阴凉通风
· 远离火种热源
· 禁止与起爆器材、氧化剂、还原剂、酸碱类混放
· 禁止振动、撞击、摩擦

防护措施

净重量

生产厂家

剧毒化学品公路运输通行证（存根）

（　）公剧运字[　]第　　号

经审查，批准＿＿＿＿＿＿＿＿
单位由＿＿＿＿经＿＿＿＿＿＿
至＿＿＿＿运输下列剧毒化学品：

品名	数量

车辆及有关人员信息		
车辆	承运车辆号牌	
	公路运输证号码	
	行驶证核载质量	
驾驶人	姓　名	
	驾驶证号码	
	上岗资格证号码	
	手机号码	
押运人	姓　名	
	上岗资格证号码	
	手机号码	

购买凭证或准购证号：
申领经办人：
身份证件名称及号码：
有效期限：至　　年　　月　　日有效
填发人：　　　　签发人：

（发证机关盖章）
年　　月　　日

注：本联由发证公安机关存查。

公剧运字　第　号

剧毒化学品公路运输通行证

（　）公剧运字[　]第　　号

根据《危险化学品安全管理条例》第三十九条规定，现批准＿＿＿＿＿单位由＿＿＿＿经＿＿＿＿＿＿＿＿＿＿（道路名称或编号）至＿＿＿＿，运输下列剧毒化学品共计＿＿＿千克，有效期至＿＿年＿月＿日止，特此证明。

品名	数量	备注

车辆及有关人员信息					
车辆	承运车辆号牌		驾驶人	姓　名	
	公路运输证号			驾驶证号	
	行驶证核载质量			上岗资格证号	
押运人	姓　名			手机号码	
	上岗资格证号				
	手机号码				
指定进入目的地禁行区域的时间、路线：					

本证不得转让、涂改。沿途遇公安机关检查应当主动出示本证，连同所运剧毒化学品一并接受检查。运达目的地后的七日内，由收货单位在备注栏中签注收货情况后将本证交还发证地县级人民证府公安机关治安管理部门存查。发证公安机关联系电话：＿＿（区号）＿＿＿＿（电话）。

（发证机关盖章）
年　　月　　日

105mm　192mm　210mm

a）　正面及存根式样

图 1-7-2　剧毒化学品公路运输通行证式样（1）

210mm

公路运输剧毒化学品注意事项

根据《危险化学品安全管理条例》的规定，通过公路运输剧毒化学品的，应当遵守剧毒化学品运输安全管理规定，按规定悬挂警示标志，采取必要的安全措施，按照公安机关批准的品名、数量、运输车辆、驾驶人员、押运人员和运输路线、有效期限运输。并随车携带《剧毒化学品公路运输通行证》，以备查验；不得超装、超载，不得进入危险化学品运输车辆禁止通行区域。确需进入的，应当事先向当地公安机关交通管理部门报告，按照当地公安机关交通管理部门指定的行车时间和路线行驶。发生被盗、被抢、丢失、流散、泄漏时，必须立即报告当地公安机关，并采取一切可能的警示措施。运输途中停留住宿的，应当报告当地公安机关。

192mm

b) 背面式样（仅供参考）

图 1-7-2 剧毒化学品公路运输通行证式样(2)

三、承运证明文件

承运人承运危险货物除须携带由托运人交付的相关证明文件外，还应携带有关法规、规章、标准规定的证明文件。

①执行运输任务的车辆须携带“道路运输证”。

②驾驶人员、押运人员须携带上岗资格证。

③本次运输任务的运单。

④《汽车运输危险货物规则》规定应携带的“道路运输危险货物安全卡”，见表1-7-5。

道路运输危险货物安全卡

（正面）　　表1-7-5

<table>
<tr><td rowspan="2">I
表示危险性的图形符号</td><td colspan="2" rowspan="2">II
化学品中文名称
化学品英文名称
（或危险组分名称、含量）
分子式</td><td>III
UN No.</td></tr>
<tr><td>IV
CN No.</td></tr>
<tr><td colspan="2">V　危险性
（主要危险性）

VI　储运要求</td><td colspan="2">VII　泄漏处理

VIII　急　救

IX　灭火方法</td></tr>
<tr><td colspan="4">X
防护措施：</td></tr>
</table>

第八章 道路危险货物运输事故应急预案

事故应急预案，又名“事故预防和应急处理预案”或“事故应急处理预案”。最早是化工生产企业为预防、预测和应急处理“关键生产装置事故”、“重点生产部位事故”、“化学泄漏事故”而预先制定的应急预案。目前，事故应急预案已从化工行业扩展到其他各行各业，从针对化学事故的对策发展到多灾种预防和救援。危险货物运输事故应急预案就是根据不同情况（事故性质、设备、地点、气象等）预先制订补救、处理的针对方法、手段，组织、培训抢险队伍和配备救助器材等一整套实施方案。万一发生事故，各部门可以根据“预案”载明的措施，立即就位，有针对性地开展救援，赢得时间，获得主动，可以将事故危害和损失降低到最低。否则一旦发生事故，必然发生组织混乱、指挥失灵、运作效率低下、丧失宝贵的救援时间，造成不必要的损失。

国家对道路危险货物运输企业（单位）制定事故应急预案实行强制要求，《中华人民共和国安全生产法》第十七条第五项规定：生产经营单位的主要负责人对本单位安全生产工作负有“组织制定并实施本单位的生产安全事故应急救援预案”的职责；《危险化学品安全管理条例》第五十条第一款规定“危险化学品单位应当制定本单位事故应急救援预案，配备应急救援人员和必要的应急救援器材、设备，并定期组织演练”。

一、事故应急预案概述

危险货物的装卸和运输必须用最安全方法谨慎地进行，以防止事故以及对其他货物沾染和环境污染的发生。对于包装危险货物，国际公约与国内有关法规都对其包装详细明确地作出了规定，使得包装的设计能使盛装的危险货物在运输与装卸期间不溢漏和渗漏。对于液体、气体危险货物，国内外的公约和规章都有严格的规定。即便如此，在实际作业中，由于包装的损害以及其他操作不当，会使内装的货物溢漏和渗漏出来，造成火灾、爆炸、中毒、环境污染等事故。

涉及到化学品任何意外的溢漏和渗漏，无论其来源于何种物质，都会由于被溢漏或渗漏产品的特性而引起各种危险后果。火灾、爆炸、毒害和污染不仅会发生在与溢漏直接邻近的区域，有时还会发生在离事故现场相当远的地区，对此种危险应有所预料。

由于危险货物事故所造成的后果发展很快，应随时做好准备应付。由于危险货物事故所造成的各种紧急局势，在任何应急中，时间是一个头等重要的因素，务必在事故发生后在尽可能短的时间内采取行动，这些行动包括为了限制危险货物事故所造成恶果而采取的制止性措施和向附近工业居民区发布警报，这样会把风险控制在最小范围内。因此，有必要制定一个应急行动规划以作备用，不仅对决策者进行指导，而且为其编制采取步骤的程序，这样就能使其迅速而有效地采取适当措施。

1. 制定事故应急预案的原则

生产安全是运输系统各因素相互协调，保持最佳“秩序”的状态。事故应急预案应由事故的预防和事故发生后损失的控制 2 个方面构成。

从事故预防的角度看，一方面要在技术上采取措施，使得运输生产的工具、设施设备具有保障安全状态的能力，另一方面要通过管理协调“人自身”的关系，掌握安全生产知识，以实现整个系统的安全。这意味着事故预防应由技术对策和管理对策共同构成。值得注意的是，生产经营单位职工对生产安全所持的态度、人的能力和人的技术水平是决定能否实现事故预防的关键因素，提高人的素质可以提高事故预防和控制的可靠性。

从事故发生后损失控制的角度看，事先对可能发生事故后的状态和后果进行预测并制定救援措施，一旦发生异常情况，能根据事故应急救援预案，及时进行救援处理，可最大限度地避免突发性重大事故发生和减轻事故所造成的损失，同时又能及时地恢复生产。

综上所述，制定事故应急预案的原则是“以防为主，防救结合”，做到“预防为主、自救为主、统一指挥、分工负责”。

2. 制定事故应急预案的基本指导思想

①对事故的自然结果预先作出估计，采取有效的干预措施。

②必须简单而迅速地测定出干预效果，这样就可作出最好的选择（包括不采取行动），也就是说，预案应能揭示出采取反应行动后所引起的效果。

③所有与被选择的反应行动有关的措施必须是事先计划好的，并与当时情况相适应。

④单位的生产指挥中心应在数分钟内就把所有这些资料准备好，确

保从得到事故第一个信息到开始采取行动之间间隔的时间尽可能短。

3. 制定事故应急预案的基本要求

制定事故应急预案时，应具体描述意外事故和紧急情况发生时所采取的措施，其要求是：

①提供充分而详细的资料，包括：

A. 具体描述可能的意外事故和紧急情况及其后果；

B. 若可能的话，指明采用哪些适当步骤来限制后果。

②确定应急期间负责人及所有人员在应急期间的职责、权限和义务。

③提供广泛的产品范围。

④与外部应急机构的联系。

⑤与安全生产监督管理部门、公安部门、保险机构及相邻企业的交流。

⑥便于缺乏专业理化知识的人员执行。

⑦提供所需的现成资料，以免过多浪费时间。

4. 事故应急预案应具备的基本内容

①发生事故或紧急情况时，向单位内外的适当应急机构报告的程序。

②发生事故或紧急情况时向过往车辆、行人发出警报并采取积极抢救措施的程序。

③单位内部应急指挥机构、报告程序、职责分工。

④应急救援队伍组织及演练。

⑤提供有关危险情况下适用的应急设备。

⑥预防事故的措施。

⑦事故的处置。

⑧人员培训。

二、事故应急预案

事故应急预案是一项系统工程，必须包括组织指挥、配合、作业方面的内容，明确各部门的任务，才能配合协调，步调一致。

1. 总则

(1) 目的

建立单位道路危险货物运输火灾、爆炸、泄漏灾害事故应急组织指挥系统和应急反应系统，一旦发生上述灾害事故，可迅速有效地作出应急反应，把事故控制在局部范围内，尽可能减少事故对人员、财产和环境的有害影响。

(2)适用范围

事故应急预案应明确其适用的范围,并应在相应的图表上标明。

(3)编制的法律依据

(4)灾害事故类型

事故应急预案应根据各种类型设备设施故障、作业错误以及雷电等自然灾害所产生的火灾、爆炸、泄漏及污染事故采取相应的措施。

(5)灾害事故等级

事故应急预案所针对的灾害事故应划分等级,采取相应的应急反应。灾害事故可划分为以下3级:

①一般事故;

②重大事故;

③特大灾害事故。

(6)制定与发布

事故应急预案由企业(单位)主管机关制定发布,并报相关部门备案。

2. 应急组织指挥与协作

1)应急组织指挥和协作系统

建立单位道路运输火灾、爆炸、泄漏事故应急组织指挥和协作系统,统一组织指挥和协调上述灾害事故的应急反应。

为方便发生灾害事故后的指挥与协调,使得整个应急指挥系统一目了然,应绘制事故应急指挥系统图,见图1-8-1。

2)灾害事故应急指挥领导小组和指挥人员

根据不同等级灾害事故,组织相应的应急指挥小组和指挥人员。应急指挥领导小组下设应急指挥中心。

3)事故应急组织各部门职责

应急指挥领导小组负责单位"预案"的制定、修订;组建应急救援专业队伍,组织实施和演练;检查督促做好重大事故的预防措施和应急救援的各项准备工作。

应急指挥中心在发生重大事故时,由指挥中心发布和解除应急救援命令、信号;组织救援队伍实施救援行动;向上级汇报和向友邻单位通报事故情况,必要时向有关单位发出救援请求;组织事故调查,总结应急救援经验教训。

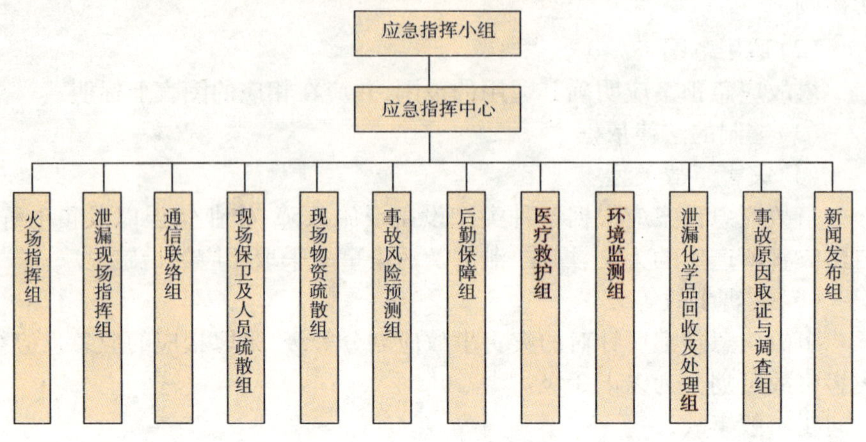

图 1-8-1　事故应急指挥系统图

(1)应急指挥中心成员及其职责

①应急总指挥职责:组织指挥全单位的应急救援。

②应急副总指挥职责:协助总指挥负责应急救援的具体指挥工作。

③现场指挥职责:组织指挥现场的应急救援。

④现场副指挥职责:协助现场指挥负责现场应急救援的具体指挥工作。

⑤应急指挥部成员部门主要领导职责:在统一指挥下按岗位分工进行工作。

(2)应急指挥中心下各应急小组的职责

①火场指挥组:负责现场灭火指挥工作。

②泄漏现场指挥组:负责泄漏事故现场指挥工作。

③通讯联络组:负责与上级、单位外各部门之间的通讯联络。

④现场保卫及人员疏散组:负责维护事故现场秩序,划定警戒区或实行交通管制,疏散无关人员和车辆撤出警戒区,根据应急指挥中心命令,组织警戒区内人员安全撤离。

⑤现场物资疏散组:负责及时疏散受火灾爆炸威胁的邻近可燃物品。

⑥事故风险预测组:负责事故风险预测,通过计算机模拟技术,预测事故规模与影响范围。

⑦后勤保障组:负责灭火器材、药剂的补充,黄沙、麻袋、铲车、交通工具、个体防护用品等物资设备的调用。

⑧医疗救护组:负责现场医疗救护指挥及中毒、受伤人员分类抢救、治疗和护送转院工作。

⑨环境监测组:负责事故现场及周围地区污染物扩散检测。

⑩泄漏化学品回收与处理组:负责事故引起的泄漏有害物质的回收、无害化处理及监测工作。

⑪事故原因取证与调查组:负责事故原因调查、取证与记录,为下一步灾后评估与事故处理提供资料。

⑫新闻发布组:负责统一对外新闻发布。

3. 应急指挥中心与装备

①通讯联络装备:电话机、对讲机、联络电话簿(关键作业人员地址、电话;市、区、周边协作单位主要人员名单、电话;企业内部应急指挥相关部门、单位、主要人员地址、电话)。

②计算机与事故预测软件、化工区域地理信息系统软件。

③现场监视系统终端显示装置。

④各类应急地图。

⑤报警装置。

⑥风向、风速仪。

⑦消防服装与防毒面具。

⑧办公用具。

4. 应急队伍的建设

①建立一支相对固定的应急救援队伍。应急指挥中心的领导、临时替代者、专业消防队员、兼职应急救援人员、后备力量等应有确切的名单。

②加强对应急指挥和管理人员的培训,提高应急指挥中心在组织、指挥、协调和管理应急队伍方面的能力及水平。

③企业(单位)均应组建一支能适应不同作业班次的事故救援抢险队伍,应加强对救援抢险队员的培训、演习,在发生事故时,能作为主要救援抢险人员迅速、有序投入应急行动。

5. 应急救援设备、器材配备

(1)现有急救和救护器材

(2)应配置急救和救护器材

(3)应急救援设备、器材管理

①所有应急设备、器材应有专人管理,保证完好、有效、随时可用。

②建立应急设备、器材清单,清单中不仅有设备、器材名称、数量、所

在位置，还应有管理人员姓名、联系电话、替代人员姓名、联系电话等。

③随时更换失效、过期的药品、器材并有相应的跟踪检查制度、措施。

④及时补充所需的个体防护用品、急救药品、器材，并有相应的跟踪检查制度、措施。

6. 事故预防

①对事故危险源进行辨别。

②对已确定的危险源，根据其可能导致事故的途径，采取有针对性的预防措施。

③建立安全生产责任制，将各种预防措施落实到部门和个人。

④针对发生大量有毒、有害物质泄漏、着火等情况，制定降低危害程度的措施。

⑤职工安全教育、培训。

7. 事故应急反应

1)事故报警

(1)事故报警

事故一经发现及时报警，对于抑制事故事态的发展具有极其重要的作用。下列情况之一，必须立即报警：

①道路上任何人一旦发现火灾泄漏事故。

②监视系统一旦发现火灾事故。

③作业人员发现有泄漏、火灾的可能，采取措施后未能抑制泄漏、火灾事故发生时。

(2)报警内容

①事故发生地点、位置。

②事故性质(火灾、泄漏、爆炸)。

③事故规模。

(3)报警方式

采用现场报警系统报警或就近利用电话用119报警。事故应急中心接到报警后，必须认真记录，并按事故性质与规模及时开启紧急通知系统，向企业(单位)及有关部门发出事故报警通知，及时组成相应的事故应急指挥领导小组，做应急反应工作，为减少事故损失赢得时间。

(4)事故报警流程图

事故报警流程图见图1-8-2。

2)事故应急通信联络

3)现场监视监测

4)事故初步评估

事故一旦发生,应立即对事故进行初步评估,事故初步评估内容如下:

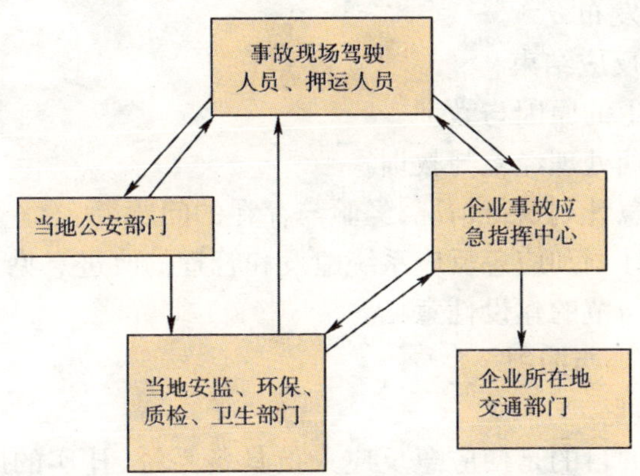

图 1-8-2 事故报警流程图

①事故的性质(泄漏、火灾、爆炸)。

②介质状态与泄漏量。

③持续泄漏、火灾爆炸的可能性。

④事故对周围人员是否构成危险。

⑤事故对周围设备设施的影响范围。

⑥泄漏物是否会污染周围河流和生产、生活区。

5)事故风险评估

确定事故性质与泄漏量后,根据现场气象状况(风速、风向、温湿度、气压)立即进行事故风险评估,以便应急指挥领导小组及时掌握事故可能的发展势态。

6)事故预防与初期现场应急处理

7)灾害事故应急反应具体行动

(1)消防力量增援

(2)实施应急通讯联络

(3)实施现场物资紧急疏散与电器运行控制

(4)现场保卫、人员疏散应急行动

(5)实施后勤保障应急行动

(6)现场医疗救助应急行动

(7)实施现场环境监测和事故风险预测

(8)事故调查、取证和记录

(9)泄漏物品回收与处理

(10)新闻发布

(11)应急反应结束

①事故发生的原因与教训。

②事故初期处理经验与教训。

③事故应急计划执行情况,经验与存在的问题。

④对应急计划和应急反应系统建设和管理的改进意见。

⑤对事故防范的建设性意见。

8. 人员培训与演习

1)人员培训

人员培训的目的是使应急反应人员具备系统、扎实的应急理论知识和应急反应行动的能力,确保发生事故时应急反应决策和行动的正确合理及有效实施。

(1)培训组织

(2)培训学员范围

(3)培训师资要求

(4)培训内容

(5)培训考核与记录

2)定期演习

(1)演习规模

应定期组织相关人员进行应急救援预案演习,演习规模可分为 2 种:

①全面、系统的演习,以检验整个应急反应系统各环节的有效性。

②针对应急反应系统中某个环节进行演习,以进一步完善应急反应预案,也可增加应急反应人员熟悉应急反应行动的机会。

(2)演习组织

(3)演习目的

①使参与应急反应的各部门熟悉、掌握各自在应急反应行动中的职责。

②保证应急反应各有关环节快速、协调、有效地运作。

③考核各级应急反应人员对所需理论与操作技能熟练掌握的程度。

④及时发现应急反应计划和应急反应系统存在的问题与不足之处，以便于以改进和完善。

(4)演习的各级应急部门应对演习情况予以记录，并报应急指挥中心备案

9. 事故应急预案的审查与监督管理

(1)事故应急预案的监督

①相关部门应监督检查事故应急预案执行情况，以避免事故应急预案成为一纸空文。

②应急计划的制定、修订、审查情况均应由相关部门备案。

③应急反应培训及应急反应行动演习的情况也应报相关部门备案。

(2)事故应急预案的管理

①各级事故应急预案的制订、修订、审查均应按本计划规定的程序执行。

②事故应急预案的所有版本均要存档，每次修订的原因、修订的主要内容及说明也要存档。

③各级事故应急预案的最新版本应及时送至有关人员手中，并同时将失效版本收回并做好记录。

④应有各级事故应急预案发放清单，并有收领人签字，清单应保存。

10. 公众参与

①应将事故报警程序向全体员工通报，以便一切单位和个人一旦发现企业(单位)内有泄漏、火灾、爆炸等事故可立即向本事故应急预案所指定的部门报告。

②有关人员应根据本事故应急预案的要求接受相关培训和演习。

③有关单位和个人均应在应急指挥中心的统一指挥下参与应急反应行动。

④已在事故现场的非应急队伍成员一切人均应在应急指挥中心的统一指挥下或按要求撤离现场，或按指挥中心的布置参与应急反应行动，不得擅自行动。

思考题

1. 道路危险货物运输行政法规主要有哪些？

2. 道路危险货物运输技术标准主要有哪些？

3. 简述《中华人民共和国道路运输条例》关于危险货物运输的规定。

4. 从事道路危险货物运输须达到什么样的资质条件?

5. 解释名词:物理反应,化学反应,物理性质,化学性质,密度,相对密度,沸点,熔点,潮解。

6. 什么是危险货物?

7. 危险货物是如何分类的? 各类名称是什么?

8. 危险货物是如何编号的?

9. 什么是易燃液体的闪点? 常用的闪点是如何划分的?

10. 为什么普通的棉麻制品不属于易燃物品,而被油浸后却属于4.2类危险货物?

11. 简述人是通过哪些途径中毒的。

12.《危险货物品名表》一般应包含哪些项目?

13. 简述《危险货物品名表》的作用。

14. 危险货物运输包装的作用主要表现在哪些方面?

15. 如何识别危险货物运输包装的代号和代码?

16. 货物运输包装标志主要有哪些类型?

17. 托运人的责任包括哪几个方面?

18. 承运人的责任包括哪几个方面?

19. 阐述制定道路危险货物运输事故应急预案的目的和意义。

20. 道路危险货物运输应急预案应具备什么内容?

第二篇　驾驶人员篇

JIASHIRENYUANPIAN

第一章 道路危险货物运输驾驶人员基本要求

第一节 道路危险货物运输驾驶人员职业道德

一、职业道德

职业道德是人们从事正当的社会职业，并在履行其职责过程中思想和行为应遵循的道德准则和行为规范。它是依靠社会舆论、信心、习惯、传统和教育的力量来调整人与人之间及个人与社会之间关系的行为规范总和。各种不同的职业，表现为各种不同的社会行为。各种不同的职业行为，均有各自的规范，它就是贯穿于人们各自职业活动之中的职业道德，或者说带有职业特点的道德。

道路危险货物运输驾驶人员的行为规范和准则与社会关系非常密切。因驾驶人员工作规范和准则与社会关系非常密切，作为集体活动中的一员，可能会单独执行运输危险货物的任务，具有操作独立性，活动自由度大的特点，若一时疏忽，便会造成人身伤亡、财产摧毁和环境污染，形成无法估量的损失。因此，道路危险货物运输驾驶人员的职业道德观念尤为重要。

二、道路危险货物运输驾驶人员职业道德规范

由于道路危险货物运输驾驶人员岗位的特殊性，就要求驾驶人员在职业活动中，不仅要遵循社会道德，还要遵守道路运输职业道德。其职业道德规范主要体现在以下几个方面：

1. 爱祖国、爱人民

爱祖国、爱人民是社会主义道德的一个重要规范，也是驾驶人员行为的基本准则。作为驾驶现代交通运输工具的人员，必须树立对祖国、对人民高度负责的思想，时刻把人民生命和国家财产的安危放在第一位。每一个运输危险货物驾驶人员在驾车时，都要做到“机器一响，集中思想，车轮一动，想到群众”。牢固树立安全第一，预防为主的思想。

2. 遵章守纪,安全行车

遵章守纪,就是要遵守有关交通和运输法规及行业管理规定,遵章行驶是驾驶人员交通职业道德的核心。安全行车主要是指保障货物完好无损地运送到目的地,并确保自身和车辆的安全。与社会上其他职业相比,运输危险货物驾驶人员肩上的担子更重,它肩负着保障国家和人民生命财产安全的重任。若驾驶人员缺乏责任心,造成危险货物破损、泄露、燃烧、爆炸等事故,不仅会影响运输任务的完成,而且还会产生严重的负面社会影响。因此,作为一名运输危险货物驾驶人员更应树立高度自觉遵守法规的思想,时时刻刻严格要求自己,加强自身道德修养,养成良好的遵章守纪的习惯和意识,确保行车安全,避免各类事故的发生,见图2-1-1、图 2-1-2。

图 2-1-1　严禁酒后驾驶

图 2-1-2　严禁疲劳驾驶

3. 文明驾驶,礼貌行车

文明是社会进步的象征,精神文明建设是社会主义现代化建设中不可缺少的重要组成部分。驾驶人员的“文明”程度,是社会主义精神文明的反映。它不仅代表一个人的职业道德素质,而且对整个社会精神文明的发展影响极大。在道路上驾车行驶,就像一个人在社会生活中的行为举止一样,反映出驾驶人员的修养和道德品质。礼貌行车体现在运输活动的每一环节上,从驾驶人员的驾坐姿势、操作、对路况的处理等多方面都能表现出来。培养良好的驾驶作风和职业道德,在行驶中“礼让三先”,理解和尊重对方;不盲目开快车,不开“英雄车”;不开“斗气车”;做到有理也让人,宽容、大度、忍让,充分体现应有的道德风尚,主动维护公共秩序和交通秩序。

4. 爱岗敬业,优质服务

在大力弘扬社会公德、职业道德的氛围下,只有对本职岗位的热爱,才能树立“敬业”精神,以“干一行,爱一行,专一行”的姿态,投入到实际工作中去。优质服务的前提是爱岗敬业,不热爱自己专业的人谈不上“敬业”,更谈不上优质服务。运输危险货物驾驶人员应树立正确的人生观,价值观,增强职业责任感和事业心,圆满地完成运输任务;同时,要在工作中有所作为,就必须遵循工作规程,按照运输危险货物业务工作的实际要求提供科学、规范、安全、优质、高效的服务。

爱岗敬业,优质服务的具体要求是:

①树立良好的职业观,克服世俗偏见,爱本职,钻业务,干事业;

②要有优质服务的本领,努力提高专业技术和服务质量,时刻要为货主着想,热情周到,诚实守信,真诚待人;

③树立爱岗敬业的思想,只有我为人人的意识和行动,才能赢得信任和赞扬;

④树立信誉第一、质量至上的意识,建立稳定的货源渠道,取得良好的经济和社会效益;

⑤树立刻苦勤劳的工作态度,学会自我心理调节,保持良好心态,学习相关心理学知识,掌握服务技巧。

5. 文明经营,公平竞争

危险货物运输是货物运输中的一种,也是通过货物流动来实现产值和效益的。随着改革的不断加快,各行各业都在逐步与国际接轨,市场竞争日趋激烈,因此创建一个文明有序、健康的运输市场是发展的必然要求。文明经营是服务业树立信誉的第一需要。即通过服务的方式，以平等、友好、热情的态度来对待客户，以倡导行业文明，做到公开、公平、公正地参与市场竞争，确保运输市场的规范，提高文明服务水平。运输危险货物驾驶人员要有极强的价值观念，主动适应市场，提倡“文明经营、优质服务”。

6. 重点研究技术，规范操作

运输危险货物驾驶人员要提高运输效率，确保行车安全，必须掌握过硬技术，严格遵守驾驶操作规程。增强自尊、自信、自强意识，勤奋学习新知识、新技术，学习和掌握科学技术文化知识，努力钻研驾驶技能，以便更好地履行岗位职责。

钻研技术必须“勤业”，干一行，钻一行，善于从一般地了解转变成熟练的地掌握，根据危险货物运输行业特点，要把钻研的力量放在驾驶技术上，善于从理论到实践，不断探索新问题、新情况，精益求精。规范操作是钻研技术的具体表现，即在驾驶操作过程中按照技术要求，遵章循矩，逐步形成规范的技能技巧，尤其因为危险货物运输的特殊性，绝对不盲目蛮干，且要重视实践，善于总结经验，掌握过硬的驾驶本领。

7. 见义勇为，弘扬正气

人与人之间是平等的、互助的、团结的、友善的。因此，互相关心，互相爱护，互相帮助，既是社会生活最起码的要求之一，也是驾驶人员应具有的品德。帮助他人、解人之难、解人之危，是我国人民的传统美德，见义勇为也是弘扬正气的前提，是驾驶人员的职业道德根本之一。

见义勇为是指对于损害人民群众利益的行为能够挺身而出，敢于伸张正义，勇于同坏人坏事做斗争，甚至牺牲自己的生命。古往今来，人们对那些见义勇为的人，总是致以崇高的敬意和赞美，因为这既是传统美德的体现，也是弘扬正气的必须。弘扬正气是指具有正义感和社会责任感，勇于承担风险责任，满腔热情地关心帮助他人，不计个人的利益得失，一身正气，是正义形象的体现。

第二节　道路危险货物运输驾驶人员基本要求

1. 学历

由于危险货物的运输特殊性，因此要求从事运输危险货物的驾驶人员，不仅要掌握驾驶车辆的技能，还要具备基本的文化知识，要求驾驶人员应具备初中毕业以上的学历。

2. 驾驶年龄

为了保证运输安全，降低事故，要求从事运输危险货物的驾驶人员，要有2年以上安全驾驶普通货物运输车辆的经历或5万km以上无责任事故行车里程。

3. 身体条件

由于运输危险货物的危害性，要求从事运输危险货物的驾驶人员要身体健康，无妨碍驾驶的疾病，同时，综合心理素质要合格。

一般主要妨碍驾驶的疾病有：心血管系统疾病、神经系统疾病、精神障碍、生理缺陷等。

4. 工政治素质

从事爆炸、剧毒品运输的驾驶人员，要有公安部门的政审材料等。

第二章 道路危险货物运输车辆基本要求

道路危险货物运输车辆和设备的要求，除了按对普通货物运输的要求以外，还有一些特殊要求。正确认识和掌握运输危险货物车辆和设备的特殊要求，并切实加强管理，对危险货物运输安全，提高运输效率和经济效益，具有非常重要的意义。

第一节 道路危险货物运输车辆车型要求

由于各类危险货物形态、性质不同，包装形式不一，因此所选用的车型也不同，如液化石油气是成吨批量运输的，多使用受压的液化气罐车运输，而居民日常生活所需的瓶装液化石油气，就可以选择栏板货车运送。为此根据危险货物不同形态、性质，不同包装，选择合适车型也十分重要。

2

一、道路危险货物运输车辆车型

①钢瓶装气体、小包装的易燃液体、易燃固体、自燃物品、无机氧化剂、毒害品(低毒)、固体腐蚀品应选用栏板货车运输；

②爆炸物品、遇湿易燃物品、固体剧毒品、感染性物品、放射性物品、有机过氧化物应选用厢式货车；

③压缩气体和液化气体(含受压、低温)应选用压力容器专用罐车；

④易燃液体、液体剧毒品应选用化工物品专用罐车或罐式集装箱运输；

⑤液体腐蚀品货物，应选用化工物品专用罐车、可移动罐体车或罐式集装箱运输；

⑥有机过氧化物、感染性物品应选用控温车型。

道路危险货物运输车辆与普通货物运输车辆的运输对象不同，除不同车型根据车辆技术状况配备的工、属具有区别外，对车辆安全设施也有特殊要求。针对所选用的车型，所装载、运输的危险货物的不同，还要配备相应的安全设施。

二、道路危险货物运输车辆的安全设施

道路危险货物运输车辆与普通货物运输车辆的运输对象不同，除对车辆车型、技术状况、配备的工、属具等要求不同外，对车辆安全设施亦有特殊的要求。针对选用的车型、所装运的危险货物的不同，还必须配备相应的安全设施。

1. 排气管火花熄灭器

运输危险货物车辆的排气管，必须符合国家标准《机动车排气火花熄灭器性能要求和实验方法》(GB 13365—92)规定。因为汽车运行中，排气管的排气温度很高，有时可使排气管烧红，由于高温、高热引起的热传导或热辐射有可能使汽油、苯、溶剂油等易燃物质引起燃烧、甚至爆炸。易燃液体的挥发性极强，一旦挥发出气体遇明火、高温就会燃烧、爆炸。所以，要求排气管上面要加装隔热装置，同时，排气管排出的废气中，难免有火星排出，这将对运输危险货物车辆进入化工生产单位、储存库场带来火灾事故的隐患。所以，从事运输危险货物的车辆，必须安装火花熄灭器，以确保安全运输。

2. 电源总开关

《汽车运输危险货物规则》中有“车辆应有切断总电源和隔离电火花装置，切断总电源装置应安装在驾驶室内”的规定。电路系统应有切断总电源装置，这是因为车辆电路系统的电线使用时间过久，塑胶层容易老化，导致胶层脱落，极易搭铁，形成短路，引起火花而造成火灾事故的发生。因此，要求车辆必须安装便于驾驶人员能随时操作切断电源的总开关。

有的车辆电源总开关在驾驶室外的后方，距蓄电池较近，而且是旋钮式的，一旦途中停车就餐或休息，很有可能被其他无关人员或儿童旋动而造成电路系统通电；若遇电线老化，容易产生电火花，会造成意想不到的事故。所以电源总开关应安装在驾驶室内，停车时应切断车辆总电源。驾驶人员应认真检查车辆电源总开关装置的安装，不符合规定的，应及时整改。

为确保安全，除下列部件外，所有的电路都应有保险丝或电路自动跳闸：

①从电池到发动机的冷起动和停止系统；

②从电池到交流发电机；

③从交流发电机到保险丝或闸箱电路；

④从电池到起动机；

⑤如果此系统是电子或电磁的，从电池到持久性闸系统的电源控制箱；

⑥从电池到转向支架的提升机构。

为防止电路配线在车辆正常作业时碰撞、磨损和擦破，以引起电路起火或者短路，电路配线应作如下保护，见图2-2-1。

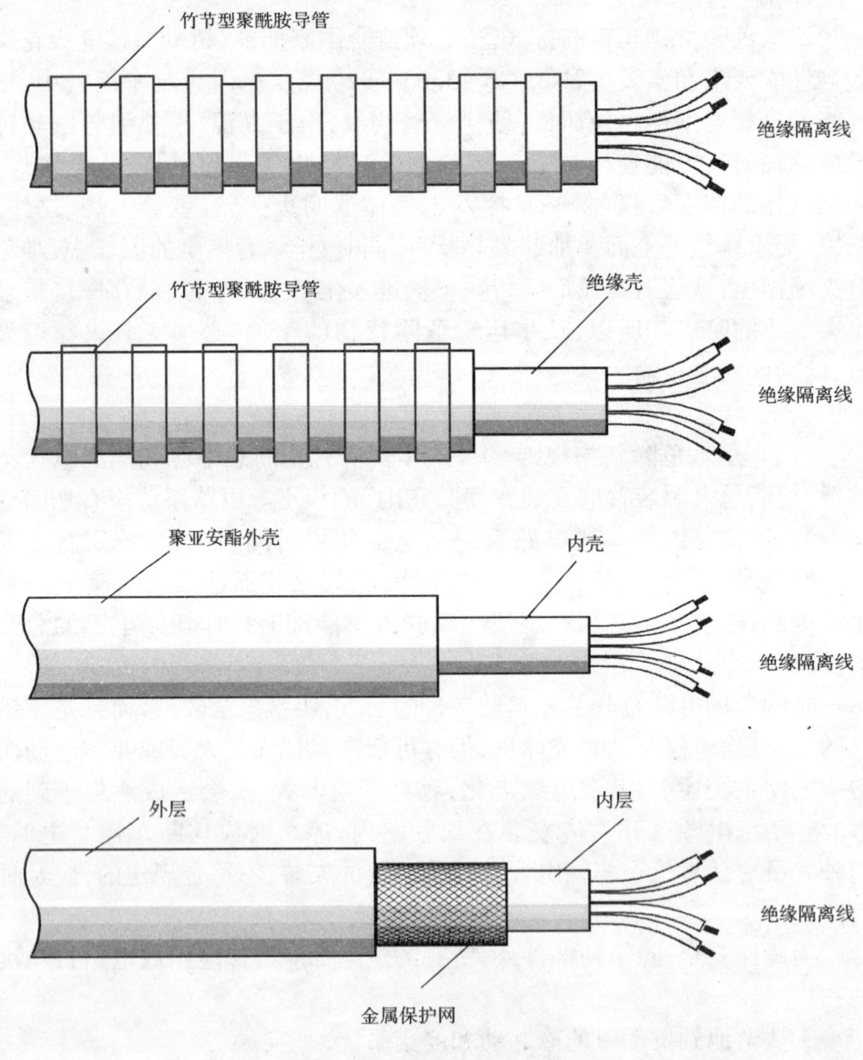

图2-2-1　汽车电路配线保护

3. 导静电拖地带

装运易燃易爆危险货物的车辆，必须配备导除静电装置，这是《汽车运输危险货物规则》中所要求的。《汽车导静电橡胶拖地带》(JT 230—95)对车辆导除静电装置做了具体要求。因为大部分易燃易爆液体的电阻率大，容易聚集静电，尤其是罐车。罐体容积大，车辆运行时，液体在罐内漂动、与罐体内壁接触面积增大，极易产生静电，且急须排除。因此，必须安装导除静电橡胶拖地带，通过拖地带橡胶层中的金属导体与地面接触及时排除静电，从而减少静电的聚集，达到安全运输的目的。同时要求无论重车还是空车，必须将拖地带的一端接地，避免需要排除静电时而没有接地造成意外。

4. 消防器材及使用常识

从事道路危险货物运输的车辆，必须配备与所运的危险货物性能相适应、有效的消防器材。一是因为危险货物品种繁多，性质各异，有的易燃易爆，如汽油、酒精、液化石油气等；有的遇水反应会分解出大量易燃气体，如金属钠、电石等；有的遇酸会分解释放出大量的剧毒气体，如氯化物等；大多数易燃液体具有不溶于水，且密度小于水的理化特性。二是因为消防器材种类、规格多样，性能不同，灭火效果各异，如有酸碱灭火器、泡沫灭火器、1211 灭火器、二氧化碳灭火器、干粉灭火器等，水、砂土也是重要的灭火手段。不管是哪种灭火方式，都要慎重选择。不同的灭火器，所喷出的灭火药剂性质也不同，所产生的效果也不同，见图 2-2-2。

图 2-2-2　采用灭火器灭火

扑救危险化学物品火灾，是一项比较科学、复杂的灭火战斗，如果灭火方法不恰当，有可能使火灾扩大，有的还可能导致爆炸、中毒等事故，造成不必要的伤亡和财产损失。这一点必须引起注意。

(1)禁止使用砂土覆盖的物品

爆炸物品一般堆积、码放都不太高，也不是装在封闭的容器中，一旦发生着火，散装的不一定会形成爆炸，但是禁止使用砂土压盖灭火，因砂土可阻碍气体扩散，加速爆炸反应，增大爆炸威力。因此，可用密集的水流或喷雾状水扑救。

(2)禁止用水(包括含水的泡沫)灭火的物品

①遇水燃烧物品，不能用水和含水的泡沫灭火，因为有的遇水燃烧的物品，性质活泼能置换水中的氢，产生可燃气体，同时放出热量。如金属钾、金属钠遇水后，能置换水中的氢，产生的热量达到氢的燃点。三乙基铝、三异丁基铝、铝粉、镁粉、闪光粉等都有类似的情况。

有的物品遇水后产生可燃的碳氢化合物(气体)，同时放出热量引起燃烧、爆炸，如碳化钙(电石)遇水产生乙炔气，三丁基硼遇水产生丁醇。这些物品发生着火，主要用砂土扑救。

②氧化剂中的金属过氧化物与水反应，能放出氧，加速燃烧，如过氧化钠、过氧化钾、过氧化钙等。这些物品发生着火，不能用水扑救，要用砂土或干粉灭火器扑救。

③硫酸、硝酸等酸类腐蚀品遇加压密集水流，会立即沸腾起来，使酸液四处飞溅，所以发烟硫酸、氯磺酸、浓硝酸等发生着火，宜用雾状水、干砂土、二氧化碳扑救。

④有些危险化学品遇水能产生有毒或腐蚀性气体，如甲基二氯硅烷、硒化镉、磷化锌、磷化铝、三氧化磷、氯化硫等遇水后能和水中的氢生成有毒或有腐蚀性的气体。这些物品发生着火，宜用砂土或二氧化碳扑救。

⑤粉状物品如硫磺粉、有机颜料、粉剂农药等着火，不能用加压水冲击，防止尘末飞扬，扩大事故，可用雾状水扑救。

⑥相对密度小于1、且不溶于水的易燃液体及液体有机氧化剂发生着火，如用水扑救，因水密度大会沉积在液体下面，并能形成喷溅、漂流而扩大火灾，这些物品发生着火时主要用泡沫、干粉、二氧化碳、1211灭火器等扑救。

⑦遇热升华的易燃固体发生着火，如精萘等，用水很难扑灭，宜用泡沫扑救。

(3)禁用泡沫灭火的物品

除上述禁止用水和含水泡沫灭火的物品外，还有一部分毒害品中的氰化物，如氰化钠、氰化钾等，遇泡沫中酸性物质即能生成氢化氰，所以不能用化学泡沫扑救，应用水或砂土扑救。用水扑救应防止氰化物随水流失，造成环境污染。

(4)禁止使用二氧化碳灭火的物品

遇湿易燃物品中的锂、钠、钾、铷、铯、锶、钠汞齐、钾汞齐、铝镁粉等，因其金属性质十分活泼，能夺取二氧化碳中的氧，并起化学反应而燃烧，这类物品发生着火，不能用二氧化碳、1211 灭火器扑救，只能砂土扑救。

(5)扑救火灾注意事项

扑救无机毒害品中的氰化物及磷、砷、硒的化合物，以及大部分有机毒害品的火灾，扑救人员应尽量站在上风处，并戴氧气呼吸器或空气呼吸器等防毒面具。

扑救液体、气体危险化学品火灾时，扑救人员应先关闭管道或容器阀门，阻止液体、气体继续外溢，扩大灾情。

当危险货物在运输、装卸、贮存过程中发生火灾时，应及时向 119 报警求救，同时尽力组织扑救，把火灾消灭在萌芽阶段，减少损失。

5. 危险品标志灯和标志牌

应按照国家标准《道路运输危险货物车辆标志》的要求，装置使用危险品标志灯和标志牌，见图 2-2-3。

图 2-2-3　正确安装悬挂危险品标志灯和标志牌

第二节　道路危险货物运输车辆基本要求

一、栏板货车

①车厢底板必须平整完好，周围栏板必须牢固，周围没有栏板的车辆，不得装运危险货物。在装运易燃易爆危险货物时，应使用木质底板车厢，如是铁质底板，应采取衬垫措施。如铺垫木板、胶合板、橡皮板等，但不能使用谷草、草片等松软易燃材料。

②机动车辆排气管应装置在车辆前保险杠下方，远离危险货物，并装置有效的熄灭火星装置。易燃易爆运输车辆，还应装置导静电橡胶拖地带装置。

③车辆电路系统应有切断总电源和隔离电火花装置，切断总电源装置应安装在驾驶室内，以便于开、关。

④根据所装危险货物的性质，配备相应的消防器材。其消防材质、数量应能满足应急需要。

⑤装运大型气瓶、集装瓶束、集装箱、集装罐柜等车辆，必须配备有效的紧固装置，装运集装箱危险货物的车辆，其紧固装置必须牢固安全、有效。

⑥装运大型气瓶的车辆必须配置活络插桩、三角垫木、紧绳器等工具，以保证车辆装载平衡，防止气瓶在行驶中滚动，以保证运输安全。

⑦对装运放射性同位素的专用车辆、设备、搬运工具、防护用品等，应定期进行放射性污染程度的检查，超量时不得继续使用。

⑧根据所装危险货物的性质和包装形式的需要，车辆还须配备相应的捆扎用大绳、防散失用的网罩、防水用的苫布等工、属具。

⑨运输危险货物车辆，应根据所装运的危险货物性质，采取相应的遮阳、控温、防爆、防火、防振、防水、防冻、防粉尘飞扬、防静电、防撒漏等措施。

⑩道路危险货物运输车辆不准私自改装，不准加大装载量而超载，应符合相关规定。

二、专用罐车

对运输量较大的液体危险货物，针对其不同的危险性质和危害程度，设计、改装的一些专用罐体汽车，不仅可节约很多包装材料，还可提高劳动生产率和车辆实载率，同时也可保证货物安全运输，减少不安全隐患，使得社会效益明显提高。

专用罐车生产单位不得生产不符合国家标准的罐车投放社会使用，如假冒品牌、假冒标准罐体型号、低劣材质，结构不合理、粗制滥造、随意改装、扩大容量等，这些车辆使事故隐患增多，许多惨痛教训令人难忘。为此，购买、使用罐车时必须认真对待，不能只顾一点蝇头小利，购买不符合要求的罐车，给社会和个人造成安全隐患。

专用罐车按其罐体壳承受工作压力大小，分压力容器专用罐车和常压专用罐车。

1. 压力容器专用罐车（又称液化气体罐车）

压力容器专用罐车的罐体必须符合《压力容器安全技术监察规程》的要求。根据不同气体的物理性质（临界温度和临界压力），罐体可分为裸式、有保温层、绝热层等形式。

压力容器罐体须经质检部门检测、检验合格，由质检部门核发《压力容器使用证》，在《压力容器使用证》有效期内使用。在用压力容器专用罐车的罐体必须进行定期检验，每年一次，全面检验每6年进行一次。压力容器罐体发生重大事故或停用时间超过一年的，使用前须进行全面检验。

①压力容器专用罐车适用于运输液化石油气、液化天然气、丙烯、丙烷、液氨及低温的液氧、液氮等。罐车的种类有：不可移动罐体车，罐体永久性固定在车辆底盘上，与车辆不可分离的罐体运输车；拖挂罐体车，罐体永久性固定在挂车底盘上，与挂车不可分离，牵引车与挂车可分离的罐体运输车；罐式集装箱（集装罐、集装束），由箱体框架和罐体两部分组成的集装箱（有单罐式和多罐式两种）。

②液化气体罐车必须有安全阀（泄压阀）、紧急切断装置、液面计（液位计）、压力表、温度计等安全装置。其排气管熄灭火星装置、电源总开关和导静电装置与栏板货车的要求相同。

③液压气体罐车必须有消防装置。罐车的每一侧至少有一只5kg以上的干粉灭火器或4kg以上的1211灭火器。

④液压气体罐车涂色与标志。罐体外表面应按国家标准喷涂颜色色带和标识。易燃易爆罐体两侧中央部位应用红色喷写“严禁烟火”字样，字高不小于200mm。

罐体一侧后端色带下方的适当部位，喷写"罐体下次检验日期：××××年××月"字样，字高100mm左右，以提示到期进行强制性检测。

⑤压力容器专用罐车的维护：

A. 罐体必须加强日常的检查和维护。发生故障应及时排除，保持车辆性能经常处于最佳状态。

B. 使用罐车的单位必须制定罐车维护与修理规定和计划，并严格执行。

C. 经常保持罐车干净和漆色完好。

D. 必须检查各种安全装置和附录（包括安全阀、压力表、液面计、温度计、紧急切断装置、管接头、液泵、入孔、管道、各种阀门、导静电橡胶拖地带和灭火器等）性能是否正常或有无泄漏和损伤等。凡有异常者，应及时进行妥善处理。

E. 压力表每隔6个月至少检验一次，损坏或失灵后，应予以更换。经检验合格的压力表，应有铅封和检验合格证。

F. 装卸用的耐油橡胶管每隔6个月至少进行一次气压试验。试验压力应不低于罐体设计压力的1.5倍。如有泄漏或其他异常情况，应予以更换。

2. 常压专用罐车

常压专用罐车的罐体必须符合《汽车运输液体危险货物常压容器（罐体）通用技术条件》的要求。常压罐体最高工作压力不大于72kPa，罐体材质可为金属或非金属，金属罐体工作温度不大于50℃，非金属罐体工作温度不大于40℃。常压罐体也须经质检部门检验，检验合格的由质检部门核发《检验合格证》，在《检验合格证》有效期限内使用。在用常压专用罐车的罐体必须进行定期检验，每年一次。

常压专用罐车适用于运输液体危险货物，如轻质燃油、硫酸、盐酸、硝酸、烧碱、甲醇、甲苯等。

常压罐体可用碳素钢、耐酸不锈钢、铝或铝合金板材、玻璃纤维增强塑料制作。

①根据所装介质，确定罐体材质。罐体材质不能与装运介质有性能抵触，也不能让介质把罐体腐蚀、穿孔而泄露，所以选择罐体材质是个关键问题。如装运硝酸的罐体应用铝板制作；装运硫酸的罐体应用碳钢板制作；装运盐酸的罐体则应用非金属的玻璃钢制作；装运离子膜液碱的罐体则用不锈钢板制作等，即，罐体材质应与装运介质相符合。装运乙醇等

危险货物的罐体可用碳钢板材质制作，有些汽车生产厂家为了使罐车质量进一步提高，在制作罐体时把材质改用不锈钢板制造，明显提高了罐车的质量和安全系数。

②根据所装介质，确定罐体结构。液体危险货物由于化学性质不同，其危险性也不一样，因此要根据各种危险货物的化学特性和物理特性，确定其罐体结构和需要配备的相应设备、设施。

A. 钢质罐车。这种罐体采用厚度均匀的碳钢或不锈钢板制造，其结构为椭圆形横断面，短轴为长轴的1/2；罐体最小壁厚应符合表2-2-1的规定；内置防波隔板，隔板之间容积不应大于3m^3；罐体固定在车辆底盘上，顶部有通气阀，底部有沉淀槽，并配备火花熄灭器、导除静电装置、灭火器材；罐体后封头没有安装卸料阀门的，适宜装运原油、异丁醇、白煤油等危险货物；罐体后封头安装卸料阀门的，适宜装运硫酸等危险货物；罐体后封头安装卸料阀门，而不配备火花熄灭器、导除静电装置的，适宜装运液碱等危险货物；罐体后封头无卸料阀门，卸料应在进料口以泵吸方式完成卸料的，罐底应有锅底形凹坑，便于将卸料管插接，可将罐内物品卸净，不易燃的，可不配备导静电装置，适宜装运剧毒物品的液氰、丙酮氰醇等危险货物。选用不锈钢板的罐体，后封头无卸料阀，配备导静电装置、灭火器材的，适宜装运食用乙醇、精细化工等危险货物。

碳素钢和不锈钢罐体最小壁厚　　表2-2-1

罐体设计容量(m^3)	额定容量(m^3)	最小壁厚(mm)	其中腐蚀附加量①(mm)
<11	<9.6	4	1
11～24	9.6～22	5	1
24～30	22～28	6	1

注：①腐蚀附加量：由三部分组成，即钢板(管)负偏差、腐蚀裕度②、加工减薄量。

②腐蚀裕度：根据工作液体对部件材料的腐蚀速度和设备的设计使用寿命而定。

B. 铝质罐车。这种罐体采用厚度均匀的优质铝板制造，厚度不应小于6mm，其结构也应椭圆形横断面，短轴为长轴1/2。内置防波隔板，隔板之间容积不应大于3m^3。它适宜装运硝酸、冰醋酸、甲醛等危险货物。

C. 玻璃纤维增强塑料(玻璃钢)罐车。这种罐体采用树脂、玻璃纤维材质，手工糊制而成，并将金属骨架埋在材质中，罐内无金属裸露，增强抗拉硬度，但不能与装运介质发生化学反应。罐体最小壁厚应符合表2-2-2

的规定。由于树脂、玻璃纤维材质容易老化、脱落，应定期加强检查，及时修复或更换。

玻璃纤维增强塑料罐体最小壁厚　　表 2-2-2

容积(m^3)	≤2	2~4	4~6	6~8	8~10	10~15
壁厚(mm)	10	12	13	15	18	20

③罐体表面漆色和标志：

A. 罐体表面所有外露黑色金属均应进行防腐处理，油漆质量符合要求，漆色符合表 2-2-3 规定。

罐体和色带颜色　　表 2-2-3

装载货物性质	易燃液体	毒性液体	腐蚀性液体
罐体底色	银灰色	中灰色	深灰色
色带颜色	正红色	正黄色	黑色

B. 罐体标志：

a. 罐体必须沿罐体水平中心线四周喷刷一条表示运输液体种类的环形油漆色带，色带宽度为 150mm，$7m^3$ 以下的罐体为 120mm。

b. 所载非易燃液体必须在罐体两侧色带中央喷刷所载液体危险货物的包装标志，尺寸为 450mm × 450mm，标志应符合《危险货物包装标志》规定；所载易燃液体的罐体必须在色带中央部位(此处色带留空)喷写"严禁烟火"字样，字型高 × 宽为 450mm × 450mm，后封头应喷写与车辆相同的放大车辆牌照号。

④罐体阀门必须符合下列规定：

A. 卸料阀出料管口应设在罐体底部后端，如必须在罐体后封头开孔，装置卸料阀时，其出料管口不应超出车辆的后保险杠。

B. 罐体接管与阀门之间，不允许采用胶管连接(玻璃纤维增强塑料罐体除外)。

C. 所载有毒、腐蚀液体的罐体，采用耐压不低于 PN1.6MPa 的钢质阀门或其他专用阀门。其卸料阀门应为串连式双道阀门，其中一道阀门应为内置式阀门，并装置在罐体的底部。

D. 所载易燃液体的罐体，宜采用不发火的铜铝合金或不锈钢材质球阀，直径应不大于 DN65mm。

E. 所载剧毒液体的罐体，应配备抽吸式或增压式装置，该装置应设在罐体上部。

F. 卸料口应配置堵盖或封闭式积漏器。

⑤罐体上配装的液面计、流量表、压力表、温度计等仪表，应有检定的有效合格证。

⑥罐体上吸入软管在196kPa压力下，保压5min不得渗漏；装卸软管在1.5倍泵出口额定工作压力下，保压5min不得渗漏。

⑦装载易挥发液体的罐体应安装DN60通气阀，罐体容量大于12m^3时，必须装置2个DN60的通气阀。

⑧罐体与底盘（或底架）应连接牢固、可靠，必须采取防松措施。

⑨罐体必须配备不少于2个与所装载液体危险货物相适应的灭火器或有效的灭火设施。

⑩装载易燃液体罐体的泵送系统距发动机排气管的最小距离不得小于1.5m。

⑪装载易燃液体的罐体，当蓄电池安装在罐体下方时，必须有专用箱和盖，并关闭良好。

专用罐车按车辆结构形式，又可分为固定罐式货车和拖挂罐式货车。固定罐式货车是将罐体永久性固定在载货汽车的底盘上，与车辆不可分离。拖挂罐式货车是将罐体永久固定在挂车（一般为半挂车）上，与挂车不可分离，牵引车与挂车可分离。随着信息技术发展和运输组织水平的提高，采用拖挂罐式货车从事道路危险货物甩挂运输，将会成为今后发展的方向。

3. 轻质燃油罐车

轻质燃油罐车为常压专用罐车的一种，因其所装货物就是单一的燃料油，其质地较轻、闪点低，极为易燃，所以有专门设计。

轻质燃油罐车又分为运油车和加油车两种（以下简称油罐车）。油罐车应符合《轻质燃油油罐汽车通用技术条件》的规定。运油车装有罐体、导静电装置、通气阀、灭火器材和输油胶管等附属设施；加油车除有运油车的基本装置外，还设有泵油系统、工作仪表、操作装置和计量器，方便加油，并能对其他运输车辆和大型机械设备加注油料。

①油罐车应能在环境温度－40℃～40℃条件下正常工作，罐体总成应能承受36kPa空气压力，不得有渗漏和永久性变形。

②油罐车的分类及性能参数应符合表2-2-4规定。

2

油罐车的分类及性能　　表 2-2-4

<table>
<tr><th rowspan="2">油罐额定容量(L)</th><th rowspan="2">加油软管公称通径(mm)</th><th rowspan="2">加油软管单管流量(L/min)</th><th colspan="3">吸 油 性 能</th></tr>
<tr><th>吸油深度(m)</th><th>自吸时间(min)</th><th>吸油流量(L/min)</th></tr>
<tr><td rowspan="2"><8000</td><td>25</td><td>≤150</td><td rowspan="6">≥4</td><td rowspan="6">≤4</td><td rowspan="6">≥500</td></tr>
<tr><td>38</td><td>≤350</td></tr>
<tr><td rowspan="2">8000 ~ 12000</td><td>51</td><td>≤750</td></tr>
<tr><td>63</td><td>≤1200</td></tr>
<tr><td rowspan="2">>12000</td><td>51</td><td>≤750</td></tr>
<tr><td>63</td><td>≤1200</td></tr>
</table>

注:表中参数是指环境温度在 20 ±5℃条件下的性能。

③罐体一般为椭圆形横断面或带圆弧短形横断面,罐内设置横向防波挡板,必要时可设置纵向或水平的防波挡板。

④通气阀应能调节油罐内外压差。当油罐内压力高于外界压力 6kPa 时,出气阀应关闭,但高于 8kPa 时出气阀应打开;当油罐内压力低于外界压力 2kPa 时,进气阀应关闭,但低于 3kPa 时,进气阀应打开,使油罐内、外气体相通。

⑤油罐车应具有防止和消除静电起火的安全装置。发动机排气管应位于驾驶室前方,与油罐及泵油系统距离不得小于 1.5m。油罐两侧要有明显的"严禁烟火"字样。

⑥金属管路中任意两点间或任意一点到地线插扦末端,油罐内部导电部件上及导静电橡胶拖地带末端的导电通路电阻值不应大于 5Ω。加油软管两端的电阻值不大于 5Ω。电器元件和导线连接必须可靠,屏蔽良好,以保证不产生火花。油罐车必须备有有效适当的灭火器材。

三、厢式货车

1. 厢式货车

厢式货车分为两种,一种是驾驶室与车厢分离,各成一室的厢式货车;另一种是驾驶室与车厢同为一室的客货两用的厢式车。后一种不得装运危险货物,因为,一旦危险货物发生泄漏,车厢内充满有害气体,会使驾驶人员失去驾驶能力,造成车辆无人驾驶,任其在道路横冲直撞,车上危险货物不能得到控制,后果将不堪设想。所以,这种客货两用厢式车不得运输危险货物。

厢式货车的厢体，大多数是木质、钢板或钢木结合的厢体，可以固定在栏板货车的底板上。其紧固装置必须牢固，不能使厢体滑落。厢式货车装运的危险货物大多数应是单一品种的货物，不得装入性质相抵触的危险货物。

厢式货车适宜运输爆炸物品、遇湿易燃物品、氧化剂及毒害品等危险货物，在运输中能防止危险货物货损、货差和丢失；能起到防雨、防雷等保护作用。

2. 集装箱运输车

集装箱运输是一种集零为整的成组运输，其集装箱临时固定在拖挂车上。经过运行到达目的地把集装箱卸下去，一次运输任务即告完成。集装箱有它的周转规定，按时清洗、交箱，运输任务就全部完成。

集装箱装运危险货物，应考虑的是危险货物化学性质的抵触性、敏感性，在同一箱体内不得装入性质相抵触的危险货物；更要注意危险货物的配载规定，如果小箱体达不到隔离间距时，不应强行配装，避免发生不应有的事故。

还有一种罐式集装箱，它是由箱体框架和罐体两部分组成的集装箱，有单罐式和多罐式两种。罐式集装箱运输车主要运输液体化工物品、压缩气体和液化气体等危险货物。

3. 控温厢式货车

控温厢式货车，其车厢内应有制冷或加温装置以及保温措施，驾驶室应有温度监控系统。根据所装危险货物的特殊要求，车辆还要有防振、防爆、隔热、防止产生火花、排除静电等装置，且厢体密封性能要好，不能因厢体不严密，造成温度升高或下降，要确保危险货物在恒温或冷藏条件下完成运输。其恒温或制冷装置在一个厢体内，除正常工作使用外，还应有一套或一套以上备用控温装置，一旦正常工作的装置发生故障，备用控温装置能及时正常工作，保证运送任务的完成。这类厢式车多数从事有机过氧化物、疫苗、菌苗的运输。

四、道路危险货物运输工具的限制

由于危险货物所特有的物理、化学性质，具有一定的潜在危险性，在运输装卸过程中，对于环境、温度、湿度、振动、摩擦、冲击等因素的防范，要求非常严格，为此《汽车运输危险货物规则》中对道路危险货物运输工具作了限制。

1. 车型的限制

①不准使用货车列车(经特许,具有特殊装置的大型物件运输专用车辆除外)装运危险货物。

上述这些运输车辆由于在运输途中的不稳定性,如:全挂汽车的拖挂车在行驶中颠簸、摆动很大,货物易造成丢失,且挂车与主车连接部位易产生火花等,造成火灾事故。

②倾卸式车辆只准装运散装硫磺、萘饼、粗蒽、煤焦沥青等危险货物。

由于自卸汽车在运输行驶中,其自卸装置有可能造成误操作而发生事故。因此自卸汽车除二级固体危险货物外不得装运其他危险货物。

③微型栏板货车,除运输民用液化气外不得运输其他危险货物。

一些城市交通管理部门规定,城市道路禁止大中型货车通行,因此,微型栏板货车适宜在城市中运输小批量货物,由于车厢较小,在运输氧气、氢气等瓶装危险货物时,无法横向码放,个别运输车辆,沿车厢纵向码放,在行驶中由于紧急刹车或追尾,易造成事故。因此不得运输危险货物,只能运输民用液化气。

2. 车辆车况的限制

道路危险货物运输车辆的车况,对道路危险货物运输安全和运输服务质量都是重要的环节,车况的好坏直接影响运输的安全,因此,运输危险货物车辆的车况必须达到一级车况的标准,凡不符合一级车况标准的车辆,不得运输危险货物。

第三章　道路危险货物运输安全及事故应急措施

第一节　爆炸品运输安全及事故应急措施

为了保证爆炸品的运输安全，在运输过程中应按以下要求进行：

一、运输安全要求

①汽车运输爆炸品禁止使用以柴油或煤气作为燃料，这是因为柴油车尾气易发出火星、煤气容易发火。

②装车前应将货厢清扫干净，排除异物，装载量不得超过额定负荷。押运人应负责监装、监卸，数量应点收点交清楚。所装货物超出栏板部分不得超出货厢栏板高度的1/3；密封式车厢装货总高度不得超过1.5m；没有外包装的金属桶（一般装的是硝化棉或发射药）只能单层摆放，以免压力过大或撞击摩擦引起爆炸；在任何情况下雷管和爆炸药都不得同车装运或两车同时在同一场地进行装卸。

③汽车运输爆炸品时，其运输时间、路线应事先报请当地公安部门批准，按公安部门指定的时间、路线行驶，不得擅自改变行驶路线，以利于加强运行安全管理。车上无押运人员不得单独行驶，押运人员必须熟悉所装货物的性能和作业注意事项等。车上严禁搭乘无关人员和危及安全的其他物资。

④行车中驾驶人员必须集中精力，严格遵守交通法规和操作规程，同时注意观察，保持行车平稳。多部车辆列队运输行驶时，跟车距离至少保持50m以上，一般情况下不得超车、强行会车，非特殊情况下不准紧急刹车。

二、灭火方法与撒漏处理

①爆炸品通常有效的灭火方法是用水冷却达到灭火目的，但不能采取窒息法或隔离法。禁止使用砂土覆盖燃烧的爆炸品，否则会导致由燃烧转化为爆炸。对有毒性的爆炸品，灭火人员应戴防毒面具。

②对爆炸物品撒漏物，应及时用水湿润，再撒以锯末或棉絮等松软物品收集后并保持相当湿度，报请公安部门或消防人员处理，绝对不允许将收集的撒漏物重新装入原包装内。

第二节　压缩气体和液化气体运输安全及事故应急措施

一、运输前的准备工作

①运输驾驶人员应根据所装气体的性质穿戴防护用品，必要时需要戴好防毒面具；运输大型气瓶或罐式集装箱，在起重机下操作时必须带好安全帽。

② 运输大型气瓶（如液氯、制冷剂等），车上必须配备防止钢瓶滚动的紧固装置，如插桩、垫木、紧绳器等。

③运输氧气、液氯等氧化性较强的气体，应认真检查货厢是否清洁，必须保证货厢内无油脂及含油脂的残留物，如油棉纱团等。

④罐车装卸作业时应按照指定位置停车，熄灭发动机（需从发动机取力的车辆除外），实施手制动。

⑤运输各种易燃气体（如液化石油气等）受压罐车，应检查管道接头、仪表、泄压阀等安全装置的情况良好，并接通导除静电装置。

二、运输安全要求

①夏季运输除另有限运规定外，当罐内液温达到40℃时，还必须配有罐体遮阳或用冷水喷淋降温等设施，防止罐体暴晒。

②运输易燃易暴气体应远离热源、火源，如锅炉房或明火场所。

③运输大型气瓶，行车途中应尽量避免紧急制动，防止气瓶因惯性力作用冲出车厢平台造成事故；车辆转弯前应减速，以防止急转弯或车速过快时所装载的气瓶因离心力作用而被抛出车厢外。

三、灭火方法及撒漏处理

1. 灭火方法

运输中遇有火情应迅速扑救。应将未着火的气瓶迅速移至安全处；对已着火的气瓶应使用大量雾状水喷洒在气瓶上，使其降温冷却；火势尚未扩大时，可用二氧化碳、干粉、泡沫等灭火器进行扑救。

2. 撒漏处理

运输中发现气瓶漏气时，特别是有毒气体，应迅速将气瓶移至安全处，并根据气体性质做好相应的人身防护，人站在上风处，将阀门旋紧。大部分有毒气体能溶解于水，紧急情况时，可用浸过清水的毛巾捂住口鼻进行操作，若不能制止时，可将气瓶推入水中，并及时通知相关管理部门处理。

第三节　易燃液体运输安全及事故应急措施

一、运输前的准备工作

①大多数易燃液体的蒸气对人体健康具有危害性，因此驾驶人员在作业前或作业中，应加强集装箱、封闭式车厢的排气通风，以使易燃蒸气能有效地扩散，特别是在夏季，高温诱发空气中有害蒸气浓度加大，更应加强通风。

②易燃液体蒸气与空气能形成爆炸性混合气体，遇明火会发生燃烧爆炸，因此在运输作业现场必须严禁烟火，作业现场应划定警戒区，一般半径30m内不得有热源或明火，车辆应停靠稳妥，熄灭发动机，实施手制动，接好导除静电装置。

③驾驶人员不得随身携带火种（如火柴、打火机），应穿着不产生静电的工作服和不带铁钉的工作鞋。

④根据所装货物的包装情况（如化学试剂、油漆等小包装物品），备好防散失用具。

二、运输安全要求

①运输易燃液体，车上人员不准吸烟，车辆不得接近明火及高温场所。装运易燃液体的罐车行驶时，导除静电装置应接地良好。

②装运易燃液体的车辆，严禁搭乘无关人员，途中应经常检查车上货物的装载情况，如捆扎是否松动，包装件有否渗漏。发现异常情况时应及时采取有效措施。

③夏季高温季节，当天天气预报气温在30℃以上时，应按照作业地规定的作业时间运输。若必须运输时，车上应有有效的遮阳设施，封闭式货厢应保持车厢通风良好。

④应将车厢后门、侧门锁牢后方可运行车辆，不准敞开车门行驶。严禁超载运输。装有重瓶的车辆在处于静态停车时，应将车厢顶部的天窗全部敞开并锁好窗销，不准将天窗关闭。

三、灭火方法和撒漏处理

1. 灭火方法

大部分易燃液体的密度小于水，且不溶于水，一旦发生火灾，用水扑救时因水会沉在燃烧着的液体下面，并能形成喷溅、漂流而扩大火灾；另外，易燃液体燃烧时所产生的热量较大，而其燃点又较低，很难使温度降低到其燃点以下。因此，消灭易燃液体火灾的最有效方法，是采用泡沫、二氧化碳、干粉、1211 灭火器等扑救。

2. 撒漏处理

易燃液体一旦发生撒漏时，应及时以砂土或松软材料覆盖吸附后，集中至空旷安全处处理。覆盖时，特别要注意防止液体流入下水道、河道等地方，以防污染环境。更主要的是如果易燃液体浮在下水道或河流的水面上，其火灾隐情也很严重。

在销毁收集物时，应充分注意燃烧时所产生的有毒气体对人体的危害，必要时应戴好防毒面具。

第四节　易燃固体、自燃物品和遇湿易燃物品运输安全及事故应急措施

一、运输前的准备工作

①运输作业现场要远离明火、高温场所，遇湿易燃物品车厢必须干燥、无积水。

②驾驶人员不得随身携带火种（如火柴、打火机），不得穿着易产生静电的工作服和工作鞋。

③对易升华（如精萘、樟脑等）或易挥发出易燃、有害及刺激性气体的货物，作业现场应保持良好通风，防止中毒和燃烧爆炸。

④雨雪天运输遇湿易燃物品时，车辆必须具备有效的防水设备，不具备条件的车辆不得运输。

二、运输安全要求

①行车时,要注意防止外来明火飞到货物中,要避开明火高温场所。

②行车中应定时停车检查所装货物的堆码、捆扎和包装情况,尤其是要注意防止包装渗漏等隐患。

三、灭火方法和撒漏处理

1. 灭火方法

由于本类物品性质各异,因此采取灭火的手段有所区别,分别如下:

(1)易燃固体

根据易燃固体的不同性质,可用水、砂土、泡沫、二氧化碳、干粉灭火剂来灭火,但必须注意:

①遇水反应的易燃固体不得用水扑救。如铝粉、钛粉等金属粉末能与水发生剧烈反应,产生可燃气体。因此应用干燥的砂土、干粉灭火器进行扑救。

②有爆炸危险的易燃固体禁用砂土压盖,如具有爆炸危险性的硝基化合物。

③遇水或酸产生剧毒气体的易燃固体,严禁用硝碱、泡沫灭火剂。如磷的化合物和硝基化合物(包括硝化棉、赛璐珞)、氮化合物、硫磺等,燃烧时产生有毒和刺激性气体,扑救时须注意带好防毒面具。

④火场中抢救出来的赤磷要谨慎处理。因为赤磷在高温下会转化为黄磷变成自燃物品,同时在扑救时,赤磷被水淋过受潮后,也会缓慢引起自燃。

(2)自燃物品

①此类物品灭火时,一般可用干粉、砂土(干燥时有爆炸危险的自燃物品除外)和二氧化碳灭火剂灭火。与水能发生反应的物品如三乙基铝、铝铁溶剂等禁用水扑救。

②对黄磷火灾现场须谨慎处理,黄磷被水扑灭后只是暂时熄灭,残留黄磷待水分挥发后又会自燃,所以现场应有专人密切观察。同时要注意,黄磷燃烧时会产生剧毒的五氧化二磷等气体,扑救时应穿戴防护服和防毒面具。

(3)遇湿易燃物品

①此类物品发生火灾时,应迅速将邻近未燃物品从火场撤离或与燃

烧物进行有效隔离。用干砂、干粉进行扑救，并注意以下物品在灭火时绝不能用水扑救：活泼金属及其他与水接触放出氢气的；遇水产生碳氢化合物（气体）的；遇水产生有毒或腐蚀性气体的；相对密度小于水的。

②遇水反应产生易燃或有毒气体的，不得使用泡沫灭火剂扑救。

③与酸或氧化剂等反应物质，禁用酸碱灭火剂和泡沫灭火剂扑救。

④活泼金属禁用二氧化碳灭火器进行扑救。因为钾、钠等具有极强的还原性，甚至能夺取二氧化碳中的氧，所以二氧化碳不但起不了灭火作用，反而助长火势，因此应用苏打、食盐、氮或石墨粉来扑救。锂的火灾不能用食盐和氮扑救，而只能用石墨粉扑救。

⑤碳化物、磷化物遇水反应能产生剧毒、腐蚀性气体，灭火扑救时应穿戴防护用品和隔离式呼吸器。

2．撒漏处理

本类货物撒漏时，可以收集起来另行包装。收集的残留物不能任意排放、抛弃。对与水反应的撒漏物处理时不能用水，但清扫后的现场可以用大量水冲刷清洗。

还应注意，对注有稳定剂的物品，残留物收集后重新包装，也应注入相应的稳定剂。

第五节　氧化剂和有机过氧化物运输安全及事故应急措施

一、运输前的准备工作

①运输前应认真检查车厢，不得有任何酸类及煤屑、木屑、硫磺、磷等可燃物的残留物，车厢必须干净。

②运输需控温的有机过氧化物，应检查车辆控温、制冷系统的运行状态，保持运转正常。

二、运输安全要求

①根据所装货物的特性和道路情况，严格控制车速，防止货物剧烈振动、摩擦。

②需控温的有机过氧化物在运输途中应定时检查制冷设备的运转情况，发现故障应及时排除。

③中途停车时，应远离热源和火种场所，临时停靠或途中住宿过夜，车辆应有专人看管。

④车辆重载若发生故障，在维修时应严格控制明火作业，驾驶人员不得离开车辆，要随时注意周围环境是否安全，发现问题应及时采取措施。

三、灭火方法和撒漏处理

1. 灭火方法

①发生火灾时，对有机过氧化物、金属过氧化物不能用水扑救，因为这类物品与水反应能生成氧气而帮助燃烧，扩大火势，只能用砂土、干粉、二氧化碳灭火剂进行扑救。泡沫灭火器中的药剂是水溶液，故禁止使用泡沫灭火器扑救有机过氧化物、金属过氧化物。

②绝大部分氧化剂都可以用水扑救，粉状物品应用雾状水扑救。

③在扑救时，要配备适当的防毒面具，以防中毒。在没有防毒面具的情况下，可将一般口罩用5%的碳酸氢钠溶液浸泡后使用，因其有效防毒时间短，必须随时更换。

2. 撒漏处理

在装卸过程中，由于包装不良或操作不当，造成氧化剂撒漏时，应轻轻扫起，另行包装，这些从地上扫起重新包装的氧化剂，因接触过空气或混有可燃物等杂质，为防止发生化学变化，不得同车发运，须留在撒漏处适当地方，包括对撒漏的少量氧化剂或残留物均应清扫干净，另行处理。

第六节　毒害品和感染性物品运输安全及事故应急措施

一、运输前的准备工作

①根据所装运货物的毒性、状态、包装情况，必须携带好劳动防护用品（如工作服、手套、防毒口罩或面具）及防散失、防雨等工、属具。

②进入作业现场对刚开启的仓库、集装箱、封闭式车厢要先通风排气，驱除积聚的有毒气体。

③在运输作业现场，人尽量站立在上风处，不能在低洼处久留，不能在货物上坐卧、休息，作业过程中不能进食、吸烟、饮水。工作前、工作后严禁饮酒。

二、运输安全要求

①要平稳驾车，勤于瞭望，定时停车检查包装件的捆扎情况，谨防捆扎松动，货物丢失，装运有机毒害品，行车中应避开高温、明火场所。

②防止毒害品丢失是行车中要注意的最重要的事项。如果丢失不能找回，落到不了解其性能的群众手里，或被犯罪分子利用，就可能酿成重大事故。因此，发生丢失而又无法找回时，必须立即向货物丢失的当地公安部门报案。

③装运过毒害品的车辆未清洗、消毒前，严禁装运食品或鲜活动物。

④感染性物品运输后，车辆应到指定的地点集中清洗消毒。

三、灭火方法和撒漏处理

1. 灭火方法

毒害品因其品类繁多，性质各异，一旦发生火灾必须注意以下几点：

①无机毒害品中的氮化镁，遇水后能和水中的氢生成有毒和有腐蚀性的氨。因此，此类物品着火时，不能用水扑救，应用砂土、干粉扑救。

②毒害品中的氰化物遇酸性物质能生成剧毒气体氢化氰，这类物品发生火灾时，不得用酸碱灭火器扑救，可用水及砂土扑救。

③大部分毒害品在着火、受热或与水、酸接触时，能产生有毒和刺激性气体及烟雾，灭火人员必须根据毒害品的性质采用相应的灭火方法。在扑救火灾时，尽可能站在上风方向，并戴好防毒面具。

2. 撒漏处理

对毒害品的撒漏物应视其具体情进行处理：如固体货物，通常扫集后装入其他容器中交货主单位处理；液体货物，应以砂土、锯末等松软物浸润，吸附后扫集，盛入容器中交付货主单位处理；对毒害品的撒漏物不能任意乱丢或排放，以免扩大污染甚至造成不可估量的危害。

被毒害品污染过的场地、车辆或防护用品，其洗刷消毒基本方法如下：

①氰化物污染物。氰化物如氰化钠、氰化钾污染，可将硫酸钠水溶液撒在污染处，因硫酸钠与氰化物可以生成低毒的硫氰酸盐，从而消除氰化物的毒性，然后用热水冲洗，最后用冷水冲洗。也可用硫酸亚铁、高锰酸钾或次氯酸钠等来处理。

②有机磷农药污染物。有机磷农药如1605、苯硫磷、敌死通、1059等

撒漏时，首先用生石灰将撒漏物吸干，然后用碱水浸湿污染处，再用热水洗刷，最后用冷水冲洗即可。但是，应注意敌百虫也是有机磷农药，不可用碱水洗刷。因为它在碱性溶液中分解很快，大部分变成毒性比它大数倍，且易挥发的敌敌畏，所以敌百虫撒漏后，只能用大量水洗刷。

③硫酸二甲酯污染物。硫酸二甲酯为酸性毒品，在冷水中缓慢分解，分解速度随温度上升而加快，撒漏后先将氨水洒在污染处起中和作用，也可用漂白粉加上 5 倍的水浸湿污染处；再用碱水浸湿；最后用热水和冷水各冲洗一次。

④芳香族氨基或硝基化合物污染物。对芳香族氨基或硝基化合物如苯氨、硝基苯等，可将稀盐酸溶液浸湿污染处，再用水冲洗。

⑤砷化物污染物。砷化物如砷、三氧化二砷等，因砷在空气中其表面很快被氧化成三氧化二砷而微溶于水，生成砷酸、亚砷酸。亚砷酸能溶于碱，生成亚砷酸盐，而亚砷酸盐溶于水，可用氢氧化铁解毒，最后用水冲洗。

⑥有机氯粉剂或乳剂农药污染物。有机氯农药在一般情况下不溶于水，而在碱溶液中极易分解放出氯化氢，生成三氧化苯。所以撒漏后，先将撒漏物收集起来，再用清水冲洗，最后用热水冲洗，无热水时可以撒上碱后用水冲洗。

第七节　放射性物品运输安全及事故应急措施

一、运输前的准备工作

①装运放射性物品，须根据货物的运量组织专业运输放射性货物的车辆和人员参加作业，从事放射性物品运输的人员，必须接受辐射防护教育和培训，并经考核合格才能上岗作业。

②运输作业时应穿戴防辐射工作服、口罩、手套等劳动保护用品，不可坐在货包上，尽量避免身体直接接触货包，作业时严禁吸烟、进食、饮水。

③放射性物品在车厢中应摆放平稳、牢靠，防止行车中倒塌、倾斜、撞击、移位。放射性同位素和可裂变物质的货物在车厢里不得堆码，摆放时要尽量做到减少周围的剂量率，将运输指数大的货包放在中间，运输指数小的货包放在四周，这样剂量小的货包也能起到一定的辐射屏蔽作用，可

减少周围的剂量率。

④一辆运输车上同时装载的放射性货包的运输指数之和不得超过50;装有运输指数50的放射性货包的车辆,前后左右6m范围内,不得有其他放射性物品。

二、运输安全要求

①运输放射性物品的车辆,必须随车携带经当地审核单位及核查人员(通常为卫生防疫部门)盖章证明的"放射性物质货包表面污染及辐射水平检查证明书",并按指定路线、指定时间进行运输。

②为控制辐射照射,放射性货物在运输过程中,除I级货包(白包)外,应与生活设施、工作区以及旅客或公众聚集场所保持一定隔离。运输人员所受的照射剂量当量每年不得超过5Sv(500rem/h)。同时,放射性货物还应与未感光的胶片隔离,不得同其他危险货物同车装运。

③装运II级(黄色)、III级(黄色)标志货包的运输车辆,除驾驶人员、搬运与押运人员外、不允许搭乘其他人员,人员座位处的辐射水平,一般不得超过0.02Sv/h(2rem/h)。运输过程中因故临时停车,对运输指数大于0.3的放射性货包应划出警戒线,保持一定的安全距离进行辐射防护。

货包与人员之间没有屏蔽层的安全距离见表2-3-1。所谓安全距离即在这个距离以外,人员与放射性货物相处可以不受时间的限制。

人员与放射性货包间的安全距离 表2-3-1

货包运输指数	0.3	0.4	0.5	0.7	1	2	3	10	20	50
安全距离(m)	1	1.2	1.3	1.5	1.7	2.6	4	5.6	8	13

三、灭火方法和撒漏处理

1. 灭火方法

发生火灾时,可用雾状水扑救,注意不要使水流散面积过大而造成大面积污染。消防人员须穿戴防护用具,并站在上风处。

2. 撒漏处理

放射性物品的撒漏对环境影响的程度有很大区别,应针对不同的撒漏情况采取相应的处理方法。

剂量率较小的放射性物品外层辅助包装损坏时,应及时修复,不能修复的，应换相同的外包装。调换后外包装的运输指数不得大于原来的运输指数，也不得按新包装修改相应的运输证件和运输标志。

放射性矿石、矿砂撒漏时，应将撒漏物收集，并调换包装。

如果Ⅱ、Ⅲ级货包内容器受到破坏，放射性物质扩散外面，或者外层包装受到严重破坏时，运输人员不得擅自处理，应立即向公安部门和卫生监督机构报告，并在事故地点划出安全区，设置警戒线，悬挂警告标志牌。

在划定安全区的同时，要用适当的材料进行屏蔽。对于粉末状物品，应快速地将货物覆盖，以防粉尘飞扬扩大污染区域。铁板、铝板、铅板、有机玻璃、混凝土、岩石、土壤、砖、石蜡等都可作为屏蔽材料。

第八节　腐蚀品运输安全及事故应急措施

一、运输前的准备工作

①运输前应认真检查货物包装和容器封口情况，严禁运输无外包装的任何易碎品容器。

②作业时应站立在上风处，防止有毒烟雾、气体对人身的伤害；罐装后，应将进料口紧密封严，防止行车中车辆晃动，造成腐蚀品从盖口溅出，伤及周围人员和车辆。

二、运输安全要求

①装载有易碎容器包装的腐蚀品时，驾驶人员要平稳驾驶，密切注意路面情况，上下桥隧、过铁路道口等情况。在路面条件差、颠簸振动大而不能确保易碎容器完好时，应缓慢通行。

②运输途中应每隔一定时间停车检查车上货物情况，发现包装破漏要及时处理，防止漏出物损坏其他包装，酿成重大事故。

三、灭火方法与撒漏处理

1. 灭火方法

腐蚀品的灭火方法可概括为：大量用水、谨慎用水。无机腐蚀品发生着火或有机腐蚀品直接燃烧时，除具有与水反应特性的物品外，一般可用大量的水扑救。即使有些腐蚀品会与水反应，但这些物品量较少，而大量的水迅速扑上足以抑制热反应，也应用大量的水扑救。但用水时应谨慎，宜用雾状水，不能用高压水柱直接喷射物品，尤其是酸液，以免飞溅的水珠带上腐蚀品灼伤灭火人员；同时，要控制水的流向，以免带腐蚀性的水流破坏环境。

不少腐蚀品燃烧时，会产生有毒气体和烟雾，用水扑救时，产生的蒸气也可能有毒性和腐蚀性。因此，扑救时应穿防护服，戴防毒面具，且人应站在上风处。

与水会发生剧烈反应的大量腐蚀品发生着火时，用大量的水若不能抑制，液体腐蚀品应用干砂或干土覆盖或用干粉灭火机扑救。

2. 撒漏处理

①腐蚀品撒漏。液体腐蚀品应用干砂、干土覆盖吸收，扫干净后，再用水洗刷。大量溢出而用干砂、干土不足以吸收时，可视货物的酸碱性质，分别用稀碱或稀酸中和。中和时，要防止发生剧烈反应。用水洗刷撒漏现场时，不能用水直接喷射，只能缓慢的浇洗或用雾状水喷淋，以防水珠飞溅伤人。

②溴污染。溴为棕红色发烟液体。沸点为55.8℃，遇水极易挥发，蒸气有毒。污染时，污染处撒上硫代硫酸钠溶液，使溴生成溴化钠，最后可用大量水冲洗。在污染处理作业时，要注意防火，因溴与有机物混合，可能引起燃烧。

第九节　杂类运输安全及事故应急措施

本类货物系指在运输过程中呈现的危险性质不包括在上述8类危险货物中的物品。其运输前的准备工作、运输的安全要求、灭火方法和撒漏处理等要求，应按照《安全标签》和《安全技术说明书》的要求进行。

第四章　道路危险货物运输事故典型案例分析

案例一　“2002.4.11”107国道重大恶性交通事故

一、事故概况及经过

1. 发生时间

2002年4月11日23时20分。

2. 肇事车辆情况

某东风牌大型货车，核载吨位6t，车辆技术等级二级。

某大型客车，核载客位30+2人，车辆技术等级一级。

3. 运送的危险品

8吨蚊香、罐装气雾杀虫剂。

货车实载吨位8t，超载2t。

客车实载客位58人，超载26人。

4. 具体地点

107国道湖南省岳阳市汨罗市境内（1501km+450m）处。

5. 事故经过及危害、损失、伤亡情况

因货车驾驶人员疲劳过度，加之超车时操作不当两车相撞，致使两车同时侧翻入5.6m深的水塘中，两车相叠。货车装载的若干瓶气雾灭蚊剂爆炸燃烧，造成29人死亡，27人受伤，其中重伤5人，2辆车均报废。

二、承运方基本情况

1. 承运方是否具备资质

承运方未获得道路危险货物运输资质。

2. 驾驶人员情况

货车驾驶人员刘贺亭，男，53岁，未经过有关培训，无证上岗。

客车驾驶人员王华伟，男，28岁，持A照。

三、托运方基本情况

托运方违反《危险化学品安全管理条例》，将危险货物委托给没有道路危险货物运输资质的企业运输。

四、事故原因分析

这起事故是因货车超车、超载，驾驶人员疲劳驾驶所致，货车右前角撞到客车左后角，造成两车翻入水塘，判定为货车方负主要责任。

五、事故发生后采取的措施

1. 应急抢救经过

当日23点35分左右，汨罗市消防大队、汨罗市交警大队、汨罗市中医院120急救中心接到指令后，分别在7分钟、6分钟、8分钟内相继赶到事故现场，实行紧急救护和处置。23点48分，汨罗市市委副书记郑可仗，岳阳市公安局常务副局长胡德良，汨罗市市委常委、政法委书记王昔罗，汨罗市公安局局长朱新斌等领导随即赶赴现场指挥施救工作，疏导交通、维护秩序。市、乡、村组织干部和当地群众及公安干警近300人，冒着生命危险参与紧急救护工作，于12日零点15分前，从事故车辆中救出27名伤员，由5台救护车送往汨罗市中医院进行救治工作；并迅速组织50多名中医院医护人员，对27名伤者逐一进行体检、照片、化验，依据伤情进行清淤、缝合、输液等医疗救护工作。岳阳市政府紧急增派3名烧伤专家，由市卫生局局长艾湘涛带领，连夜赶赴汨罗对烧伤者进行会诊治疗。

2. 事故发生后采取的措施

市委各级领导及市委办、市政府办、公安、卫生、民政等部门的负责同志在汨罗市中医院会议室召开紧急会议，并迅速成立了汨罗市救护处置"4.11"重大恶性交通事故处理指挥部。决定由市委书记陈四海任指挥长，下设三个组。一是医疗救护组，由市委副书记赵岳平、市卫生局局长周武林任正副组长，组织医护人员负责对伤员进行及时救治，不惜一切代价确保每个伤员都有一位医生诊治、有一位护士护理。二是后勤服务组，由副市长李积德、政府办主任曹果夫、民政局局长曹武华任正、副组长，负责伤员的衣、食、住、行，接待和安排来客。三是事故处理组，由市委副书记郑可仗、政法委书记王昔罗、公安局局长朱新斌任正、副组长，负责对事故主动、及时、依法、准确地进行处理。

六、对事故责任的处理结果

1. 事故性质、责任认定、对责任者的处理及赔偿情况

这是一起重大恶性交通事故，因货车超车、超载，驾驶人员疲劳驾驶所致，货车方负主要责任。

2. 事故的直接及间接经济损失、人员伤亡、环境破坏情况

此事故造成29人死亡；27人受伤，其中重伤5人；2辆车报废。

3. 事故教训及建议

通过此次事故，暴露了交通部门存在的问题：一是对危险货物运输市场监督管理不力，在危险化学品运输专项整治中还出现违法承运危险货物的情况，说明在源头管理上还缺少有效的办法；二是缺乏对货车驾驶人员的职业培训，包括危险品以及防止疲劳驾驶等知识的培训；三是缺乏对客车驾驶人员职业道德的培训，包括事故发生后，抢救伤员、协助事故调查等方面的培训；四是对包车客运的管理不规范，漏洞很大。

案例二　“2003.9.26”沪宁高速公路危险品车辆撞车事故

2

一、事故概况及经过

1. 发生时间

2003年9月26日2时50分许。

2. 肇事车辆情况

某重型半挂牵引车、某重型平板挂车，核载吨位20t。

某大型专用罐车，核载吨位15t，车辆技术等级一级。

3. 运送的危险品

该重型牵引挂车实载32t化工产品，超载12t，属易燃品。

该大型专用罐车实载15.01t醋酸乙烯，超载0.01t，危险货物编号：32131，属无色易燃液体，闪点：-8，食入、接触均会引起刺激等症状。

4. 具体地点

沪宁高速公路宁沪线195km+400m处。

5. 事故经过及危害、损失、伤亡情况

2003年9月26日2时50分左右，驾驶人员胡国宝驾驶重型半挂牵引车拖带重型平板挂车，由西向东行至沪宁高速公路宁沪线195km+

400m 路段，车辆偏驶道路右侧撞倒设置在因故障停于紧急停车带上正在抢修的大型专用罐车（驾驶人员于加华、押送人员唐鹏）车后的数只反光锥筒后，车辆右前部又撞击该车左后部，两车失控，其中牵引车和挂车撞断中央护栏、罐车撞击右边护栏及停于该车前方的轻型厢式货车，随后牵引车和挂车及罐车起火，事故中位于罐车右前部由沪宁高速公路苏州管理处派出的 3 名修理工封荣军、蔡哨兵、许冬林及大型专用罐车押运人员唐鹏当场死亡。起火的 3 辆车均不同程度烧毁。包括高速公路路产损坏在内的直接和间接损失高达 200 万元左右。

二、承运方基本情况

1. 承运方是否具备资质

承运方大型专用罐车所属公司具备四级经营资质。重型牵引挂车所属资质等级不详。

2. 驾驶人员情况

罐车驾驶人员于加华、押运人员唐鹏均经过培训，具备上岗资格。重型牵引挂车驾驶人员胡国宝的具体情况不详。

三、事故原因分析

驾驶人员胡国宝夜间驾驶机动车至事发地点时对路面情况疏于观察，撞击正在被抢修的车辆，是造成事故的直接原因。经江苏省苏州市公安交通巡逻警察支队认定，胡国宝负该事故的全部责任。

四、事故的教训及相关建议

这是一起典型的因超载后为躲避检查，在夜间连续疲劳驾驶而引发的悲剧。事发后，肇事驾驶人员胡国宝承认，发生事故的时候正在打瞌睡。后果是惨痛的，教训是深刻的。

建议：整治危险品货物运输车辆超载已经到了刻不容缓的地步。希望有关职能部门能够联起手来，最大程度地根治危险品货物运输车辆超载这颗“毒瘤”。

思考题

1. 驾驶人员职业道德规范的基本内容是什么？

2. 各种危险货物适用哪些车型运输?
3. 为确保运输安全,危险货物车辆应具备什么样的基本条件?
4. 简述压力容器专用罐车的安全技术要求。
5. 压力容器专用罐车在什么情况下严禁充装?
6. 常压专用罐车的罐体上应喷涂什么样的标志?
7. 装卸机械应符合哪些基本要求?

第三篇　押运人员篇

YAYUNRENYUANPIAN

第一章　概　述

第一节　道路危险货物运输押运人员素质

道路危险货物运输配备押运人员，是保证危险货物运输安全的重要制度。国务院《危险化学品安全管理条例》中第四十三条规定："通过公路运输危险化学品，必须配备押运人员，并随时处于押运人员的监管之下，不得超装、超载，不得进入危险化学品运输车辆禁止通行的区域……。"

该条例第三十七条中还对押运人员素质作了原则要求："危险化学品运输企业，应当对其驾驶人员、船员、装卸管理人员、押运人员进行有关安全知识培训；驾驶人员、船员、装卸管理人员、押运人员必须掌握危险化学品运输的安全知识，并经所在地设区的市级人民政府交通主管部门考核合格（船员经海事管理机构考核合格），取得上岗资格证，方可上岗作业。危险化学品的装卸作业必须在装卸管理人员的现场指挥下进行。"并规定"运输危险化学品的驾驶人员、船员、装卸人员和押运人员必须了解所运载的危险化学品的性质、危害特性和发生意外时的应急措施。运输危险化学品，必须配备必要的应急处理器材和防护用品。"

根据该条例的规定，对道路危险货物运输的押运人员素质提出如下要求。

1. 基本素质

①身体健康；

②具有初中毕业以上文化程度。

2. 品行素质

①遵守国家的法律、法令；

②遵守企业的各项规章制度和劳动纪律；

③有良好的职业道德和认真负责的工作态度。

3. 业务素质

①经培训、考试合格取得《从业资格证》；

②熟记岗位职责、作业流程、应急处理预案；

③了解所运载的危险货物的性质、危害特性和发生意外时的应急措施；

④掌握通讯工具和消防设施、应急处理设施的使用方法；

⑤了解国家、相关政府主管部门对道路危险货物运输的管理规定、办法、标准等，并能运用其指导运输安全生产。

第二节 道路危险货物运输押运人员须知

根据法律规定及押运人员的工作实际，可以界定押运人员的职责范围：一是确保危险货物一直处于押运人员的监管之下，防止被盗、丢失；二是监督危险货物的运输、装卸、堆放作业按规定要求进行；三是在发生危险货物运输事故后，正确处理，防止危害和损失进一步扩大。

按照上述原则，规定押运人员应负责从任务领取至危险货物装载、运输、卸载整个过程的安全监督、检查工作。

1. 出车前的监督、检查

①会同驾驶人员领取并掌握当班作业单据，并听取管理人员的安全告知。

②协助驾驶人员做好车辆例行保养。检查车辆是否与所运载的危险货物相适应，技术状况是否符合《机动车运行安全技术条件》和《汽车运输液体危险货物常压容器（罐体）通用技术条件》等标准的规定，若不符合安全要求，应及时与驾驶人员沟通、报修。

③领取安全防护用品；检查随车必备的消防用具是否齐全有效。

④检查车辆标志的安装悬挂是否符合《道路运输危险货物车辆标志》的规定。

⑤检查车辆、容器是否按照规定进行了必要的清洗消毒处理，罐体的装、卸阀门是否可靠关闭，见图3-1-1。

2. 装载时的监督、检查

①联系客户，核对客户名称、货物品种、数量是否与“运单”相符。

②检视装载作业区的安全状况。

③检查车厢、栏板的固定、链接、锁扣装置是否安全完好，罐体的装、卸阀门是否完好。

④监督作业人员穿带好安全防护用品，按照《汽车运输、装卸危险货物作业规程》的规定装载货物。

图 3-1-1　检查罐体的装卸阀门是否完好

⑤检查装载危险货物的包装是否适合道路运输的要求，内、外包装是否完好无损，包装标志是否齐全、清晰，不符合包装要求的拒绝装载。

⑥检查装载堆码是否符合所装危险货物的通风、间隙、隔离等特殊要求，捆扎、固定是否牢靠。

⑦做好货物的点收点交及单据交接工作。

⑧监督所装载危险货物质量必须在车辆核定载质量范围内，严禁超限超载。

3. 运输途中的监督、检查

①监督驾驶人员的驾驶状态是否正常，是否按照规定的行车速度、路线和《驾驶人员安全行驶操作规程》行驶。

②提醒驾驶人员按照规定时间或规定里程停车休息，协助驾驶人员检查车辆技术安全状况，并检查所载危险货物的状况是否正常、罐车有无泄漏。

③监督驾驶人员连续驾驶时间不得超规定，车辆停靠应符合有关规定。

④遇险时立即拨打 110 或“道路运输危险货物安全卡”上的紧急救助电话，对事故情况和危险货物名称、特性等进行详细描述，并针对危险货物特性采取必要的应急处理措施，阻止无关人员和车辆的接近，见图3-1-2。

图 3-1-2　电话报警

4. 卸载时的监督、检查

①联系客户，核对客户单位、货物品种、数量是否与“运单”相符。

②检视卸载作业区安全，监督作业人员穿带安全防护用具。

③监督装卸作业人员按照《汽车运输、装卸危险货物作业规程》的规定卸货作业。

④检查卸载危险货物的包装是否完好无损，堆垛码放是否符合危险货物特性的要求。

⑤做好货物的点交点收及单据交接工作。

⑥检查车箱内是否有危险货物泄漏、残留，做好车辆清洁工作。

5. 回场后的监督、检查

①协助驾驶人员做好车辆保养。检查车辆标志、标识、消防器具、导静电橡胶拖地带，以及车厢、栏板的固定、链接、锁口装置的安全完好状态，罐车的装、卸阀门完好状态，若有不符合安全要求的状况及时与驾驶人员沟通、报修。

②会同驾驶人员交清当班作业单据。

③归还装卸工具及安全防护用品。

④向管理人员报告运输作业过程中的有关客户、安全、质量方面的信息。

第二章 道路危险货物运输押运安全及事故应急措施

危险货物的理化特性不同，其运输、装卸要求的作业环境、作业方法和配备的安全防护器具也不相同，因此要采取各种安全防范措施，进行严格的监督管理。但由于各种原因，仍不可能完全避免发生一些火灾、爆炸、泄漏及人员伤亡等事故。所以危险货物押运人员应掌握事故应急措施，一旦发生危险货物运输事故，要采取必要的、正确的应急措施，使事故损失降到最低，为后续救援工作赢得时间和做好准备。

第一节 道路危险货物运输押运安全基本要求

危险货物押运安全可分为出车前准备、装卸过程安全要求及运输过程安全要求等方面，押运人员需特别注意在这几方面行使监督、检查职责。

关于装卸过程安全的监管，企业可根据各自的实际情况，安排押运人员或装卸管理人员负责。

1. 出车前准备

①道路危险货物运输车辆的有关证件、标志应齐全有效。

②道路危险货物运输车辆的车厢底板应平坦完好、栏板牢固；车厢或罐体内不得有与所装危险货物性质相抵触的残留物。根据危险货物特性，应采取相应的衬垫防护措施（如铺垫木板、胶合板、橡胶板等）。

③道路危险货物运输车辆应配备消防器材并定期检查、保养，发现问题应立即更换或修理。

④应随车携带所运危险货物的“道路运输危险货物安全卡”。

⑤根据所运危险货物特性，应随车携带遮盖、捆扎、防潮、防火、防毒等工、属具和应急处理设备、劳动防护用品。

⑥装车完毕后车辆起步前，应对货物的堆码、遮盖、捆扎等安全措施及对影响车辆起动的不安全因素进行检查，确认无不安全因素后方可起步。

3

2. 装卸过程安全要求

①车辆进入危险货物装卸作业区,按作业有关安全规定驶入装卸作业区,并将车辆摆在容易驶离作业现场的方位上。

②车辆停靠货垛时,应听从作业区指挥人员的指挥,车辆与货垛之间要留有安全距离;待装、待卸车辆与装卸货物的车辆应保持足够的安全距离,不准堵塞安全通道。

③装卸过程中,驾驶人员和押运人员不得远离车辆,并负责监装监卸。

④作业前,应核对货物名称、规格、数量是否与托运单证相符,并认真检查货物包装是否破损及货物包装的完整状况。货物与运单不符或包装不符合有关规定的应拒绝装车。

⑤装卸操作时应根据货物包装的类型、体积、重量、件数的情况,并根据《包装储运图示标志》的要求,轻拿轻放,谨慎操作,严防跌落、摔碰、泄漏,禁止撞击、拖拉翻滚、投掷,同时应做到:

A. 堆码整齐,靠紧妥帖,易于点数;

B. 堆码时,桶口、箱盖朝上,允许横倒的桶口及袋装货物的袋口应朝里;

C. 装载平衡,高出栏板的最上一层包装件,堆码时应从车厢两面向内错位骑缝堆码,超出车厢前挡板的部分不得大于包件高度的1/2;

D. 装运高出栏板的货物,装车后,必须用绳索捆扎牢固,易滑动的包装件,需用防散失的网罩覆盖并用绳索捆扎牢固或用苫布覆盖严密,需用两块苫布覆盖货物时,中间接缝处须有大于15cm的重叠覆盖,且车厢前半部分苫布须压在后半部分的苫布上;

E. 装有通气孔的包装件,不准倒置、侧置,防止所装货物泄漏或进入杂质造成危害。

⑥装卸过程中,车辆发动机应熄火,并切断总电源(需从车辆取力的除外)。在有坡度的场地装卸货物时,必须采取防止车辆溜坡的有效措施。

⑦车上不得混装与所装货物性质相抵触的物品。装车完毕后车辆起步前,驾驶人员应对货物的堆码、遮盖、捆扎等安全措施及对影响车辆起动的不安全因素进行检查,确认无不安全因素后,方可起步。在高温季节、高温时段内,运输易燃易爆危险货物车辆不应上路。

⑧装卸过程中需要移动车辆时，应先关上车厢门或栏板。若原地关不上时，应有人监护，在保证安全的前提下才能移动车辆。起步要慢，停车要稳。

⑨托盘和手推车尽量专用，装卸机具应有防止发生火花的防护装置。装卸前，要对装卸机具进行检查，装卸爆炸品、有机过氧化物、一级毒害品，装卸机具应按额定负荷降低25%使用。

⑩装卸作业场所要远离热源，严禁受热，通风良好；电气设备应符合规定要求，严禁使用明火灯具照明，照明灯应具有防爆性能；要有防静电和避雷装置。

⑪危险货物装卸完毕，作业场所必须彻底清扫干净，装过剧毒品的车辆和受到危险货物污染的车辆、工具必须洗刷和除污。危险货物的撒漏和污染物必须送到当地环保部门指定地点集中处理。

⑫禁止在装卸作业区内维修车辆。

⑬危险货物运达卸货地点后因故不能及时卸货，在待卸期间，驾驶人员应协同押运人员负责看管货物。对于爆炸品、剧毒品、放射性物品，应报告当地公安部门。

3. 运输过程安全要求

①押运人员应严格遵守国家有关危险货物运输的法律、法规。

②危险货物运输过程中，应随车配备押运人员，货物应随时处在押运人员的监管之下。

③运输途中，车上严禁搭乘无关人员。押运人员应密切注意车辆所装载的危险货物动态，根据危险货物性质，定时停车检查，发现问题及时会同驾驶人员采取措施妥善处理。不得擅自离岗、脱岗。

④运输途中不得进入危险货物运输车辆禁止通行的区域，如繁华街区、居民住宅区、名胜古迹和风景名胜区等，见图3-2-1。确需进入上述区域的，应当事先向当地公安部门申报，并遵守公安部门规定的行车时间和路线。

⑤车辆从桥梁下方、涵洞、隧道经过时，慢速行驶，注意高度限制。

⑥运输途中临时停车，应与其他车辆、高压线、名胜古迹、风景名胜区、居民住宅区、学校、超市等人口聚集地保持一定的安全距离，应停放在有利于安全防护的地方，不得在行车道上或路边随意停放。

⑦运输途中需要停车住宿或遇有无法正常运输的情况时，应向当地公安部门报告。

图 3-2-1　道路危险货物运输车辆必须远离人口稠密地带行驶

⑧运输途中遇有天气发生变化及道路路面状况发生变化时，应根据所装载危险货物特性，及时采取安全防护措施。遇有雷雨时，不得在树下、电线杆、高压线、铁塔、高层建筑及容易遭到雷击和产生火花的地点停车。若要避雨时，应选择安全地点停放。遇有泥泞、冰冻、颠簸、狭窄及山崖等路段时，应低速缓慢行驶，防止车辆发生侧滑、打滑、危险货物剧烈振荡等现象，以确保安全。

⑨车辆发生故障需修理时，应选择安全地点和具有相关资质的汽车修理企业。对装有残留易燃易爆危险货物的车辆，不得动火修理。在车辆修理过程中，应根据所装载的危险货物特性，采取可靠的安全防护措施。

⑩运输易燃易爆危险货物时，操作人员不能在车辆附近使用明火，但如果由于不可避免的原因确需使用时，必须采取有效防护措施，确保安全。

⑪危险货物运输车辆在高速公路上应以最高限速 80km/h、安全车间距离应保持4m 为原则。如遇雨天、雪天、雾天与前车辆车距要增加 1 倍。打开示警灯，警示后车降低车速，防止追尾。一般道路最高限速 60km/h，见图 3-2-2。

图 3-2-2　严禁超速行驶

⑫危险货物在运输过程中发生事故时，驾驶人员和押运人员应立即向当地负责危险化学品安全监督管理综合工作的部门和公安、环境保护、质检部门报告，看护好车辆货物，共同配合采取一切可能的警示措施。

第二节　道路各类危险货物运输押运安全

一、爆炸品

1. 出车前

①运输爆炸品的车辆应使用厢式货车。

②运输车辆的车厢内不得有酸、碱、氧化剂等残留物。

③随车携带的防潮、防火、防爆等工属具应齐全有效。

④不具备有效的避雷电、防湿潮条件时，雷雨天气应停止对爆炸品的作业。

2. 装卸过程

①严禁接触明火和高温；严禁使用易产生火花的工具。

②火箭弹和旋上引信的炮弹应横装，与车辆行进方向垂直。凡从

1.5m以上高度跌落或经过强烈振动可引起爆炸的炮弹、引信、火工品等，应单独存放，未经鉴定不得装车运输。

③任何情况下，雷管等起爆物品不得和炸药同车装运。

④严禁在雷雨、闪电时进行装卸作业。

3. 运输过程

根据爆炸品的热敏感特性，在运输过程中，应重点避免爆炸品受热，必要时使用专用仪器设备时刻监视爆炸品或周围环境的温度变化；遇有温度非正常升高时，应及时停车查找原因，同时采用必要的降温措施。

二、压缩气体和液化气体

1. 出车前

①装载前应对货车车厢进行彻底清扫，车厢内不得有与所装货物性质相抵触的残留物，车厢内严禁乘人。

②夏季运输应检查并保证瓶体遮阳设施、瓶体冷水喷淋降温设施等安全有效；除另有限运规定外，当运输过程中瓶内气体的温度可能高于40℃时，应对瓶体实施遮阳、冷水喷淋降温等措施。

2. 装卸过程

①装卸人员应根据所装气体的性质穿戴防护用品，必要时须戴好防毒面具；装卸大型气瓶或气瓶集装箱，在起重机下操作时必须带好安全帽。

②装车时要旋紧瓶帽，注意保护气瓶阀门，防止撞坏。车下人员须待车上人员将气瓶放妥后，才能继续往车上装瓶。在同一车厢内不准有二人以上同时单独往车上装瓶。除竖装的气瓶（如民用液化石油气瓶等）外，车上气瓶均应横向平放、装载平衡、妥善固定、防止滚动。阀门应朝向一致，最上层气瓶不得超过车厢栏板高度。

③卸车时，要在气瓶落地地点铺上铅垫或橡皮垫，必须逐个卸车，严禁溜放。

④装卸作业时，不要把阀门对准人身体，注意防止气瓶安全帽脱落，气瓶应竖立转动，不准脱手滚瓶或传接，气瓶竖放时必须稳妥。

⑤装运大型气瓶（盛装净重在0.5t以上的）或成组集装气瓶时，瓶与瓶、集装架与集装架之间需填牢木塞，集装架的瓶口应朝向行车的上方或左方，在车厢后栏板与气瓶空隙处必须有固定支撑物，并用紧绳器紧固，严防气瓶滚动，重瓶不准多层装载。

⑥装卸有毒气体时，根据货物特性，应预先采取相应的防毒措施。装卸氧气瓶时，要注意工作服、手套和装卸工具上不得沾有油脂。使用的装卸机械工具应装有防止产生火花的防护装置，不得使用电磁起重机搬运。库内搬运应备有橡胶车轮的专用小车，并将装瓶槽木架固定在小车上。

3. 运输过程

①当罐内液温达到40℃时，应有遮阳或罐体用冷水喷淋降温等设备，防止暴晒。车上严禁吸烟，并应配备有相应的灭火器材，如干粉或清水灭火器、二氧化碳灭火器等，严禁使用四氯化碳灭火器。

②运输气瓶途中应尽量避免紧急制动，转弯时车辆应减速。

③运输低温液化气体的罐体及设备受损、真空度遭破坏时，驾驶人员、押运人员应站在上风口操作，打开放空阀卸压，注意防止灼伤，一旦发生紧急情况，驾驶人员应将车辆开到距火源较远的地方。

④压缩气体遇燃烧、爆炸等险情时，应向气瓶大量浇水，使其冷却并及时移出危险区域。气瓶从火场上救出后，应及时通知有关技术部门另做处理，不可擅自继续运输。易燃气体、助燃气体泄漏时注意拧紧阀门。有毒气体泄漏时应迅速将车移到空旷安全处，戴上防毒面具，站在上风处抢修。易燃、助燃气体泄漏时严禁火种靠近。

三、易燃液体

1. 出车前

根据所装货物和包装情况（如化学试剂、油漆等小包装），随车携带好遮盖、捆扎等防散失工具，并检查随车灭火器是否完好，车辆货厢内不得有与易燃液体性质相抵触的残留物。

2. 装卸过程

①装卸作业现场必须远离火种、热源。操作时不准撞击、摩擦、拖拉货物；装车堆码时，桶口、箱盖一律向上，不得倒置；箱装货物，堆码整齐，最高一层如超过栏板，必须向内错位骑缝堆装，罩好网罩，用绳捆扎牢固。

②钢桶盛装的易燃液体，不得从高处翻滚卸车，卸车时从车上溜放或滚动操作时，应采取防止火星的措施，周围需有人接应，严防钢桶撞击致损。

③钢制包装件多层装载时，层间必须采取合适衬垫，并应捆扎牢固。

④对低沸点或易聚合的易燃液体，如发现其包装容器内装物有膨胀（鼓桶）现象时，不得继续装车。

3. 运输过程

①运输易燃液体，车上人员不准吸烟，车辆不得接近明火、高温场所。装运易燃液体的罐车应有导静电橡胶拖地带，罐内应设有孔隔板以减少振荡产生静电。

②装运易燃液体的车辆，严禁搭乘无关人员，途中应经常检查车上货物的装载情况。发现异常情况时及时采取有效措施。

四、易燃固体、自燃物品和遇湿易燃物品

1．出车前

①道路危险货物运输车辆货厢、随车工、属具应打扫干净，保持干燥，不得沾有水、酸类和氧化剂。

②运输遇湿易燃物品，应采取有效的防水、防潮措施。

2．装卸过程

①应远离火种、热源，防止阳光直射，包装容器应密封，搬运时应轻装轻卸，不得摩擦、撞击、振动、摔碰。

②装卸易燃固体时，不得与明火、水接触，不得与酸类和氧化剂配装。

③装卸自燃物品时，应避免与空气、氧化剂、酸类等接触；对需用水（如黄磷）、煤油、石蜡（如金属钠、钾）、惰性气体（如三乙基铝等）或其他稳定剂进行防护的包装件，应防止容器受撞击、振动、摔碰、倒置等造成容器破损，避免自燃物品与空气接触发生自燃。

④遇湿易燃物品，不得与酸类、氧化剂及含水的液体货物混装，不宜在潮湿的环境下装卸。若不具备防雨雪的条件，不准进行装卸作业。

⑤对容易升华、挥发出易燃、有害或刺激性气体的货物，装卸时应注意现场通风良好、防止中毒；作业时应防止摩擦、撞击，以免引起燃烧和爆炸。

⑥装卸钢桶包装的碳化钙（电石）时，应确认包装内有无填充保护气体。如未填充的，在装卸前应侧身轻轻的拧开桶上气口放气，防止爆炸、冲击伤人。电石桶不得倒置。

⑦硝基化合物（如发孔剂 H 等）对撞击敏感，遇高热、酸易分解、爆炸，搬运时应轻装轻卸；装运时不得与酸性腐蚀品及有毒或易燃脂类危险品混装。

3. 运输过程

运输过程中，应尽可能合理地保持阴凉，避开热辐射，包括阳光直射，防止受潮，通风良好。

五、氧化剂和有机过氧化物

1．出车前

①有机过氧化物应选用控温厢式车；若货厢为铁质底板，需铺有防护衬垫。货厢应隔热、防雨、通风，保持干燥。

②道路危险货物运输车辆的货厢、随车工具应打扫干净，保持干燥，不得沾有酸类、煤炭、砂糖、面粉、淀粉、金属粉、油脂、磷、硫、洗涤剂、润滑剂或其他松软、粉状等可燃物质。

③性质不稳定或由于聚合、分解在运输中能引起剧烈反应的危险货物，应加入稳定剂；有些常温下会加速分解的货物，应控制温度。

④要控温运输的危险货物应保持规定的温度，并应做到：

A．装车前彻底检查运输车辆、容器及制冷设备；

B．驾驶人员和押运人员具备熟练操作制冷系统的能力；

C．配备备用制冷系统或备用部件。

2．装卸过程

①轻装轻卸，禁止摩擦、振动、摔碰、拖拉、翻滚、冲击，杜绝野蛮装卸作业，防止包装及容器损坏。

②装卸时发生包装破损，不能自行将破损包装换好包装，不得将撒漏物装入原包装内，必须另行处理。操作时，不得踩踏、碾压撒漏物，绝对禁止使用金属和可燃物（如纸、木等）处理撒漏物。

③如货物外包装为金属容器，装车时应单层摆放，需多层装载时，应采用性质上与所运物质相容且不燃材料作衬垫，使用非易燃的加固和防护材料。

④装卸操作应避免包装件阳光直晒、淋雨、受潮。

⑤漂白粉及无机氧化剂中的亚硝酸盐、亚氯酸盐、次亚氯酸盐不得与其他氧化剂配装。

3．运输过程

①氧化剂不能和易燃物质混装运输，尤其不能与酸、碱、硫磺、粉尘类（如炭粉、糖粉、面粉、洗涤剂、润滑剂、淀粉）、油脂类货物配装。

②有机过氧化物运输严禁混有杂质，特别是酸类、重金属氧化物、胺类等物质。

③有机过氧化物的混合物按所含最高危险有机过氧化物的规定条件运输，并确定自行加速分解温度（SADT），必要时控制温度。

④通常不要求温度控制运输的有机过氧化物，在环境温度超过55℃

时,必须进行温度控制。

⑤运输过程中,温度超过控制温度,必须采取相应补救措施;温度超过应急温度,必须启动有关应急程序。

⑥有机过氧化物必须放入稳定剂后方可运输。

⑦远离热源,严禁受热、淋雨、受潮,避免阳光直晒,保持通风。

六、毒害品和感染性物品

1. 毒害品

(1)出车前

①除有特殊包装要求的剧毒品采用化工物品专业罐车运输外,毒害品应采用厢式货车运输。

②根据所装卸货物的毒性、状态及包装,应携带好相应的劳动防护用品(如工作服、手套、防毒口罩或面具)、防散失、防雨、捆扎等工、属具。

(2)装卸过程

①装卸人员应根据不同货物的危险特性,分别穿戴好相适应的防护服装、手套、防毒口罩、面具和护目镜等。严禁赤脚、穿背心短裤,皮肤破伤者不能装卸毒害品。

②装卸作业前对刚开启的仓库、集装箱、封闭式车厢要先通风排气,驱除积聚的有毒气体,各种毒害品浓度低于最高容许浓度才能作业。

③认真检查货物包装,尤其是包装外表,应无残留物,特别是剧毒、粉状的货物,包装外表更应加以注意。发现包装破损、渗漏,则拒绝装运。

④装卸操作时,作业人员尽量站立在上风处,不能在低洼处久待。应做到轻拿轻放,尤其是对易碎包装件或纸质包装件不能摔掼,避免损坏包装使毒物撒漏造成危害。

⑤堆码时,要注意包装件上的包装储运图示标志,不能倒置,堆码要靠紧堆齐,桶口、箱口向上,袋口朝里。小件易失落货物(尤其是剧毒品氰化物、砷化物、氰酸酯类)装车后必须用苫布严盖,并捆扎牢固。

⑥对刺激性较强的和散发异臭的毒害品,装卸人员应采取轮班作业。在夏季高温期,尽量安排在早晚气温较低时作业,晚间作业应用防爆式或封闭式的安全照明。雪、冰封时作业,应有防滑措施。

⑦无机毒害品不得与酸性腐蚀品配装,不得与易感染性物品配装。

⑧有机毒害品不得与爆炸品、助燃气体、氧化剂、有机过氧化物等酸性腐蚀物品配装。

⑨忌水的毒害品(如磷化铝、磷化锌等)应防止受潮。

⑩毒害品严禁与食用、药用及生活用品等同车拼装。装运后的车辆及工属具要严格清洗消毒,未经安全管理人员检验批准,不得装运食用、药用、生活等用品及活的动物。

⑪装卸操作人员不能在货物上坐卧、休息,不能用衣袖擦汗。如皮肤受到沾污,要立即用清水冲洗干净。

⑫要尽量减少与毒害品的接触时间,现场监护人要加强对作业人员的关注,发现有头晕、恶心、呕吐、呼吸困难、惊厥、昏迷等现象,要立即移送到新鲜空气处,脱去污染的衣着,服用1%的大苏打水溶液,及时送医院抢救。

⑬作业结束后要换下防护服,洗手洗脸后才能进食饮水吸烟。工前、工后都应禁止饮酒。防护用品每次使用后必须集中清洗,不能穿戴回家。

(3)运输过程

装运毒害品时,要每隔2h检查一次包装件的捆扎情况,防止丢失。行车中避开高温、明火场所。

2. 感染性物质

(1)出车前

①作业人员应接受相关专业技术、安全防护以及应急处理等知识的培训。应穿戴专用安全防护服和用具。定期进行健康检查,必要时,对有关人员进行免疫接种,防止受到健康损害。

②认真检查盛装感染性物品的每个包件外表的警示标识,核对医疗废物标签,标签内容包括:医疗废物产生单位、产生日期、类别及需要的特别说明等。标签、封口不符合要求时,拒绝运输。

③道路运输医疗废物车辆应有明显的医疗废物标识,须达到防渗漏、防遗撒及其他环境保护和卫生要求。运送医疗废物的车辆不得运送其他物品。

(2)装卸过程

①根据不同的医疗废物分类,作业人员在工作中应穿戴好相适应的防护服装、手套、防毒口罩、面具和护目镜等。

②作业人员发生被医疗废物刺伤、擦伤等伤害时,应采取相应的处理措施,并及时报告相关部门。

(3)运输过程

①按照有关部门规定的时间和路线,从医疗废物产生地点运送至指定地点。

②在运送医疗废物时,应防止包装物或容器破损和医疗废物的流失、

泄漏和扩散，并防止医疗废物直接接触身体。

③运输过程中，车厢内温度应控制在所运送医疗废物要求的温度范围之内。

④运送医疗废物的专用车辆使用后，应当在医疗废物集中处置场所内及时进行消毒和清洁。

七、放射性物品

1．出车前

①运输放射性物品的车辆必须随车携带经当地核查单位及核查人员（通常为卫生防疫部门）盖章注明的“放射性物质货包表面污染及辐射水平检查证明书”。

②配备相应的安全防护服和用具。

2．装卸过程

①要做好充分的准备工作，尽量减少操作或接触货包的时间，每人每天允许作业的时间必须根据货包运输指数在规定的时间内进行，详见表3-2-1。

装卸放射性货物每人每天允许作业时间表　　表3-2-1

包装等级标志颜色	包装表面辐射水平（mrem/h）	徒手操作（与货包表面距离为零）	简单工具（距货包表面约0.5m）	运输指数（距货包表面1m）（mren/h）	半机械化操作（距货包表面1m）	机械化操作（距货包表面1.5m）
Ⅰ－白色	≤0.5	8h	/	/	/	/
Ⅱ－黄色	1	7h	8h	/	/	/
	5	90min	7h	0.05	/	/
	10	50min	6h	0.1	/	/
	20	20min	2h	0.3	8h	/
	30	15min	90min	0.6	7h	/
	40	10min	60min	0.8	6h	/
	50	7min	50min	1.0	5.6h	/
Ⅲ－黄色	60	6min	45min	1.5	15h	7h
	80	5min	40min	2.0	4h	6h
	100	4min	35min	3.0	2.5h	5h
	120	3min	30min	4.0	2h	4h
	140	2min	24min	5.0	1.5h	3h
	180	1min	20min	7.0	1h	2h
	200	不允许	12min	10.0	0.5h	1h

注：表中“/”表示作业时间不限制。

②装卸人员必须穿戴防辐射工作服、口罩、手套等劳动保护用品，搬动时应使用工具，不可肩扛背负，不可坐在货包上，避免身体直接接触货包。

③装卸过程中必须保持货物包装完好无损，严防撞击跌落，不准翻滚、倒置。

④装卸过程中严禁吸烟饮水进食。作业完毕后，要淋浴换衣，洗净手脸。特别是放射性矿石矿砂，包装外易污染，作业后，要检查身上确无放射性矿砂沾污才能进食。

⑤放射性物品要摆放平稳、牢靠、捆绑加固，防止在运行中倒塌、倾斜、撞击、移位。放射性同位素和可裂变物质的货物在车厢里不得堆码。摆放时，要尽量做到减少周围的剂量率，运输指数大的货包放在中间，运输指数小的货包放在周围，这样剂量率小的货包也能起到一定的屏蔽作用，可减少周围的剂量率。一辆车上同时摆放的所有放射性货包的运输指数之和不得超过50。装有运输指数50的放射性货包的车辆，前后左右6m范围内，不得有其他放射性物品。

⑥放射性货物不得与其他危险货物混装配载，与普通货物应按表3-2-2条件隔离。

放射性货物与普通货物的隔离条件　　表3-2-2

包装等级 / 隔开距离 / 对象	Ⅰ级	Ⅱ级	Ⅲ级
行李包裹	不隔离	不隔离	不得配装
普通货物	不隔离	不隔离	1.5m
未定影的照明底片或感光材料	0.5m	1m	5m

3. 运输过程

(1)运输过程中货物的隔离

为控制辐射照射，放射性货物在运输过程中，除Ⅰ级货包外，应与生活设施、工作区以及乘客或公众经常逗留的场所保持距离，使运输人员所受的照射剂量当量每年不得超过5mSv(500mrem)，公众成员每年不得超过1mSv(100mrem)。同时，放射性货物还应与未感光的胶片隔离，使胶片在每次托运中所受的照射不大于0.1mSv(10mrem)。合适的距离可由此推算。

(2)运输过程中货物的摆放

①放射性货物在运输过程中,必须摆放牢固、稳妥。

②货包表面平均热通量不得超过 $15W/m^2$,并且当周围货包不是装入囊状包皮或包壳中时,这类货包或外包装都可以与有包装的普通货物一起运输。

③放射性货物不得与其他危险品装载在同一辆车上,也不得置于乘坐旅客车厢内运输。

④除特殊安排装运的货包外,不同种类的放射性货包(包括易裂变物质货包)可以混合装运。但必须符合下列要求:一是车辆内的货包、外包装、运输罐和集装箱的允许数目限制为单车运输指数总和不超过 50。但对于 I 类低比活度放射性物质,运输指数总和不受限制。二是常规运输条件下,在交通工具外表面任意一点上的辐射水平不得超过 2mSv/h (200mrem/h),在距离表面 2m 远的任意一点处不得超过 0.1mSv/h (10mrem/h)。

(3)在装运 II 级(黄色)、III 级(黄色)标志的货包、外包装、运输罐或集装箱的车辆内,除驾驶人员、助手与押运人员外,不允许搭载其他人员。人员座位处的辐射水平,一般不得超过 0.02mSv/h(2mrem/h)。运输过程中因故临时停车,对运输指数大于 0.3 的放射性货包应划出警戒线,保持一定的安全距离进行辐射防护。货包与人员之间没有屏蔽的安全距离见表 3-2-3。

人员与放射性货包间的安全距离表 表 3-2-3

货包运输指数	0.3	0.4	0.5	0.7	1	2	5	10	20	50
安全距离(m)	1	1.2	1.3	1.5	1.7	2.6	4	5.6	8	13

所谓安全距离即指在这个距离以外,人员与放射性货包相处可以不受时间的限制。

八、腐蚀品

1. 出车前

根据危险货物性质配备相应的防护用品和应急处理器具。

2. 装卸过程

①装卸作业前应穿戴耐腐蚀的防护用品,对易散发有毒蒸气或烟雾的,应备有防毒面具。并认真检查包装、封口是否完好,要严防渗漏,特别要防止外包装破烂脱底。

②装卸作业时，应轻装、轻卸，防止容器受损。液体腐蚀品不得肩扛、背负；忌振动、摩擦的货物或易碎容器包装的货物，不得拖拉、翻滚、撞击；没有封盖的包装件不得堆码装运。

③具有氧化性的货物不得接触可燃物和还原剂。

④有机腐蚀品严禁接触明火、高温或氧化剂。

⑤酸性腐蚀品与碱性腐蚀品不得混装，无机酸性腐蚀品不得与有机腐蚀品混装。

⑥装载必须按规定标记吨位装载，并留有相应的膨胀余位，严禁超载。

3．运输过程

①运输途中发现货物撒漏时，要立即用干砂、干土覆盖吸收，清除干净后用清水清洗；大量溢出时，应立即向当地公安、环保等部门报告，并采取一切可能的警示措施。酸性货物撒漏，用碱性稀溶液中和，碱性货物撒漏，用酸性稀溶液中和。

②运输途中发现货物着火时，不得用水柱直接喷射，以防腐蚀品飞溅；对遇水发生剧烈反应，能燃烧、爆炸或放出有毒气体的货物，不得用水扑救。着火货物是强酸时，应尽可能抢出货物，以防止高温爆炸、酸液飞溅，无法抢出时，可用大量水将其容器降温。

③事故扑救人员必须穿戴防护用品，对易散发腐蚀性蒸气，或有毒气体的货物，必须使用防毒面具。扑救人应站在上风处。

④如果有人被腐蚀物品灼伤时，应立即用大量水冲洗以稀释酸、碱性，必要时送医院救治。

九、散装固体运输

1．装卸过程

①易散漏、飞扬的散装粉状危险货物，包装好后方可装运。

②散装煤焦沥青在高温季节应在早晚进行装卸作业。

③装卸硝酸铵，环境温度不超过40°C，现场应保持足够的水源。

④装卸会散发有害气体或致病微生物的固体，要注意人身保护和采取必要的预防措施。

2．运输过程

①装车后必须用苫布遮盖严密，必要时应用大绳捆扎，防止飞扬。

②行车中尽量避免急刹车，转弯必须减速，防止物体移动，造成车辆

侧翻。

十、罐车运输

1. 装卸过程

1）一般规定

①装卸前要联好防静电装置。装卸作业现场必须通风良好。装卸时操作人员应站在上风处，密切注视进出料情况，防止溢出。

②认真核对货物品名后，按车辆核定吨位装载，并留有规定的膨胀余位，严禁超载。装货后关紧罐车进料口，将导管中的残留液体或残留气体排放到指定地点。

③罐体的装载不应超过从④到⑧项规定的限度。

④通常使用的罐体最大充灌度（%）为：

$$充灌度=\frac{97}{1+\alpha(t_r-t_f)} \tag{3-2-1}$$

⑤凡装载6.1类或第8类（包装Ⅰ或Ⅱ）的液体或绝对蒸气压力在65℃时超过175kPa的液体，其最大充灌度（%）为：

$$充灌度=\frac{95}{1+\alpha(t_r-t_f)} \tag{3-2-2}$$

$$\alpha=\frac{d_{15}-d_{50}}{35d_{50}} \tag{3-2-3}$$

式中：α——温度（t_f）和（t_r）之间的液体体积膨胀平均系数；

t_f——充灌时液体的平均摄氏温度；

t_r——罐内按体积计算的最大平均温度（均为摄氏温度）；

d_{15}、d_{50}——分别表示在15℃和50℃时的液体密度。

罐车内按条件计算的最大平均温度（t_r）应取50℃，但如果考虑运输过程中的气象条件或极端气象条件，主管机关可根据情况批准采用较低的或较高的温度。

⑥上述④、⑤项的规定不适用于装载在运输过程中保持温度高于50℃（例如使用加温装置）的物质的罐车。装有加温装置的罐车应使用温度调节器，确保最大充灌度在运输过程中的任何时候都不会大于95%。在加温状态下运输液体时，最大充灌度为：

$$充灌度=95\%\frac{d_r}{d_f} \tag{3-2-4}$$

式中：d_f、d_r——分别表示在平均充灌液体温度和最大平均散装运输液体温度时的液体密度。

⑦下列罐车不能交付运输：

A. 对于在20℃时和加温物质在运输中达到最大温度时，其粘度小于2.680Pa·s的液体，其充灌度大于20%，小于80%，除非罐壳是被隔板或波纹板隔开，且每一舱容量不大于7500L；

B. 罐体或其附属设备外部附着有所装残留物；

C. 如果罐车渗漏或损坏使罐车的完整性或其起吊及加固附件受到影响。

⑧卸货时，贮罐车所标货名应与所卸货物相符，卸料导管应支撑固定，坚固卸料导管与阀门的联接处，阀门要逐渐开启。

⑨卸货物时，操作人员不得擅离操作岗位。卸货时罐车内货物必须卸净，然后关紧阀门，收好卸料导管和支撑架、防静电设施等。

⑩装卸货物时操作人员要轻开、轻关孔盖，操作工具要有防止发生火花的性能。

2）补充规定

（1）装运第2类液化气体的罐车

①灌装前，必须对罐车体阀门和附件（安全阀、压力计、液位计、温度计）以及冷却、喷淋设施的灵敏度、可靠性进行检查，并确认罐车体内有规定的余压，如无余压者经化验含氧不超过2%时方可充灌。

②车辆进入贮罐区前，须停车提起导除静电装置，进入充灌车位时再接好导除静电装置。

③严格控制灌装规定定量，做好灌装量复核、记录，严禁超量、超温、超压，其装卸作业顺序如下：

A. 到指定地点开启排放阀，打开30%～50%左右，放掉残留气体，保持罐体内压力低于罐体压力1～1.5kPa；

B. 打开球部的快换接头盖，并关闭排放阀；

C. 接通罐车与装卸液料管线之间的装卸软管；

D. 慢慢开启罐车的紧急切断阀；

E. 观察各部零件和仪表压力、温度、液位指示均正常时，再慢慢地按顺时针方向开启气相阀和液相阀，并注意压力表、温度计、液位计变化情况；

F. 要认真检查设备运转是否正常，并按时加润滑油，发现异常应立即

停泵;

G. 装卸作业完毕,先关闭球阀,再关闭紧急切断阀;

H. 打开排气阀,排出残留气体,拆下装卸软管,盖上接头盖,关闭排空阀。

④发生下列异常情况时,一律不准灌装,操作人员应立即采取紧急措施,并及时报告有关部门:

A,容器工作压力、介质温度或壁温超过许可值,采取各种措施仍不能使之下降;

B. 容器的主要受压元件发生裂缝、鼓包、变形、泄漏等缺陷危及安全;

C. 安全附件失效,接管端断裂,紧固件损坏难以保证安全运输;

D. 雷击、暴风雨天气或附近发生火灾;

E. 禁止用蒸汽直接注入罐车体内升压或直接加热罐车体的方法卸液,卸液后,罐车内必须留有规定的余压,操作人员不得离开岗位;

F. 运输途中应严密注视车内压力表的工作情况,发现异常,应立即停车检查,排除故障后,继续运行。

(2)装运非冷冻液化气体的罐车

①单位体积非冷冻液化气体的最大质量(kg/L)不得超过液化气体在50℃时的密度乘以0.95,另外,罐车在60℃时不得充满液体。

②罐车的装载量不得超过最大允许总重和对每种所运气体规定的最大允许载重。

③罐车在下列情况下不得交付运输:

A. 罐车处于不足量状态,由于罐车压力骤增可能产生不可承受的液压力;

B. 渗漏时;

C. 罐车的损坏程度已影响到罐车的总体及其起吊或紧固设备;

D. 罐车的操作设备未经过检验,不清楚是否处于良好的工作状态。

(3)装运冷冻液化气体的罐车

A. 拟运氦的罐车可装载至但不超过减压装置的入口;

B. 除A条规定的情况外,罐车的最初充灌度应使内装物(氦除外)在温度上升到蒸气压力等于最大允许工作压力(MAWP)时,使液体所占体积不超过98%;

C. 罐车应限速行驶,行驶速度一般为:高速公路上不超过80km/h;一级公路最高速度60km/h;二、三级公路30~50km/h。

(4)装运第3类易燃液体的罐车

装运第3类易燃液体时,所有准备用来装运易燃液体的罐车都应是封闭型的,且按要求装有减压装置。

(5)装运有机过氧化物(第5.2类)和自反应物质(第4.1类)的罐车

①下述要求适用于拟装运自行加速分解温度(SADT)为55℃或55℃的有机过氧化物(F型)和自反应物质(F型)的罐车。

②罐车应配置感温装置。

③罐车应装有减压装置和应急释放装置,也可以使用真空减压装置。减压装置应在达到根据有机过氧化物的性质和罐车的结构特点所确定的压力时就启动。罐壳上不允许有易熔化的元件。

④对于隔热罐车,应假设其表面的隔热面积损失1%来确定一个和几个减压装置的能力和定位。

⑤罐车可由遮阳板隔热或保护。如果罐车中所运物质的自行加速分解温度(SADT)为55℃或以下,或罐体是由铝制成的,那么就应完全隔热。罐车的表面采用白色或明亮的金属。

⑥在15℃时,充灌度不得超过90%。

(6)装运第7类放射性物质的可移动罐车

①运输放射性物质的罐车不得用于装运其他货物。

②罐车的充灌度不得超过90%,或代以经主管机关批准的其他数值。

(7)装运第8类腐蚀品的罐车

装运第8类腐蚀品的罐车的减压装置,其检验周期不应超过1年。

2. 运输过程要求

①罐车在运输期间应采取足够的防护措施,防止因受到横向、纵向的碰撞及翻倒导致罐壳及其装卸设备的损坏。如果罐壳及其操作系统本身的结构可以经受碰撞和翻倒,则可不必采取防护措施。

②某些物质的化学性质不稳定,只有在采取了必要的措施后,方可进行运输,以防止运输途中发生危险性的分解、化学变化或聚合反应。

③运输期间罐壳(不包括开口及其封闭装置)或隔热层外表面的温度不应超过70℃。

④未进行清洁、残留有气体的空罐车应按先前装有货物时的相同要求处理。

十一、液化石油气

1. 出车前

液化石油气专运厢式货车的发动机(机仓内)应安装快速火花熄灭装置。

2. 装卸过程

①装卸过程中,要求对钢瓶依序码平,并对钢瓶捆扎牢固,钢瓶只许立放,严禁倒放和卧放。严禁在车厢内乘人。

②出厂时,不准将漏气瓶、严重破损瓶(报废瓶)、异型瓶装车。

③收回漏气瓶时,漏气瓶必须装在车槽的后面,不得靠近驾驶室。

3. 运输过程

①液化石油气罐车在行驶时,必须按当地公安部门规定的路线、时间和车速行驶,不准带拖挂车,不得携带其他易燃易爆危险物品。通过隧道、涵洞、立交桥时,要注意标高,限速行驶,当罐车内温度达到40℃时,应采取遮阳或罐外冷水降温措施。

②在途中需停车检修时,应用不产生火花的工具,并不准有明火作业。如途中停车需超过6h时,应与当地公安部门联系,并按指定的安全地点停放。

③罐车液化石油气若发生大量泄漏时,应采取紧急止漏措施,一般不得起动车辆,立即采取防火、灭火措施,切断一切火源,设立警戒区,并组织人员向逆风方向疏散。

④装有重瓶的车辆在停止静态时,必须将车厢顶部的开窗全部敞开并锁好窗销,不准关闭车厢顶部天窗。

⑤车辆在行驶前要求将车厢后门、侧门锁牢方可运行,不准敞开行驶。严禁超载运行。

十二、油品运输

1. 出车前

驾驶人员、押运人员、装卸人员进出油库要穿着防静电工作服和工作鞋,并遵守油库的有关规定,不带火种进库,接受检查。

2. 装卸过程

①在灌油前、放油后驾驶人员要检查节门和管盖是否关牢,查看接地线是否接牢,不得敞盖行驶,严禁罐车顶部载物。

②汽车油罐车的灌装使用泵送和自流灌装。

③油罐车进站卸油时，其他车辆不准进入，停止加油，并要有专人监护，避免行人靠近。测量油量要在卸完油30min以后进行，以防测油尺和油液面、油罐间的静电放电。

④最好采用密闭卸油，用这种方法卸油是在地下油罐和油罐车之间加一条油气管道，从油罐车流向地下油罐，而地下油罐内的油气沿着管道流向油罐车，进行油气置换。

⑤卸油时发动机应熄火，雷雨天停止卸油。

⑥卸油时夹好导静电线，再装好卸油胶管，当确认所卸油品与储油罐存储的油品各类相同时方可慢慢开启放油阀门。

⑦卸油前要检查油罐的存油量，以防止卸油时冒顶跑油。卸油时严格控制流速，在油品没有淹没进油管口前，油的流速应控制在0.7～1m/s以内，以防止产生静电。

⑧卸油中要做不冒、不洒、不漏，各部接口牢固，卸油时不得离开现场，与加油站人员共同监视卸油情况，发现问题随时采取措施。

⑨卸油时，油管应伸至离罐底不大于300mm处，以防止进油时喷溅产生静电。

⑩卸油要尽可能卸净，当加油站人员确认罐内已无储油时方可关闭放油阀门，收好放油胶管，盖严油罐盖。

3．运输过程

①在通过隧道、涵洞、立交桥时，要注意标高，限速行驶，当罐车内温度达到40℃时，应采取遮阳或罐外冷水降温措施。

②汽油罐车平时应按规定的位置单独停放，存满汽油的罐车不得进入车库停放。

第三节　道路危险货物运输押运事故应急措施

危险货物运输由于人为以及其他意想不到的原因，会发生泄漏、着火、爆炸及中毒等事故，甚至是灾难性事故。不同的危险货物在不同的情况下会发生不同的事故，各类事故的处理方法各异，若处置不当，极可能造成事故的进一步扩大，给人民的生命和财产造成不必要的损失。为此，若发生事故，押运人员作为事故当事人，身处事故现场，应在能力范围内，采取必要的应急处理措施，防止事态扩大，将损失降低到最小程度。各类危险货物事故应急措施说明见附录五。

第四节　常见火灾事故及其防范措施

危险货物容易发生燃烧、爆炸事故，且危险货物本身及其燃烧产物大多具有较强的毒害性和腐蚀性，极易造成人员中毒、灼伤等伤亡事故。从事危险货物运输作业的人员应熟悉危险货物发生火灾的原因，有针对地采取相应的防范措施，把事故隐患阻断源头，从而可以有效的降低燃烧、爆炸事故的发生。

一、常见火灾事故类型

一般可将火灾事故分为以下6类：

1. 气体火灾

它是从管道或其他设备中泄漏出来的可燃气体（如煤气、天然气、液化石油气、乙炔气等），被火点燃而发生的火灾。在很多情况下，泄放出来的可燃气体充满室内，与空气混合后形成燃爆性混合物，遇到点火源就发生燃烧爆炸，危害很大。

2. 油品火灾

原油、煤油、汽油、苯、酒精等易燃可燃液体所发生的火灾都属于油品火灾。这种火灾大多是由于贮罐或容器的泄漏引起的，或者是废弃的油品着火而致。

3. 可燃物火灾

如建筑物、家具、木材、纸张、纤维、纺织品、涂漆物件、固体燃料等固体可燃物的火灾都属于可燃物火灾。

4. 电气火灾

电缆线、电动机、变压器等电气设备使用的绝缘材料发生的火灾都属于电气火灾。

5. 金属火灾

镁、铝、铬等金属粉在空气中具有燃烧性质，遇到点火源可能发生火灾。

6. 其他火灾

如敞开的散装火药燃烧引起的火灾；空气液化车间地坑内流进了液态氧，造成局部地方氧气过剩，降低了物质的燃点，遇到点火源而发生燃烧，引起火灾等。

二、着火源

危险货物着火源可以分为以下5种：

1. 明火

火焰、火星、电弧和灼热的物体等敞开的明火有很高的温度和很大的热量，是引起火灾的最主要着火源。

2. 摩擦和冲击

摩擦和冲击往往成为爆炸物品、氧化剂、易燃气体、蒸气及粉尘着火爆炸根源之一。

3. 电器设备引起的着火或爆炸

电火花是引起易燃气体、蒸气和粉尘着火、爆炸的一个主要着火源。配电盘、开关、电灯等电器设备的接触不良以及电线短路时，均能产生电火花。此外，外露灼热的电炉丝和负荷过大的电气线路，亦均能发热引起火灾。

4. 静电放电

静电电荷产生的火花，常为危险货物储运火灾爆炸的一个根源，产生静电荷的原因是电介质相互摩擦或电介质与金属摩擦而生成的。如：①传动带转动时；②粉尘、液体和气体电介质沿导管流动或以容器抽出或注入时；③喷出的可燃气体由于带有粉尘、雾滴或铁锈粉末，因与容器壁摩擦而带电，喷出的氢气已有多次着火、爆炸事故时；④固体电介质被粉碎或液体喷成雾状时；⑤两种材料紧压，其中之一为电介质时。

大部分易燃和可燃液体是电气绝缘性高的液体。严寒的冬季和炎热的夏天，天气干燥，最容易产生静电，静电电压达300V时，放电的火花可使汽油蒸气着火。如加油站使用聚氯乙烯管子，从汽油桶往地下储罐注入汽油时起火。油槽汽车的爆炸事故，多数也是由于产生静电放电时的火花所引起的。

5. 自燃发热

化学反应时放出的能量，也是引起物质着火、爆炸的原因之一。

三、火灾事故防止措施

防止火灾事故的发生和扩大，有预防、限制、灭火和疏散等措施。

1. 预防措施

预防火灾发生的措施很简单，就是要把可燃物、氧或氧化剂、点火源三者分隔开来，并恰当地管理好它们，使它们没有结合的机会，这样就不会引起发火和造成火灾。因此，对可燃和助燃的危险物质及其发火的条件要具备足够的知识，把消防工作的重心放在以防为主上。

(1)明火

①具有火灾和爆炸危险性的处所禁止吸烟和携入火柴、打火机等火种，不得使用明火(如蜡烛、火柴)作为照明。

②盛易燃液体或气体的容器、管道等进行明火修理工作前(如气焊、电焊、喷灯、熔炉等)，必须先经过有关部门批准，安全技术部门应该进行检查，严格执行动火制度。修理前，须打开一切洞孔，先用水蒸汽、氮气或其他惰性气体吹洗，再用清水(或空气)冲洗。

电焊作业中，"搭铁"不能与易燃液体或气体的容器、管道连接，应独立接地。由于金属导电，有可能在容器内的间隙或接头处形成电弧，造成爆炸。应将连接管道拆卸隔离或用金属盲板隔绝之，防止易燃液体、气体和蒸气进入检修的设备和管道内，以防在点火时发生爆炸或燃烧。

(2)摩擦和冲击

轴承摩擦发热，铁器和机件撞击，钢铁工具，带铁钉的鞋与混凝土地坪摩擦、撞击，铁桶容器爆裂时，均能产生火花。气体压缩时亦释放出热能。

容易分解的易燃易爆物质，一经摩擦、冲击，即能发生爆炸。如雷汞、乙炔银、叠氮铅以及氯酸盐和赤磷等。

搬运贮盛易燃气体和液体的金属容器时，禁止在地上抛掷或拖拉，并防止铁桶相互撞击，以免发生火花。研磨、粉碎特别容易分解、起火、爆炸的物质时，应灌充惰性气体，以减少设备内空气中的含氧量。

储罐、管道和化工生产设备应保持密闭，严防跑、冒、滴、漏；对输送管道应尽量少用或不用法兰接头；所有垫圈必须保证良好。

(3)电器设备引起的火灾和爆炸

具有易燃易爆危险的厂房和仓库内的所有电气动力设备和照明装置，必须遵守电气安全规程，并应该符合防火、防爆的要求。

(4)静电放电

防止易燃液体、气体和粉尘产生静电放电而起火的基本措施，是将设备、导管和容器安装可靠的接地设备以及增高厂房内或设备内空气的湿度，当相对湿度在75%以上时，即有可能防止静电的积聚。

液体在管道内流动的速度不应过大，一般不超过 3～5m/s 。灌注液体时，应防止产生液体飞溅和剧烈搅拌的现象。向储罐输送易燃液体的导管，应放在液面之下或将液体沿容器的内壁缓慢流下，以免产生静电。

人员进入危险货物储存、装卸场地，不应穿化纤工作服。因为化学纤维工作服的摩擦，会使人体或工作服带电而产生火花。

(5)自燃发热

①浸透干性植物油的纤维或金属锯屑能在空气中进行氧化反应，应按时清除。

②黄磷以及石油贮罐清除后的活性硫化铁等能在空气中氧化而自燃。

遇水燃烧物质(如钾、电石)与水作用能生成可燃气体而着火，贮存此类物质应该避免与水接触，如钾、钠应浸在石油中储存。

③某些可燃物受氧化剂或酸的剧烈氧化作用，能自行发热燃烧(如浓硝酸与乙醇、高锰酸钾与甘油等)。凡相互作用的物质，应该隔离储存。

2. 限制措施

一旦发生了火灾事故，应事先采取措施限制其蔓延扩大。主要措施有：使建筑物采用非燃烧体或难燃烧材料建造；设置防火墙、防火门、防油堤、防液堤、隔火水封井等；建筑物之间或易燃危险品贮存场所与建筑物之间留有适当的防火间距；将某些易燃液体贮罐设置于地下或半地下库房内；在有火灾危险的工作场所不堆积大量可燃物，如原料、半成品和产品等，这些东西应贮存在专用库房内，生产中需用多少就运来多少，生产出的产品要及时运走。

3. 灭火措施

万一不慎起火，要尽快组织人员及时扑灭。灭火措施分初期灭火和正规灭火。初期灭火是在刚刚起火之时采取的应急措施，如使用手提式干粉灭火器、二氧化碳灭火器等扑灭初起的火焰，同时派人打电话报火警。如果初期灭火做得好，可以避免发生大火灾，减少许多经济损失。正规灭火是指企业消防队或城市消防队的灭火活动。正规灭火需要大量水源，故工厂建设中必须考虑建造专用消防水池和足够的消火栓。

4. 疏散措施

如果发生较大火灾，就要设法把人员从危险区撤到安全区。为此，平时就要充分估计到事故发生的可能性，事先指定安全疏散区。建筑设计上要有安全疏散门和通道，疏散楼梯必须设在火焰从窗户喷出而燃烧不到的地方等，见图 3-2-3。

图 3-2-3　发生火灾时组织人员疏散

第五节　医疗急救常识

一、医疗急救的步骤

发生危险货物运输事故，现场作业人员应向有关部门及时汇报事故情况，根据事故造成的人员伤亡情况报当地医疗急救中心，在专家和专业医生到达之前，应根据伤员的实际情况，积极开展救治活动，争取宝贵的急救时间。实践证明，如果伤员当场由有关人员提供适当的应急治疗，并且将其安全运到进一步治疗的地方，那么就有较大的康复机会，且不会发生并发症。

发生事故后，现场作业人员应采取必要的措施，按照相应的步骤，诊断病情，对伤员实施抢救。紧急诊断、抢救过程见图 3-2-4。

二、抢救及注意事项

抢救人员在进入污染区域前必须做好充分防护防止接触，以避免受到伤害，如果未判明是何种化学品，必须对毒性作最坏程度的假定。

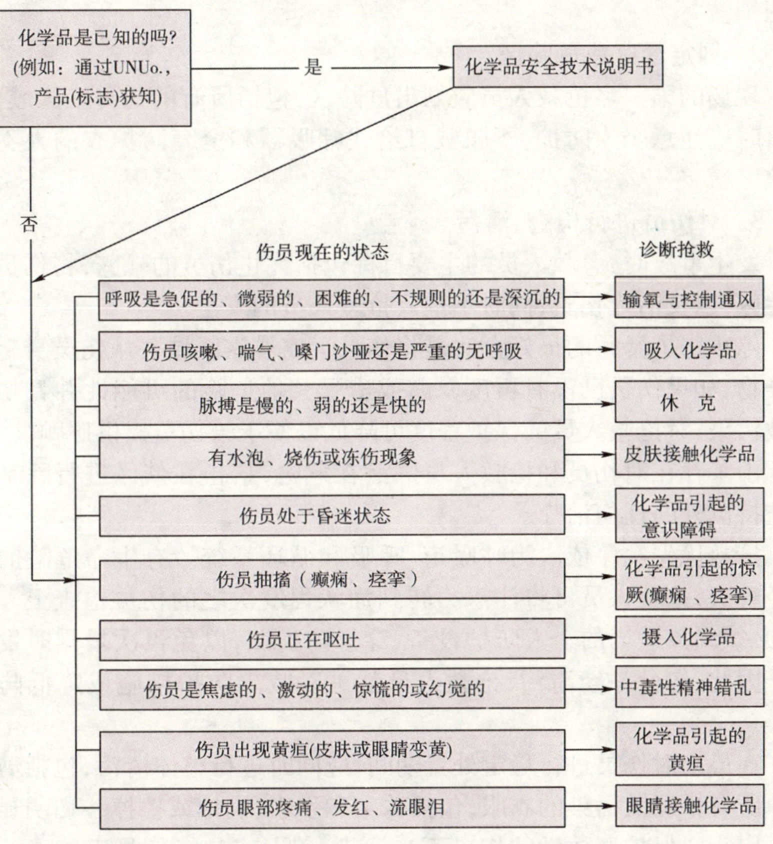

图 3-2-4　紧急诊断、抢救步骤图

1. 到达现场

现场急救人员是在专家及专业医务人士到来之前抢救伤员的操作者，在进入污染区域之前，应做好适当保护，否则会有暴露和变成伤员的危险，因此其也应同抢救人员一样不得进行下列行为：

①入污染区域时没有使用依靠压力的自给呼吸器及穿戴全套防护衣；

②进入封闭处所，除非经过专门的训练并按照正确的程序；

③踩过泄漏的物质；

④使设备受到不必要的污染；

⑤试图从污染区域拿回运输文件或货单，除非已做了充分保护；

⑥接近有潜在污染区域时没有防护；

⑦未经培训，佩戴适当的个人防护设备和适合当时情况的防护衣就

试图抢救。

2. 划定禁区或危险区

现场的第一名抢救人员应划出危险区，包括所有的受污染区域，但做此事时应注意个人防护，不佩戴自给式呼吸器和全套防护衣的人不得进入该区域。

3. 对伤员进行检查、清污

发生事故时，急救人员的主要目标包括终止伤员的暴露，将伤员运离危险区，以及治疗伤员，同时不危及抢救人员的安全。

停止伤员暴露的最好办法是将伤员运离暴露区域并从伤员身上除掉污染物，如果伤员已没有再度暴露或遭受其他危险的可能性并且伤员不再被污染，对抢救人员的保护程度可降低以便于给伤员提供照顾。

由于存在对伤员和抢救人员的潜在危险，禁止在禁区进行除基本生命支持以外的任何治疗。

抢救优先次序依次为呼吸道、呼吸和循环系统。有生命危险的问题一经解决，抢救人员可将注意力转到症状程度次之的伤员检查上。要切记，必须佩戴适当的个人防护设备、穿好防护服，以免再次暴露时发生危险。因此，伤员一经清污，抢救人员就可以减少防护措施或降低防护程序。

在最初对伤员进行稳定处置期间，应同时进行整体清污，包括剪掉或脱掉所有怀疑被污染的衣服，包括珠宝和手表；刷掉或擦掉一切明显的污染。应小心保护开放性的伤口不受污染，盖上或包好伤员以防止污染传播。抢救人员应尽量避免接触有潜在危险的物质。

(1)清污

清污包括减少外部污染，抑制已造成的污染和防止潜在危险物质的蔓延。换句话说就是，除掉你能除掉的，抑制你不能除掉的。

通常情况下，完整皮肤的吸收能力比损伤肌肤、粘膜或眼睛的差。因此，清污应从伤员的头部开始向下进行，首先处理受污的眼睛和伤口。伤口清洗后，应小心不要让其再受污染，可用防水绷带覆盖伤口。对于有些化学品，如强碱，应长时间用水或生理盐水冲洗受暴露的眼部。

外部清污应使用最不刺激的方法。应限制对皮肤的机械或化学刺激以防止扩大渗透，对污染部位应一边用水喷洒，一边用柔软的医用棉球、纱布和不含有害物质的皂液（如洗碗液）仔细清洗。应使用温水（勿用热水），清污程度应完全依据污染物的性质、形式、伤员本身状况、环境状况和可用资源决定。

抢救人员应尽量对清污过程中产生的废水(物)进行回收并作适当处理,应将伤员与该环境隔离以防止残余污染物的传播。有潜在危险的伤员服装和所有物应脱去并放在粘有适当标签的袋子里。

(2)对治疗伤员的考虑

受污染的伤员同其他伤员一样,可同样进行治疗。除非救援人员必须保护自身和其他人免受污染危险,救援人员必须首先解决威胁生命安全的问题,然后是清污和实施援救措施。完成初步检查的同时可进行清污,如果条件允许还可进行其他治疗。从运输文件和标志中获得的化学品信息应纳入到适当的伤员治疗程序中。

如果伤员不止一个,应执行适当的分类程序。

①如果只有一名伤员不省人事(不管伤员总数是多少):

A. 立即对不省人事伤员进行治疗;

B. 求助。

②如果不省人事的伤员不止一个:

A. 求助;

B. 按下列优先次序给最重的伤员适当治疗:停止呼吸或没有脉搏的伤员;不省人事的伤员。

③如果伤员不省人事或紫钳(皮肤发蓝)但有呼吸,接通便携式输氧器。

如果条件允许,对出现的症状可作适当治疗。伤员一经清污,即可按“正常”伤员治疗,如果不是在威胁生命安全的情况下,预防疾病侵入的措施(如静脉注射),应只能在完全排除污染条件时使用。因为这些措施能创造使危害性物质进入人体的直接途径。

输氧应使用带有储存装置(再呼吸器)的袋阀面罩。如果可能,受污染的空气不要与氧气混合。要经常检查伤员情况,因为很多危险物质具有潜伏性生理作用。尽管有些情况下需用解毒剂治疗,但大多数情况可根据症状进行治疗。

4. 将伤员运送到医院(医疗急救中心)

运送前要尽可能将伤员清洗干净,防止再次接触污染物。要特别小心,防止担架和其他相继接触伤员的人员受到污染,急救人员要穿戴适当的防护衣。如果不能充分清污,救援人员要尽量防止污染的散播并且至少要脱掉伤员的衣服,用毯子将伤员包起来,再用人体袋或塑料布、橡胶布包裹以减少对设备和其他人员污染的可能性，减少鞋子带来的污染。

如果伤员能行走，领其走出污染区域。

如果伤员不能行走，将其放在平板或担架上。建议使用玻璃纤维平板和一次性的铺被单。

如果使用木制平板，应覆盖一次性的铺被单或用后丢弃。伤员接触的设备应隔离以作处理或清污。

如果没有其他可用的搬运工具，将伤员小心运送或拖动到安全地方。

三、发生人身中毒事故的急救处理

1. 人身中毒的途径

在危险货物的储存、运输、装卸等操作过程中，毒物主要经呼吸道和皮肤进入人体，经消化道的较少。

①呼吸道。整个呼吸道都能吸收毒物，尤以肺泡的吸收能量最大。肺泡的总面积达 55～120m^2，而且肺泡壁很薄，表面为含碳酸的液体所湿润，又有丰富的微血管，所以毒物吸收后可直接进入大循环而不经肝脏解毒。

3

②皮肤。在装卸危险货物等操作过程中，毒物能通过皮肤吸收，吸收的数量和速度，除与其脂溶性、水溶性、浓度等有关外，皮肤温度升高，出汗增多，也能促使粘附于皮肤上的毒物易于吸收。

③消化道。操作中，毒物经消化道进入体内中毒的机会较少。主要由手被毒物污染未彻底清洗而取食食物，或将食物、餐具放在车间内被污染，或误服等。

2. 人身中毒的主要临床表现

①神经系统。慢性中毒早期常见为神经衰弱综合症和精神症状，多属功能性改变，脱离毒物接触后可逐渐恢复。常见于肺、铅等中毒。锰中毒和一氧化碳中毒后可出现震颤。重症中毒时可发生中毒性脑病及脑水肿。

②呼吸系统。一次大量吸入某些气体可突然引起窒息。长期吸入刺激性气体能引起慢性呼吸道炎症，出现鼻炎、鼻中膈穿孔、咽炎、喉炎、气管炎等。吸入大量刺激性气体可引起严重的化学性肺水肿和化学性肺炎。某些毒物可导致哮喘发作，如二异氨酸甲苯醋。

③血液系统。许多毒物能对血液系统造成损害，表现为贫血、出血、溶血等。如铅可造成低色素性贫血；苯可造成白细胞和血小板减少，甚至

全血减少，成为再生障碍性贫血，还可导致白血病；呻化氢可引起急性溶血；亚硝酸盐类及苯的氨基、硝基化合物可引起高铁血红蛋白症；一氧化碳可导致组织缺氧。

④消化系统。毒物所致消化系统症状有多种多样。汞盐、三氧化二砷急性中毒可出现急性胃肠炎；铅及铊中毒出现腹绞痛；四氯化碳、三硝基甲苯可引起急性或慢性肝病。

⑤中毒性肾病。汞、镉、铀、铅、四氯化碳、砷化氢等可能引起肾损害。此外，生产性毒物还可引起皮肤、眼损害、骨髓病变及烟尘热等。

3. 急性中毒的现场急救处理

发生急性中毒事故，应立即将中毒者及时送医院急救。护送者要向院方提供引起中毒的原因、毒物名称等，如化学物不明，则需带该物料及呕吐物的样品，以供医院及时检测。

如不能立即到达医院时，可采取急性中毒的现场急救处理：

①吸入中毒者，应迅速脱离中毒现场，向上风向转移，至空气新鲜处。松开患者衣领和裤带，并注意保暖。

②化学毒物沾染皮肤时，应迅速脱去污染的衣服、鞋袜等，用大量流动清水冲洗 15～30min。头面部受污染时，首先注意冲洗眼睛。

③口服中毒者，如为非腐蚀性物质，应立即用催吐方法，使毒物吐出。现场可用自己的中指、食指刺激咽部、压舌根的方法催吐，也可由旁人用羽毛或筷子一端扎上棉花刺激咽部催吐。催吐时尽量低头、身体向前弯曲，使呕吐物不会呛人肺部。误服强酸、强碱，催吐后反而使食道、咽喉再次受到严重损伤，可服牛奶、蛋清等。另外，对失去知觉者，呕吐物会误吸入肺。误喝了石油类物品，易流入肺部引起肺炎。有抽搐、呼吸困难、神态不清或吸气时有吼声者均不能催吐。

对中毒引起呼吸、心跳停者，应进行心肺复苏术，主要的方法有口对口人工呼吸和心脏胸外挤压术。

参加救护者必须做好个人防护，进入中毒现场必须戴防毒面具或供氧式防毒面具。如时间短，对于水溶性毒物（如常见的氯、氨、硫化氢等），可暂用浸湿的毛巾捂住口鼻等。在抢救病人的同时，应想方设法阻断毒物泄漏，阻止毒害蔓延扩散。

四、危险化学品烧伤的现场抢救

危险货物具有易燃易爆、腐蚀、有毒等特点，在生产、贮存、运输、使用过程中容易发生燃烧、爆炸等事故。由于热力作用、化学刺激或腐蚀造成皮肤、眼的烧伤；有的化学物质还可以被创面吸收甚至引起全身中毒。所以对化学烧伤比对开水烫伤或火焰烧伤更要重视。

1. 化学性皮肤烧伤

化学性皮肤烧伤的现场处理方法是立即移离现场，迅速脱去被化学物沾污的衣裤、鞋袜等。

①无论酸、碱或其他化学物烧伤，立即用大量流动自来水或清水冲洗创面15～30min。

②新鲜创面上不要任意涂上油膏或红药水，不用脏布包裹。

③黄磷烧伤时应用大量水冲洗、浸泡或用多层湿布覆盖创面。

④烧伤病人应及时送往医院。

⑤烧伤的同时，往往合并骨折、出血等外伤，在现场也应及时处理。

2. 化学性眼烧伤

①迅速在现场用流动清水冲洗，千万不要未经冲洗处理而急于送医院。

②冲洗时眼皮一定要掰开。

③如无冲洗设备，也可把头部埋入清洁盆水中，把眼皮掰开，眼球来回转动洗涤。

④电石、生石灰（氧化钙）颗粒溅入眼内，应先用蘸石蜡油或植物油的棉签去除颗粒后，再用水冲洗。

第六节　道路危险货物运输事故的报告和上报程序

根据《中华人民共和国安全生产法》、《危险化学品安全管理条例》和《伤亡事故报告和调查处理条例》等有关法律、法规及其他有关规定，归纳、介绍如下：

①发生道路危险货物运输事故后，事故现场有关人员应当立即向当地公安部门报告，同时向本单位事故应急指挥中心报告。

②公安部门接到报告后，应当立即向其他有关部门通报情况；有关部门应当采取必要的安全措施。

③单位事故应急指挥中心接到事故报告后，应当迅速采取有效措施，组织抢救，防止事故扩大，减少人员伤亡和财产损失，及时向当地安全生产监督管理部门和公安、环境保护、质检等有关部门报告，同时按照国家

有关规定立即报告企业主管部门。不得隐瞒不报、谎报或者拖延不报，不得故意破坏事故现场、毁灭有关证据。

④安全生产监督管理部门和公安机关接到事故报告后，应当立即按照国家有关规定上报事故情况。

⑤有关地方人民政府应当做好指挥、领导工作，安全生产监督管理、环保、公安、卫生等有关部门应当按照当地应急救援预案组织实施救援，不得拖延、推诿。

道路危险货物运输事故报告程序见图 1-8-2。

第三章 道路危险货物运输押运事故典型案例分析

案例一 “2001.1.20”上海市松江区液化气罐车泄漏事故

一、事故概况及经过

1. 发生时间

2001 年 1 月 20 日 10 时 40 分。

2. 肇事车辆情况

某三菱 FV415P 型受压罐车，出厂日期 1998 年 8 月，核定吨位 10t，车辆技术等级一级。

3. 运送的危险品

品名：液化石油气；危险货物编号：21053。

基本性质：易燃气体。烃和一氧化碳等的混合物，无色、无特臭气体，易燃，有毒，空气中最大容许浓度 1000ppm。

实载吨位：10t。

4. 具体地点

上海市松江区新桥工业开发区。

5. 事故经过及危害、损失、伤亡情况

2002 年 1 月 20 日 10 时 40 分，该受压罐车途经松江区新桥工业开发区。在车辆下桥过程中，驾驶人员从反光镜中观察到车辆左侧操作箱内有雾状气体逸出，就靠边停车，发现操作箱内已有大量液化气外泄，无法打开操作箱进行检查，立即报警。相关部门接到报警后，迅即启动事故应急预案，积极救援。

由于及时采取将液化气通过雾状水喷淋后直接排入大气中的抢救方案，没有造成危害和伤亡，直接经济损失约 24700 元。

二、承运方基本情况

1. 承运方是否具备资质

3

承运方上海石化汽车运输公司是运输危险货物的老企业,有道路危险货物运输经营资质。

2. 驾驶人员情况

冯金明,男,45 岁,文化程度:高中,驾龄:5 年。押运人员顾文权,男,41 岁,文化程度:高中。驾驶人员的驾驶证和危险货物运输从业资格证、押运人员操作证均在有效期内,经过道路危险货物运输上岗培训,持证上岗。

三、事故原因分析

这次事故主要原因是车载卸液泵的 4 个螺栓突然断裂,致使液化石油气从断裂处大量外逸。

四、事故发生后采取的措施

1. 应急抢救经过

事故发生后,驾驶人员、押运人员立即按事故应急预案采取了封路措施,并且立即拨打 110 报警。在接到事故报告后,上海市消防局、防化、公安、交通管理部门等立即赶赴现场进行抢救。由于液化石油气大量外泄,液态气化,温度极低,无法进行堵漏,经研究采取利用雾状水向事故车喷淋,将液化石油气降低浓度后直接排入大气中。经过 6h 的全力抢救,现场仪器检测显示,泄漏的液化石油气的浓度远未达到燃烧的程度,危害大大降低。

2. 事故发生后采取的措施

(1)立即停驶另一辆同类型带泵液化气罐车,对车辆的技术、设备状况做全面检查。

(2)承运公司的安全和技术人员当晚对所有回场车辆进行车辆设备及罐车附件检查,如发现问题必须连夜消除。并且电话通知在外营运的所有驾驶人员和押运人员,通报事故情况,要求立即停车做途中检查。

(3)1 月 21 日上午,召集职工开现场分析会,重申要严格按照安全装卸操作规程,吸取事故教训。

五、事故责任的处理结果

1. 事故性质、责任认定、对责任者的处理及赔偿情况

(1)事故性质是由于违反操作规程而引起的泄漏事故。责任认定由该车押运人员负全部责任。事故直接原因是押运人员违反操作规程,在装卸完液化气后,未按操作规程要求关闭紧急切断阀,致使车载卸液泵的4个螺栓突然断裂后液化气外泄。

(2)对事故负有直接责任的该车押运人员顾文权予以解除劳动合同的处分,对事故负有直接监督责任的驾驶人员冯金明予以行政记大过处分,对负直接管理责任的各级分管领导予以行政警告及扣除奖金处分。

2. 事故的直接及间接经济损失,人员伤亡、环境破坏情况

此次事故的直接经济损失为24700元,无间接经济损失,无人员伤亡。排放的液化石油气经过雾状水被稀释后进入大气,对事故现场空气质量有轻微影响,但无明显长效影响。

六、事故的教训及建议

1. 教训

(1)安全生产的规章制度贯彻不力。承运公司从上到下对安全生产制度的执行偏重道路安全行车,忽视现场装卸作业制度的执行和检查,为降低生产成本而减少原有的现场监督员,在岗监督员对操作人员监督确认手续也流于形式。

(2)职工的安全责任教育、安全操作技能培训不到位。虽然公司有一套严格的安全教育制度,但在基层单位实施过程中仍出现盲区。公司的二级安全管理部门检查指导尚不到位。

(3)在新技术、新工艺的应用过程中,安全管理制度滞后,对带泵液化气罐车的危害性能研究不透,导致使用过程中带有一定的盲目性。

2. 建议

(1)加强安全生产法规教育,正确处理生产经营和安全生产的关系,进一步改进领导作风,扎实工作,力戒形式主义。

(2)严格管理,加强现场监督力度,完善装卸现场监管体系。

(3)完善装卸操作流程图,增强可操作性。进一步规范操作纪律,落实安全教育制度和岗位责任制。

(4)按照事故的“四不放过”的原则,认真吸取事故教训,杜绝重复事故的发生,在全公司牢固确立“安全第一”的思想原则。

案例二　"2002.5.15"重庆市綦江县液氨罐车倾覆事故

一、事故概况及经过

1. 发生时间

2002 年 10 月 5 日 5 时 40 分左右。

2. 肇事车辆情况

某翼翔牌 HGJ5190 GHY 液氨专用罐车（由东风牌载重货车改装），出厂日期 2001 年 9 月，核载吨位 7t，车辆技术等级一级。

3. 运送的危险品

品名：液氨；危险货物编号：23003。

基本性质：黄绿色气体，易液化。有刺激性恶臭。有油类存在时增加燃烧危险。忌氧，遇之发生剧烈反应。溶于水生成氢氧化铵，呈碱性，对皮肤、眼睛和粘膜有腐蚀作用。气体外逸会危及人畜健康与生命。

实载吨位：7.82t，超载 0.82t；驾驶室共 2 人。

4. 具体地点

303 国道 291km + 700m 处（重庆市綦江县与万盛区交界处綦江县一侧）。

5. 事故经过及危害、损失、伤亡情况

2002 年 10 月 5 日 5 时 40 分，驾驶人员赵大鹏驾驶翼翔牌液氨专用罐车，由重庆北晨化工有限公司载液氨返回南川，当车行至綦江县沙坡大桥时翻于 25m 高的坎下。造成驾驶人员赵大鹏当场死亡，乘车人程淑惠重伤，车辆严重损坏的重大交通事故。

二、承运方基本情况

1. 承运方是否具备资质

承运方获得道路危险货物运输资质。

2. 驾驶人员情况

驾驶人员赵大鹏，经过有关培训，持有危险货物运输从业资格证明。

3. 事故后车辆技术鉴定

事故发生后经綦江县道路交通事故科学鉴定委员会对肇事车辆进行机械技术性能鉴定，结论为"一、转向各部连接完好、紧固，转向盘与转向机之间连接杆折断,应属在车祸事故发生中受外力撞击造成,用吊车将该车吊起后搬动转向轮,左右转动灵活,转向各部性能良好,工作正常,无异常发现。二、制动各部连接完好、紧固,右前分泵软管折断为新痕迹,应属在车祸事故中造成,制动总泵、制动空气压缩机、四轮各分泵、刹车制动管路完好,该车制动在车祸事故发生前应属完好。”

三、事故原因分析

此次事故直接原因属驾驶人员驾车时疏忽大意,违反《中华人民共和国道路交通管理条例》第七条二款“遇到本条例没有规定的情况,车辆、行人必须在确保安全的原则下通行”之规定,应由驾驶人员负事故全部责任。

事故间接原因是车辆超装、押运人员没有随车押运,驾驶人员私自搭载1名乘客。反映出公司安全监控管理和职工安全教育方面存在差距。

四、事故发生后采取的措施

1. 应急抢救经过

事故发生后,正在值班的綦江县副县长程传洪和重庆市南川市副市长杨运才立即率有关部门负责人赶赴现场。綦江县永城镇、万盛区南桐镇政府组织当地群众疏散,同时指派民兵配合公安、交警,24h 监护事故现场。市公安消防特勤支队及有关化学专家火速赶到现场排危。经现场指挥部组织专家研究,决定采用400t 级吊装设备,起吊肇事车辆。

10 月 7 日 13 时 30 分在现场总指挥綦江县副县长吴国平的指挥下,由公安、消防、安监、环保专业人员实行严密监控,经重庆市公运集团大件分公司员工使用400t 大型吊车作业,终于将肇事车辆和所载高浓度液氨起吊至平板车上,由公安、消防车辆护送至南川市卸载。

15 时 30 分警报解除,303 国道全面恢复通行,历时约 58h。

2. 事故发生后采取的措施

(1)提高认识,加强领导。各级领导要以“三个代表”重要指导思想对照检查生产经营观念,加强安全管理,完善安全教育,提高安全监控水平。

(2)组织有关交通运输行业员工认真学习安全生产的法律、法规,落实安全生产责任制,规范安全生产行为。总结经验教训,通报事故情况,分析事故原因,加强事故预防,保障安全运输。

(3)加强危险化学品运输驾驶人员、押运人员的安全教育，提高危险化学品安全运输责任感，充实危险化学品安全运输知识，严格纪律，防止事故发生。

(4)加大道路运输安全检查力度，对危险化学品运输车辆证照不齐、配员不足、超载运输、防护用品缺失等违章违纪行为一律按规定严肃处理。

五、对事故责任的处理结果

1. 事故性质、责任认定、对责任者的处理及赔偿情况

此次事故是一起交通责任事故，该事故应由驾驶人员赵大鹏承担全部责任，鉴于事故责任人已在此次事故中死亡，免于对赵大鹏的处罚。

承运企业按公司制度对该车业主予以事故损失 5% 的经济赔偿。

2. 事故的直接及间接经济损失、人员伤亡、环境破坏情况

此次事故直接经济损失 26 万元(其中：事故车吊运费 14 万元、死者赔偿 6 万元、伤者治疗费 2 万元，车辆修复费 4 万元，伤者尚未结案处理)，间接经济损失未作统计。事故中造成 1 人死亡、1 人重伤、车辆严重损坏的后果，所幸罐体未发生泄漏或爆炸，环境未造成污染破坏。

3. 事故的教训及建议

此次事故反映出危险化学品运输安全管理工作存在的薄弱环节，教训极为深刻：

(1)危险化学品运输企业必须高度重视交通安全工作，对驾驶人员生产、生活活动都应严格管理。要教育驾驶人员保持充沛精力，随时警惕道路及环境变化，提高操作技术水平，严防各类事故发生。

(2)此次事故存在超载运输的交通违章行为，企业在经营指导思想上应当切实树立“安全第一”的观念，正确处理安全与效益的辩证关系，严格管理，加强监控，深化危化品安全知识教育，防止因超载而危及安全运行事故的发生。

(3)事故中押运人员未随车同行，丧失了应有的安全监督；驾驶人员私自搭运 1 名乘客并使之重伤，加大了事故损失。客观反映出个别承运企业安全管理不严、制度不落实和有关人员安全意识差的客观现状。对交通运输管理部门进一步加强危险化学品运输安全监督管理，严格制止违章违纪行为提出了更高的要求。

(4)进一步完善危险化学品运输事故应急处理预案，提高快速处险

3

能力。针对交通运输流动分散的生产特点和危险化学品运输事故可能发生的燃烧、爆炸、环境污染等恶劣后果,应将信息传递、组织指挥、人员疏散、伤员救援、后果控制、污染防治和现场撤除纳入规范要求,定期组织培训考核,防止因处险延迟,而贻误抢险时机。

思考题

1. 道路危险货物运输押运人员需具备什么素质?
2. 道路危险货物运输押运人员的主要职责是什么?
3. 危险货物押运的基本要求是什么?
4. 爆炸品押运过程有哪些注意事项?
5. 易与水反应的易燃液体着火时该如何扑救?
6. 腐蚀性物质发生泄漏时如何处理?
7. 危险货物着火原因分哪几类? 应该采取哪些防范措施?
8. 发生危险货物运输事故,应当采取什么步骤对伤员进行施救?
9. 现场急救人员进入污染区应该采取什么防护措施?
10. 发生危险货物运输事故后,如何上报?

第四篇　装卸管理人员篇

ZHUANGXIEGUANLIRENYUANPIAN

第一章　概　　述

一、危险货物装卸概念

一般在同一地域范围内(如车站范围、工厂范围、仓库内部等),以改变“货物”的存放、支承状态的活动称为装卸,而以改变“货物”空间位置的活动称为搬运,两者的全称为装卸搬运。有时或在特定场合,单称“装卸”或单称“搬运”也包含了“装卸搬运”的完整涵义。在当今社会中,它和运输活动一样是整个物流活动的重要组成部分。

日常习惯中,铁路运输、公路运输常将装卸搬运这一整体活动称为“货物装卸”;在生产领域中常将这一整体活动称为“物料搬运”。这里所说的危险货物装卸是指将危险货物装上汽车或卸下汽车的一系列活动过程。

在实践过程中,搬运的“运”与运输的“运”是有区别的,两者的区别在于搬运是在同一地域的小范围内发生的,而运输则是在较大范围内发生的,两者是“量变到质变”的关系,中间并无一个绝对的界限。道路危险货物运输,一般是指使用汽车进行较长距离的运输活动,而不是场区、库区内的短距离搬运活动。

实际中,危险货物装卸与搬运是密不可分的,且两者是伴随在一起发生的。所以,在现代物流科学中并不特别强调两者间的差别,而是作为一种活动来对待。

二、危险货物装卸地位

道路危险货物装卸活动的基本动作包括装车、卸车、堆垛、入库、出库以及连接上述各项动作的短程输送,是随运输和保管等活动而产生的必要活动。

道路危险货物装卸活动是实现高效运输、保障运输安全的重要环节,装卸质量与安全直接影响着整个运输生产的全过程。因此是非常重要的,也是必不可少的关键环节。

在危险货物物流过程中,装卸活动是不断出现和反复进行的,它出现的频率高于其他各项物流活动，每次装卸活动都要花费很长时间，所以往往成为决定物流速度的关键。装卸活动所消耗的人力也很多，所以装卸费用在物流成本中所占的比重也较高。

三、危险货物装卸特点

1．危险货物装卸是危险货物运输附属性、伴生性的活动

装卸活动是危险货物物流活动开始及结束时必然发生的活动，是完成运输活动不可缺少的组成部分，因而必须引起重视。我们所说的“汽车运输”，实际就包含了相随的装卸搬运；仓库中泛指的保管活动，也含有装卸搬运活动。例如铁路运输的始发和到达的装卸作业费大致占运费的20%左右，水路运输占40%左右，公路运输占10%左右。因此，为了降低物流费用，确保运输安全，装卸是非常重要的环节。

此外，进行危险货物装卸操作时往往需要接触货物，因此，这不但是造成货物破损、散失、损耗、混合等损失的主要环节，也最容易发生人身损害和财产损失等安全事故。

由此可见，装卸活动是影响物流效率、决定危险货物物流技术经济效益、保障危险货物运输安全的重要环节。

2．危险货物装卸搬运是支持、保障性活动

危险货物装卸搬运会影响其他物流活动的质量和速度以及安全性。例如装车不当会引起运输过程中的事故损失；卸放不当会引起货物下一步装运困难和安全隐患。许多危险货物物流活动只有在高效的装卸搬运支持下，才能实现高效率和高水平。

3．危险货物装卸搬运是衔接性的活动

任何物流活动互相过渡时，都是以装卸搬运来衔接，因而，装卸搬运往往成为危险货物整个物流“瓶颈”，是危险货物物流各环节之间能否形成有机联系和紧密衔接的关键，而这又是一个系统的关键。建立一个有效的危险货物物流系统，关键看这一衔接是否有效。

4．危险货物装卸搬运是承、托运双方的共同性活动

由于危险货物自身特性以及危险货物装卸特殊的技术要求，危险货物装卸必须有相应的专用设施、设备和能熟练应用该设施、设备以及全面掌握该货物特性的专业装卸技术人员。在大多数情况下，危险货物装卸由托运方完成；一般没有特殊要求的，也可由承运单位派出随车押运人员、装卸人员、装卸管理人员来负责完成。

四、危险货物装卸分类

危险货物装卸的分类按不同的分类方法而不同，一般分类方法如下。

1. 按装卸作业性质分类

按装卸作业性质可分为人工装卸和机械装卸2大类。

现在，由于危险货物具有各自的危险特性以及汽车装卸一般一次装卸批量较小，加之汽车运输的灵活性和机动性，因此可以减去许多搬运活动，而直接利用人工或单纯利用机械即可达到装卸作业目的。在机械装卸领域，虽然机械装卸效率高、成本低，但由于装卸机械功能比较单一，加之危险货物装卸对安全性、稳定性、专用性有着不同的、较为严格的要求，使之在使用上受到一定的局限。因此，人工装卸在危险货物装卸作业中仍然占有很大比重。

2. 按装卸机械及机械作业方式分类

按装卸机械及机械作业方式可分成：使用吊车的“吊上吊下”方式；使用叉车的“叉上叉下”方式；使用半挂车或叉车的“滚上滚下”方式、“移上移下”方式及散装散卸方式等。

①吊上吊下方式是采用各种起重机械从危险货物上部起吊，依靠起吊装置的垂直移动实现装卸，并在吊车运行的范围内或回转的范围内实现装卸或搬运。由于吊起及放下属于垂直运动，这种装卸方式属垂直装卸方式。

②叉上叉下方式是采用叉车从货物底部托起货物，并依靠叉车的运动进行货物位移，搬运完全靠叉车本身，货物可不经中途落地直接放置到车上或从车上卸下放到目的地。这种方式垂直运动不多而主要是水平运动，属水平装卸方式。

③滚上滚下方式主要是指港口装卸的一种水平装卸方式。滚上滚下方式需要有专门的船舶，对码头也有不同要求，这种专门的船舶称“滚装船”。汽车危险货物装卸一般不宜采用这种方式。

④移上移下方式是在两种运输工具之间（如火车和汽车）进行靠接，然后利用各种方式，不使货物垂直运动，而靠水平移动从一种运输工具上推移到另一种运输工具上。移上移下方式需要使两种运输工具水平靠接，因此，需对站台或车辆货台进行改变，并配合移动工具实现这种装卸。

⑤散装散卸方式是对散装物进行装卸。一般从装点直接到卸点，中间不再落地，这是集装卸与搬运于一体的装卸方式。大部分汽车危险货

物装卸不得采用这种方式。

3. 按被装物的主要运动形式分类

按被装物的主要运动形式可分为垂直装卸、水平装卸和流动装卸3种方式。

4. 按装卸搬运对象分类

按装卸搬运对象可分成散装货物装卸、单件(包装件)货物装卸和集装货物装卸等。

5. 按装卸搬运作业特点分类

按装卸搬运作业特点可分成连续装卸与间歇装卸2大类。

连续装卸主要是同种大批量散装或小件杂货通过连续输送机械,连续不断地进行作业,中间无停顿,货间无间隔。在装卸量较大、装卸对象固定、货物对象不易形成大包装的情况下,适宜采取这一方式。间歇装卸有较强的机动性,装卸地点可在较大范围内变动,主要适用于货流不固定的各种危险货物,尤其适用于包装件危险货物。

五、加快汽车运输装卸作业机械化、自流化

装卸作业是货物运输中一个极为重要的环节,它直接影响货物安全与运输质量,对运输效率、成本和利润也具有很大的作用。国外运输企业对货物运输装卸作业机械化、自动化、自流化是十分重视的,千方百计用机械代替人力操作,因为人力装卸的工资成本很高。我国对运输装卸机械化也十分重视,因为使用装卸机械化可以大大加快运输车辆的周转,减轻装卸作业人员的劳动强度。所以装卸机械化历来是运输企业及主管部门重要的议事内容。但是,由于汽车运输点多面广、货种繁杂、批量较小以及时限较紧的特点,要全面实现装卸作业机械化的难度较大。根据国内外经验,汽车运输装卸作业机械化、自流化的发展方向为:

①在汽车运输货物集散的站点,配备通用的起重设备。如大型叉式车、斗式铲车、汽车吊车、行车吊、门吊等装卸机械设备,以适用于有包装或成组、集装货物和散装货物的装卸作业。

②汽车运输企业要根据客观需要有计划地配置罐车、自卸车、集装箱车等专用汽车,并在装货、卸货的工厂企业配置相适应的设备,以适应液体和固体货物运输的装卸作业机械化、自流化。

③发展一部份随车装卸机具;在半挂车上加装吊杆或卷扬机装置;在罐车上加装吸力泵;以及在汽车底盘上加装其他随车的装卸机械设备等。

④在部分汽车上，利用后栏板改装为液压升降平台。其方法主要有2种：

A. 在货运汽车上加装后栏板提升机，即利用汽车的后栏板作为升降平台，车上装油压泵，利用汽车的动力，使后栏板自由升降。这种升降平台车，最适宜桶装危险货物。工人在装卸车作业时，只需将待装铁桶滚推上后栏板，启动升降开关，即能进行装车卸车操作。

B. 在货车上加装小吊杆或绞盘。即在车厢平台和驾驶室之间，装置随车小吊杆或绞盘（卷扬机），利用汽车动力起吊或卷扬钢丝绳进行危险货物装卸作业，用以解决货物件重超过人力搬运能力的装卸作业。

⑤按照货物品种和性质，逐步组织开展成组运输，集零为整，使单件重量由小变大，使用装卸机械进行装卸作业，这也是包装危险货物运输实现装卸机械化的主要途径。

第二章 道路危险货物运输装卸条件及基本要求

第一节 道路危险货物运输装卸管理人员要求及车辆条件

一、装卸管理人员的基本要求

①必须遵守国家各项法律、法规及国家、行业标准，热爱本职工作，政治思想好，具有初中以上文化水平，责任心强，身体健康，适宜操纵机械和从事危险货物装卸作业。

②须有从事道路货物运输业经营管理工作3年以上的经历，或从事经济管理工作5年以上的经历，经过危险货物专业知识培训和装卸作业实际操作训练，掌握危险货物装卸技能及包装、容器的分类、标志、标识和使用特性，了解危险货物事故应急处理措施，并至少经过3个月以上的实习。

《危险化学品安全管理条例》第五条第五款规定：交通部门负责危险化学品公路、水路运输单位及其运输工具的安全管理，对危险化学品水路运输安全实施监督，负责危险化学品公路、水路运输单位、驾驶人员、船员、装卸人员和押运人员的资质认定，负责前述事项的监督检查。《中华人民共和国道路运输条例》第二十四条规定：申请从事危险货物运输经营的，应当有经所在地设区的市级人民政府交通主管部门考试合格，取得上岗资格证的驾驶人员、装卸管理人员、押运人员。

因此，危险货物装卸人员必须进行专业知识的学习和培训，并经当地市级交通主管部门考试合格，持证上岗。凡未经培训无证上岗作业的，属于违法行为，按照《危险化学品安全管理条例》第六十六条规定将由交通部门处于2万元以上10万元以下的罚款；触犯刑律的，依照刑法关于危险物品肇事罪或者其他罪的规定，依法追究刑事责任。

③掌握道路运输生产组织、运输车辆选配、运输生产劳动组织等相关运输企业管理知识。运输车辆选配对危险货物运输生产安全非常重要，

因为不同危险货物对运输车辆及包装容器的要求不同,若车辆选择不当,将会造成极大的安全隐患,甚至发生安全事故。如,运输爆炸品须选用厢式车;运输有机过氧化物须选用控温车型;装运不同的液体危险货物须选用不同材质的罐车(见本篇第三章第一节内容)。

④经考试合格,取得从业资格证后方可上岗作业。

二、运输车辆的基本要求

①在进行装卸作业前,装卸管理人员可对拟装运危险货物的车辆进行例行检查,查看其车辆安全技术状况及相应的安全设施是否符合相关技术要求、是否齐全有效,如防火设施,防爆工、属具,熄灭火星装置,防波板等。

查看运输危险货物车辆有关运行证件是否齐全有效,如行驶证、道路运输证(加盖危险货物运输专用章)、准运证及驾驶人员的驾驶证和从业资格证等。

②危险货物运输车辆必须装有符合《道路运输危险货物车辆标志》的专用标志。

③运输车辆是否适合拟装运的危险货物,拟运车辆与所装运货物不匹配不得装运。如非厢式专用车辆就不得装运爆炸品;非罐体车辆不得装运液体危险货物。

④随车用于遮盖、捆扎危险货物及防潮,防火,防毒面具,防护服等工、属具、应急处理器材和防护用品是否齐全有效。

⑤运输车辆车厢底板是否平坦完好,有无凹陷、过度弯曲或断裂等缺陷,罐体固定是否牢固、可靠。铁底板运输是否采取衬垫防护措施,如铺垫木版、胶合板、橡胶板等。车厢或罐体内有无与所装危险货物品名不一致或与所装货物的性质相抵触的残留物。

⑥发现问题应立即进行相关处理,符合要求后方可进行装卸货物。

第二节　道路危险货物运输装卸机具及设备条件

一、装卸机具的基本要求

①装卸机械的选用必须是根据国家有关标准生产的正规合格产品,具有标准化、系列化、通用化的特点,符合所装卸危险货物的安全要求。

②特种装卸机械的技术性能不得任意改变(如增加起重量、扩大跨度、延长悬臂、接长吊杆等)。

③装卸机械安全性能和技术指标要符合货场其他设备条件,符合对所装卸货物品种的装卸作业全过程工艺要求,有利于在货物进出货场的搬运、堆码、取放、套索方法等方面定出具体的作业步骤和要求。做到堆码稳固整齐,道路畅通;进货为装车创造条件,装车为卸车创造条件,卸车为搬出创造条件,提高作业效率,实现文明生产。

④装卸机械实行定期检查、维修,实行责任维护和保养制度。根据作业量大小进行必要的维护和保养,至少每年一次大修,确保设备技术状态完好,以降低消耗、提高生产效率,保障装卸和运输安全。

⑤新投入使用的装卸机械,操作人员必须全面检查调整,确认技术状态良好,符合安全技术条件后方可使用。购买使用新型的机械,要组织操作和维修人员,熟悉设备构造及性能特点、安全注意事项、使用及维护调整中的各项技术数据;操作人员经训练合格后才能使用新型机械。对新购和大修后的机械,要根据有关说明,规定初期使用的走合时间,并规定走合期内起动操作、运行速度、功率限制、紧固调整及润滑清洗等注意事项。

⑥各种装卸机械因操作、保养、管理不当造成损坏时,应追究有关人员的责任并严肃处理。超过大、中修期失修的机械,应停止使用。

⑦各种装卸机械禁止超负荷作业。

⑧装卸机械检修分为一级保养(定检)、二级保养(小修)、中修和大修。

A. 一级保养(定检)是对装卸机械进行擦洗润滑,对易磨损部分进行检查、调整。

B. 二级保养(小修)是维护性修理,是对装卸机械进行部分解体检查、清洗、换油、修复、更换超限的易损配件。

C. 中修是平衡性修理。装卸机械部分或全部解体,除完成二级保养的各项工作外,修复、更换磨损的主要零部件,保证使用到下一个修程。

D. 大修是恢复性修理。装卸机械全部解体、全面检查,恢复机械原有性能或改造性能,修复更换磨损超限零部件,按批准的技术文件进行技术改造。

⑨装卸机具要配有防火器材,配置防静电、防雷等设施。装卸危险货物时,遇有雷鸣、电闪或附近发生火警,应立即停止作业,并将危险货物妥善处理。在雨雪天气禁止装卸遇湿易燃物品。

⑩多台机械在一起作业要保持安全间距,若在车站应规定出安全间距,防止碰撞。

二、装卸机具的特殊要求

①利用装卸机具装卸爆炸品、一级易燃液体、毒害品和放射性物品时，装卸机具应按额定负荷降低25%使用。

②装卸易燃易爆危险货物时，电动装卸机械应设有防火星的封闭装置；燃油装卸机械应设置火星熄灭器。

③当电源电压低于额定电压7%时，应降低额定负荷30%作业；当电源电压波动超过±10%时应停止作业。

④不得以限位开关代替控制器停车，不得以紧急开关代替停止按钮使用。

⑤普通叉车不得进行易燃易爆物品的作业；叉车底盘、电阻器要定期擦洗保持清洁。

⑥油机具设备及输油系统周围要做到"三清"、"四无"、"五不漏"。"三清"指设备清洁、场地清洁、工具清洁；"四无"指无油垢、无明火、无易燃物、无杂草；"五不漏"指不漏油、不漏电、不漏火、不漏气、不漏水。

在卸油料时，要选择适当的鹤管和管接头，采取适当的装卸速度，以避免油与管道摩擦产生和聚积高电位静电，也要避免管接头与车壁撞击产生火花。燃油设备及燃油系统除在检修之前要测定油气的燃爆浓度外，平时也应对可能积存油气的地方（如泵房、管道沟等）定期测定可燃气体的含量，避免其达到燃烧爆炸的危险浓度。燃油系统在运行中如发现设备故障，应及时排除或报告有关方面进行检修，检修时使用的工具应不能产生火花（如用铜制工具），现场要采取适当的安全技术措施。

第三节　道路危险货物运输装卸基本要求

《危险化学品安全管理条例》第三十七条规定"危险化学品的装卸作业必须在装卸管理人员的现场指挥下进行"，这是装卸危险货物的法律要求。在《汽车运输、装卸危险货物作业规程》中规定了装卸危险货物应符合的基本要求，概括如下。

①运输、装卸危险货物作业时，对危险货物的分类和分项、包装和标志、车辆和设备、托运和单证、承运和交接、运输和装卸、保管和消防、劳保和急救以及事故应急处理等方面的要求应符合《汽车运输危险货物规则》的规定。

②驾驶人员连续行车时间、作息时间及行车路线等，应符合国家有关规定和企业的规章制度。

③运输、装卸和押运作业时，应配备和正确使用必要的应急处理器材和劳动防护用品。

④进入易燃易爆危险货物装卸作业区，禁止随身携带火种，应关闭随身携带的手机等通讯工具和电子设备，见图4-2-1。无关人员不得进入装卸作业区。装卸易燃易爆危险货物时，应穿着不产生静电的工作服和不带铁钉的工作鞋。

图4-2-1　严禁随身携带火种，使用手机进入危险货物装卸作业区

⑤高温季节装运易燃易爆的危险货物时，必须遵守：

A. 作业现场温度超过35℃时，应停止装卸作业。如必须装卸的，须用冷水喷淋现场，使作业现场温度降到30℃以下，方可作业。

B. 雷电交加时，应停止作业，见图4-2-2。

C. 托运未列入《危险货物品名表》的危险货物新品种，必须提交《危险货物鉴定表》方可运输。

D. 危险货物应分类装运，不同类别的危险货物配装应符合《汽车运输危险货物规则》中的危险货物配装表，见附录六。对性质和消防方法相抵触的危险货物不能配装。过度敏感或能自发反应引起危险的货物禁止运输。

E. 危险货物包装应符合国家规定，破漏的包装件不允许装运。

图 4-2-2　雷电交加时应停止作业

F. 危险货物的装卸应在装卸管理人员的现场指挥下进行，见图 4-2-3。

图 4-2-3　在装卸管理人员的现场指挥下装卸危险货物

G. 装卸管理人员应了解所运载的危险货物性质、危害特性、包装容器的使用特性、防护要求和发生事故时的应急措施。

⑥装卸过程必须符合下列要求：

A. 装卸过程中，驾驶人员和押运人员不得离开车辆，并负责监装、监卸，办理货物交接签证手续时要点收、点交。

B. 车辆进入危险货物装卸作业区，应带防火罩，按作业有关安全规定驶入装卸作业区，并将车辆摆在容易驶离作业现场的方位上。

C. 车辆停靠货垛时，应听从作业区指挥人员的指挥，车辆与货垛之间要留有安全距离；待装、待卸车辆与正在装卸货物的车辆应保持足够的安全距离，并不准堵塞安全通道。

D. 作业前，应核对货物名称、规格、数量是否与托运单证相符，并认真检查货物包装是否破损及货物包装的完整状况。货物与运单不符或包装不符合有关规定的应拒绝装车。

E. 装卸操作时应根据货物包装的类型、体积、重量、件数的情况，并根据《包装储运图示标志》的要求，轻拿轻放，谨慎操作，严防跌落、摔碰、泄漏，禁止撞击、拖拉翻滚、投掷，同时应做到以下几点：

a. 堆码整齐，靠紧妥帖，易于点数；

b. 堆码时，桶口、箱盖朝上，允许横倒的桶口及袋装货物的袋口应朝里；

c. 装载平衡，高出栏板的最上一层包装件，堆码时应从车厢两侧向内错位骑缝堆码，超出车厢前挡板的部分不得大于包件高度的1/2；

d. 装运高出栏板的货物，装车后，必须用绳索捆扎牢固，易滑动的包装件，需用防散失的网罩覆盖并用绳索捆扎牢固或用苫布覆盖严密，需用两块苫布覆盖货物时，中间接缝处须有大于15cm的重叠覆盖，且车厢前半部分苫布需压在后半部分的苫布上，见图4-2-4。

e. 装有通气孔的包装件，不准倒置、侧置，防止所装货物泄漏或进入杂质造成危害。

F. 装载危险货物应符合交通部、公安部、国家发展和改革委员会2004年8月20日发出《关于进一步加强车辆超限超载集中治理工作的通知》中规定的认定标准，不得超载装运。超限超载车辆认定标准图解见图4-2-5。

G. 装卸过程中，车辆发动机应熄火，并切断总电源。在有坡度的场地装卸货物时，必须采取防止车辆溜坡的有效措施。

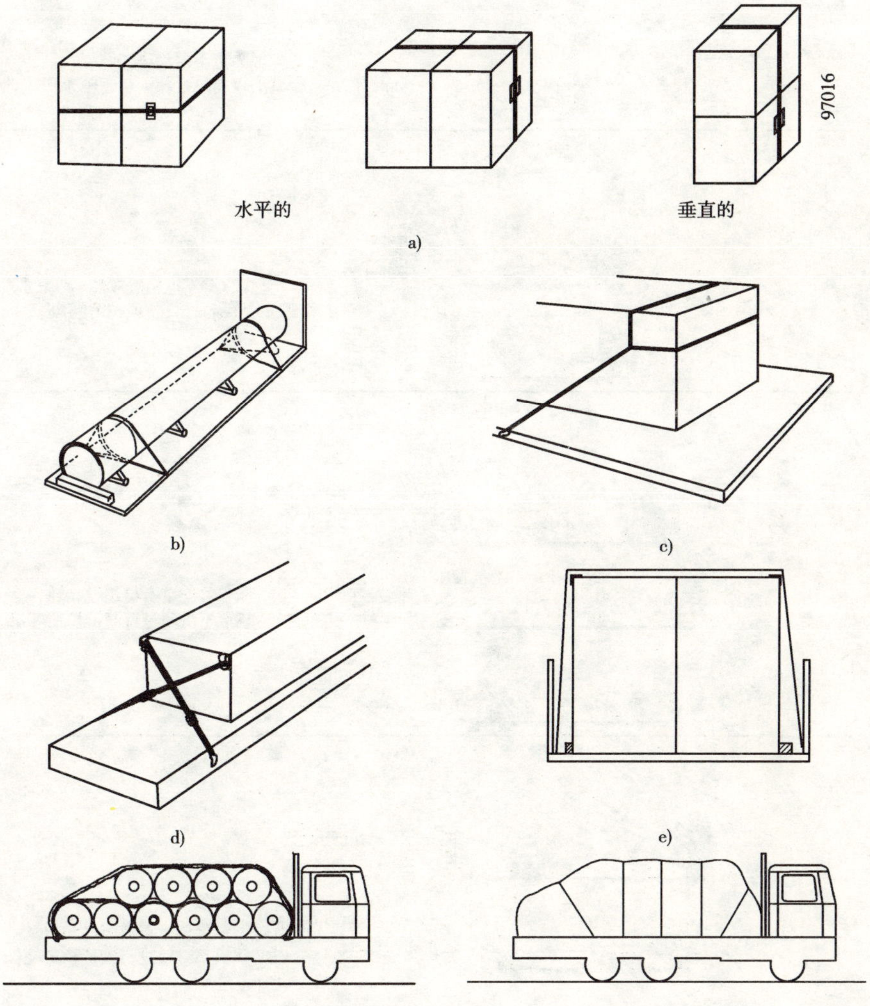

97016

水平的　　垂直的

a)

b)　　c)

d)　　e)

f)

图 4-2-4　常用的各种装运货物捆绑加固法

a)缠绕捆绑加固法;b)环形捆绑加固法;c)弹性捆绑加固法;d)交叉捆绑加固法;e)超出顶部的捆绑法;f)用防水雨布的传统系固法

H. 装车完毕后车辆起步前,驾驶人员应对货物的堆码、遮盖、捆扎等安全措施及对影响车辆起动的不安全因素进行检查,确认无不安全因素后,方可起步,见图 4-2-6。在高温季节、高温时段内,易燃易爆危险货物运输车辆不应上路。

（在全国开展车辆超限超载治理工作期间适用）

2 轴车

车货总重不得超过20吨
载重不得超过行驶证核定吨位

3 轴车

车货总重不得超过30吨
载重不得超过行驶证核定吨位

4 轴车

车货总重不得超过40吨
载重不得超过行驶证核定吨位

5 轴车

车货总重不得超过50吨
载重不得超过行驶证核定吨位

6 轴车

车货总重不得超过55吨
载重不得超过行驶证核定吨位

图 4-2-5　超限超载车辆认定标准图解

I. 装卸过程中需要移动车辆时，应先关上车厢门或栏板。若原地关不上时，应有人监护，在保证安全的前提下才能移动车辆。起步要慢，停车要稳。

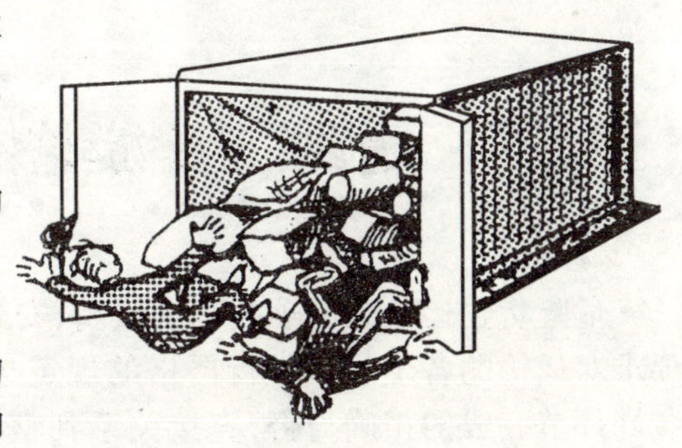

图 4-2-6　系固货物以防止其开门后倒塌

J. 托盘和手推车尽量专用，装卸机具应有防止产生火花的防护装置。装卸前，要对装卸机具进行检查。装卸爆炸品、有机过氧化物、一级毒害品，装卸机具应按额定负荷降低 25% 使用。

K. 装卸作业场所要远离热源，严禁受热，通风良好；场所内电气设备应符合规定要求，严禁使用明火灯具照明，照明灯应具有防爆性能；要有防静电和避雷装置。

危险货物装卸完毕，作业场所必须彻底清扫干净，装过剧毒品的车辆和受到危险货物污染的车辆、工具必须洗刷和除污。危险货物的撒漏和污染物必须送到当地环保部门指定地点集中处理。

L. 禁止在装卸作业区内维修车辆。

M. 危险货物运达卸货地点后因故不能及时卸货，在待卸期间，驾驶人员应协同押运人员负责看管货物。属爆炸品、剧毒品的，应报告当地公安部门派人值守。

第三章 道路危险货物运输装卸安全及事故应急措施

危险货物运输是一项技术含量高、安全要求严格的运输类型，客观上要求对运输的各个环节进行严格的规定与控制，特别是装卸环节。因为装卸环节完成的正确与否，直接关系到整个运输作业安全。因此，《汽车运输、装卸危险货物作业规程》对危险货物装卸作业的方法、程序、场所、气候、人员配备、设施设备等方面做出了严格规定，装卸作业人员在这些规定下作业，可以保障安全。在装卸作业过程中，虽然配备了经过培训的作业人员和设备，按照作业要求采取了各种安全措施，并在严格的监督管理下进行作业，但由于人为的错误或不可预知的原因等，仍会发生火灾、爆炸、泄漏等事故，为尽量减少人民生命、财产的损失，装卸管理人员应熟练掌握事故应急措施，以便能在事故发生后迅速有效地控制和处理事故。

第一节 道路各类危险货物运输装卸安全及事故应急措施

一、爆炸品

1. 装卸爆炸品安全要求

(1)装卸作业前准备工作

①运输爆炸品的车辆应使用厢式货车。

②运输车辆的车厢内不得有酸、碱、氧化剂等残留物。

③随车携带的防潮、防火、防爆等工、属具应齐全有效。

④不具备有效的避雷电、防湿潮条件时，雷雨天气应停止对爆炸品的作业。

(2)装卸爆炸品有着特殊的安全要求

①严禁接触明火和高温，严禁使用易产生火花工具。

②装卸过程中，驾驶人员和押运人员不得离开车辆，并负责监装、监卸，办理货物交接签证手续时要点收、点交。

③车辆进入危险货物装卸作业区，应带防火罩，按有关安全作业规定

驶入装卸作业区,并将车辆停放在容易驶离作业现场的位置。

④车辆停靠货垛时,应听从作业区管理人员的指挥,车辆与货垛之间要留有一定的安全距离;待装、待卸车辆与正在装卸货物的车辆应保持足够的安全距离,并不准堵塞安全通道。

⑤装卸管理人员必须遵守保密规定,对有关爆炸品储运情况,不准向无关人员泄露。同时,必须遵守有关场、库的规章制度。

⑥装卸作业时,必须轻拿、轻放,稳妥作业,严防跌落、摔碰;禁止撞击、拖拉、翻滚、投掷、倒置。

⑦禁止将爆炸品与氧化剂、酸、碱、盐类物品以及易燃物质、金属粉末同车配装。

⑧装卸作业时,应分清爆炸品种类、批号,点清数量,防止差错。

⑨使用手推车等工具时,要检查机具是否完好,搬运中装箱不宜过多,速度不宜过快。在起步、停车、转弯时,要注意将爆炸品箱扶稳捆牢,严防翻车摔箱。

⑩装车时,所装货物不得超高、超宽和超载;要将包装件放置稳固、紧凑、码平;非封闭厢式货车装车后,必须盖好苫布,苫布边缘必须压入车厢栏板内,再用绳索捆扎牢固。

⑪装运火箭弹和旋上引信的炮弹时,只能横装在货厢内与车辆行进方向垂直,严禁顺装、立装或侧装。这是因为车辆在行使过程中如果出现上下颠簸、突然启动或停车情况时,顺装、立装或侧装的炮弹,就会因受到巨大的惯性力作用,可能引起炮弹中的引信保险先期脱落,若再受振动即可能爆炸。

⑫运输过程中发生爆炸物品掉落时,切记不可拾起来重新装回到汽车上与车上正常爆炸品混放在一起,这样做不符合安全要求,容易造成安全隐患。如炮弹箱从汽车上跌下来,就不得继续装运。因为,一是炮弹箱落地时受地球引力和运动惯性力的作用,可能使炮弹引信解脱保险,若继续装运,危险很大;二是引信中的雷管、火帽,经强烈的振动、摔跌后,药剂可能松散,若继续装运,会影响运输安全;三是火箭弹跌落后,容易将号线折断,容易摔碎发射药柱,碰伤号电盖和燃烧室,影响炮弹的正常使用。

⑬对从 1.5m 以上高处跌落的炮弹,应将其与其他炮弹隔离,单独存放,并进行一定的技术鉴定,确认无危险隐患后,方可继续装运。否则,容易产生严重的爆炸事故。

⑭作业现场温度超过 35℃时,应停止装卸作业。如必须装卸的,必

须用冷水喷淋现场，使作业现场温度降到30℃以下，方可作业。雷电交加时，应停止作业。

2. 事故应急措施

装卸爆炸品的过程中，如果发生事故，通常情况下，对爆炸品有效的灭火方法是用水冷却，而不能采取窒息法或隔离法。禁止使用砂土覆盖正在燃烧的爆炸物品，否则会引起燃烧转化为爆炸。对毒性爆炸品，灭火人员必须带防毒面具。

对爆炸物品的撒漏物，应及时用水湿润、撒上锯末或棉絮等松软物品，轻轻收集并保持相对湿度，报请公安、消防等部门进行专业化处理。

二、压缩气体和液化气体

1. 装卸压缩气体和液化气体安全要求

压缩气体和液化气体一般贮存于耐压容器中，在受热、撞击或剧烈振动的条件下，容器的压力容易膨胀引起介质泄漏，甚至使容器破裂爆炸，从而导致燃烧、爆炸、中毒、窒息等事故。其主要危险特性是爆炸性、毒害性、燃烧性和窒息性。因此，装卸压缩气体和液化气体时必须采取有效措施，以确保安全。

(1)装卸作业前准备工作

①装载前应对货车车厢进行彻底清扫，车厢内不得有与所装货物性质相抵触的残留物，车厢内严禁乘人。

②夏季运输应检查并保证瓶体遮阳设施、瓶体冷水喷淋降温设施等安全有效；除另有限运规定外，当运输过程中瓶内气体的温度可能高于40℃时，应对瓶体实施遮阳、冷水喷淋降温等措施。

③装卸前必须严格检查气瓶的钢印标记。每种气瓶都有严密的设计、选材、制造和检验规定。经检验合格的气瓶，要按规定项目和顺序在指定位置(肩部)打上相应的标记(包括生产厂标记和气瓶检验单位标记)。装卸人员对经手的每一只钢瓶都必须认真查看钢印和标记的具体内容，对于报废的钢瓶，过了检验期而未检验的钢瓶或超过工作压力的在用钢瓶都必须及时剔除，另作处理，否则不得进行装卸作业。

④应检查气瓶开关是否关紧，安全帽是否旋紧，钢瓶是否漏气，必要时可用肥皂泡沫进行检查。

(2)装卸操作中注意事项

①装卸作业时应防止撞击、摔落，搬运时不可将瓶阀对准人身体，使

用的装卸机具应装有防止产生火花的防护装置。

②装车时，应将钢瓶平卧放置，阀门端均朝向同一方，堆放不宜过高，特殊形状的容器应竖立稳固放置。钢瓶卸车后，应存放在低温、通风良好的场所，防止日晒，远离火源和热源。

③氧气瓶及其专用工具严禁与油类接触，汽车平台不得有残留的油脂，装卸人员也严禁穿戴沾有油脂或油污的工作服、手套、工作鞋等，以免引起燃烧和爆炸。

④液氯和液氨不能在同一车厢内配装，易燃气体与助燃气体应适当隔离，所有压缩气体与液化气体均不得和爆炸品、氧化剂、自燃物品、易燃物品配装；个别可以配装，但必须作适当的隔离。乙炔还可与氢气、氯化氢、硫酸等多种物质发生化学反应，因此乙炔不可与其他化学性质相抵触的物品配装、混存。

⑤装卸气瓶，不准脱手滚瓶，不准脱手传接，见图 4-3-1；竖放气瓶要确认放稳后，手才可离瓶，防止气瓶倒下；气瓶应堆放整齐，装载平稳；装卸现场要保持平整、稳固，卸瓶时瓶体尽量不要接触水泥等硬质地面，必要时应设置厚橡皮等缓冲物。

图 4-3-1 不得脱手传接气瓶

⑥多人合作装卸气瓶时，动作要协调，用力要得当，后方者要待前方者将瓶在车上放置稳妥后，方可继续上瓶；操作时，相互之间要保持一定的安全距离，不准在近距离同时操作。装卸气瓶时要注意保护好气瓶安全阀，防止撞坏。

⑦用机具吊装、吊卸气瓶或集装夹时，工作人员必须戴安全帽进行操作。瓶与瓶、夹与夹之间必须垫上木塞。液氯车还须用插桩或用紧绳器紧固，防止行驶途中松动脱落和相互撞击。

⑧由于各种空瓶都留有一定量的余气和余压，所以仍然具有一定的危险性。因此，在装卸、运输空瓶的过程中，也应该提高警惕并按相关规定进行操作，严加防护，保持阀门开关紧闭，切勿松动。

⑨装卸和使用气体钢瓶还需要特别注意以下安全问题：

储存、运输和使用压缩气体、液化气瓶时要特别注意安全。首先，充装气体的钢瓶必须经过严格检验。作内部检验时，用12V安全行灯照明，如发现瓶壁有裂纹、鼓疤等明显变形时应报废；如有硬伤、局部片状腐蚀或密集斑点腐蚀时，应清除腐蚀层，用壁厚测定仪测定剩余壁厚，如仍大于规定厚度，则可除锈、涂漆后继续使用，否则应降级或报废。做外部检验时，重点检查漆色、字样与所装气体是否相符；安全附录是否完整和完好无损；钢印标志是否齐全和清晰；是否超过检验期限；有无外观缺陷；瓶内有无剩余气体及剩余气体的压力大小；若是氧气瓶还要检查瓶体或瓶阀上是否沾有油脂。

上述情况只要有一项不符合要求，都要事先进行妥善处理，否则严禁充装气体。其次，充装完气体再检查瓶阀是否严密不漏气，否则气体逸出会发生燃烧、爆炸、使人中毒或窒息等事故。此外，还要做好以下安全工作：

A. 防爆炸。液氮钢瓶的压力高达220kg/cm^{2}以上，液氧钢瓶的压力约为150kg/cm^2，即使一般可燃、有毒气体钢瓶的压力低些，也都在36kg/cm^{2}以上，一旦受到高热、强力振动和撞击等，就会发生爆炸。故要特别注意勿使这些钢瓶靠近火源和长时间暴露于日光下，搬运时要轻搬轻放，保管时要经常检查阀门是否漏气。

气体燃烧爆炸的危险性除了决定于其自燃点和燃爆极限等因素外，还决定于气体分子的化学活泼性。例如，具有高度化学活泼性的氧气、氯气，在普通条件下即能与很多物质发生反应，引起燃烧和爆炸；液氧与有机物的混合物是很好的炸药；压缩氧与油脂接触能引起油脂自燃；氯气与乙炔或氢混合物在日光下就能爆炸。所以，保管气瓶必须懂得这些知识，对气瓶经常进行检查，定期对气瓶进行技术鉴定。

B. 防火灾。搬运氧气瓶时，工作服和装卸工具不得粘有油污；搬运和保管易燃气体钢瓶时，严禁接触火种。放钢瓶的地点失火时，应将钢瓶尽快移出火场；若来不及搬移，可用大量水浇钢瓶降温。瓶阀冻结时，严禁用火烤。

C. 防中毒。发现钢瓶漏气时，应迅速打开门窗通风透气，并立即拧紧漏气的阀门或将其移至安全场所。若是有毒气瓶漏气，拧紧阀门时要戴上防毒面具，并采取其他应急安全措施。

D. 使用气瓶时，不能将气体全部用光，须留一定压力的余气。启用气瓶时要小心，不要碰撞瓶嘴，瓶帽不要丢失，搬运时应戴好瓶帽。开关气瓶时，应站在气阀接管的侧面，并用专用扳手。开减压器时，应先开总气阀 1 ~2 次，以吹掉潮气、泥土，防止它们进入减压器内。不得用电磁起重机搬运气瓶；装在车上的气瓶要加以固定，一般应横向放置，头部朝向一方，并不得超过车厢高度。夏季车上要有遮阳措施。

气瓶应储存在专用库房内，并按所充装的气体种类和性质分类、分库存放。环境温度不宜超过 35℃。气瓶附近禁止堆放任何可燃、易燃物。并要求气瓶仓库的最大允许存量不超过 3000 瓶，仓库内要用耐火墙分隔成若干小间，每间限存易燃气瓶 500 个，或氧气瓶 1000 个，或不燃气体瓶 1000 个；仓库内小间可开门洞，每间要有单独的出口。

E. 气瓶上应涂以规定的颜色标志，以便识别。几种常用气瓶的涂色规定见表 4-3-1。

气瓶涂漆颜色表　　表 4-3-1

序号	气瓶名称	化学式	外表面颜色	字样	字样颜色	色　环
1	氢	H_2	深绿	氢	红	P = 150 不加色环 P = 200 黄色环一道
2	氧	O_2	天蓝	氧	黑	P = 150 不加色环 P = 200 白色环一道
3	氨	NH_3	黄	液氨	黑	
4	氯	Cl_2	草绿	液氯	白	
5	氮	N_2	黑	氮	黄	P = 150 不加色环 P = 200 白色环一道

续上表

序号	气瓶名称	化学式	外表面颜色	字样	字样颜色	色　环
6	二氧化碳	CO_2	铝白	液化二氧化碳	黑	P=150 不加色环 P=200 黑色环一道
7	二氯二氟甲烷	CF_2Cl_2	铝白	液化氟氯烷-12	黑	
8	二氟氯甲烷	CHF_2Cl	铝白	液化氟氯烷-22	黑	
9	甲烷	CH_4	褐	甲烷	白	
10	乙烷	C_2H_6	褐	液化乙烷	白	P=150 不加色环 P=200 黄色环一道
11	氩	Ar	灰	氩	绿	P=150 不加色环 P=200 白色环一道
12	氦	He	灰	氦	绿	
13	氖	Ne	灰	氖	绿	
14	氪	Kr	灰	氪	绿	
15	氙	Xe	灰	液氙	绿	

F. 气瓶的堆放安全要求。气瓶应直立放置,最好靠放在特设的框架中,周围以栏栅围护。气瓶外要套 2 个胶圈,以防倾倒时撞击钢瓶。零星使用钢瓶的地方若无木架时,亦可平放,但瓶口应朝向安全的一方。多个钢瓶重叠在一起堆放时,瓶口朝向一方,不可交错,并用三角木垫卡牢,防止滚动,气瓶堆放高度不得超过 5 层。盛装有毒气体的钢瓶应单独存放,并在附近设置防毒用具及灭火器材。

2. 事故应急措施

(1)灭火方法

装卸作业时,如果遇到火灾,应立即报告公安消防部门并组织扑救,同时应尽可能将未着火的气瓶移至安全地带。对着火气瓶可用雾状的水浇在气瓶上,使其冷却。在火势尚未扩大时,可用二氧化碳灭火器进行扑救。

(2)撤漏处理

如果发现钢瓶漏气时,应立即报告公安、消防部门并组织扑救,迅速将漏气钢瓶移至安全场所,并根据气体性质作好相应的人身防护,扑救者应站在上风处向气瓶倾泼冷水，使之降低温度，然后再将阀门旋紧。若再不可控制，可将气瓶浸入水中。

三、易燃液体

1. 装卸易燃液体安全要求

易燃液体在常温下易挥发，其蒸气与空气混合能形成爆炸性混合物，同时还具有高度流动性和扩散性。遇强酸、氧化剂接触反应强烈，能引起燃烧爆炸，并具有一定的麻醉性和毒性，长时间吸入可使人失去知觉。因此，装卸易燃液体必须符合下列要求：

(1)装卸作业前准备工作

①大多数易燃液体的蒸气具有一定的毒性，会从呼吸道侵入人体，造成危害。因此操作人员在作业前或作业中应加强安全措施，采取必要的通风措施。特别是在夏季及发生火警的情况下，空气中有毒蒸气浓度加大，更应注意防止中毒。作业人员应穿戴好必要的劳动防护用品，特别是罐车装运易燃液体的操作人员，无论是装罐或卸货，人必须站在上风处，尽量减少蒸气从呼吸道侵入的机会，或者采取相应的保护措施。

②易燃液体蒸气与空气的混合气体遇明火会发生爆炸。所以，在易燃液体的装卸及储运场所应严禁烟火，尤其是罐车装卸现场应划定警戒区，一般为半径50m内，不得有热源和明火场所。装卸操作时车辆应实施手制动，固定车轮，熄灭发动机，接好导除静电装置。夜间作业应使用防爆式照明设备。作业人员不得身带火种（如火柴、打火机等）和穿有铁钉的鞋。

③根据所装货物的包装情况（如化学剂小包装），随车携带好绳索、油布等工具，并检查消防设施是否良好，车厢必须保持清洁干燥。不得留有与易燃液体性质相抵触的残留物。

(2)装卸操作中应注意事项

①易燃液体受热后，常会发生容器膨胀或“鼓桶”现象，特别是夏季更应注意。为此，作业人员在装车时应认真检查包装（包括封口）的完好情况，发现破损，应由发货单位调换包装或修理加固，符合安全运输要求后，方可装车。

②作业时必须严格遵守操作规程，轻装轻卸，防止货物撞击、重压、倒置，严禁摔掼；货物堆放时应使桶口、箱盖朝上，堆垛整齐、平稳，箱形货物堆垛时最上面一层必须骑缝（成梯形）放置，捆扎牢固。

③要特别注意防火、防热，严禁烟火接近。使用的工、夹具不得沾有

与所装货物相抵触的残留物。

④易燃液体与大多数危险货物性质相互抵触，或者是消防方法不同。因此，无论在配装或贮存、保管中，都应采取有效的隔离或分库存放措施，装车也要严格按配装表的规定进行配载，驾驶人员、装卸人员不得任意拼载配装，尤其不能与氧化剂和强酸（如硝酸、硫酸等）物品同车装运。

⑤罐车运输液体危险货物的换装作业应符合表4-3-2的要求。

⑥装卸作业，要注意不同材质罐车适用不同性质货物（常温下）的规定和要求，见附录七。

⑦罐车装卸作业应当遵守下列安全技术操作规程：

A. 装卸化学危险品，必须配备必要的应急处理器材，正确使用劳动防护用品。

B. 从事装卸的人员应按国家有关规定接受培训，持有交通主管部门颁发的从业资格证书，并对所装卸化学危险品的性质、防护要求及应急措施等有一定的了解。

C. 罐车必须配带灭火器。进入装卸作业区的人员严禁携带火种，必须关闭随身携带的手机等电子设备，禁止穿易产生静电或火花的工作服和工作鞋等。

罐车运输液体货物的换装规定表 表4-3-2

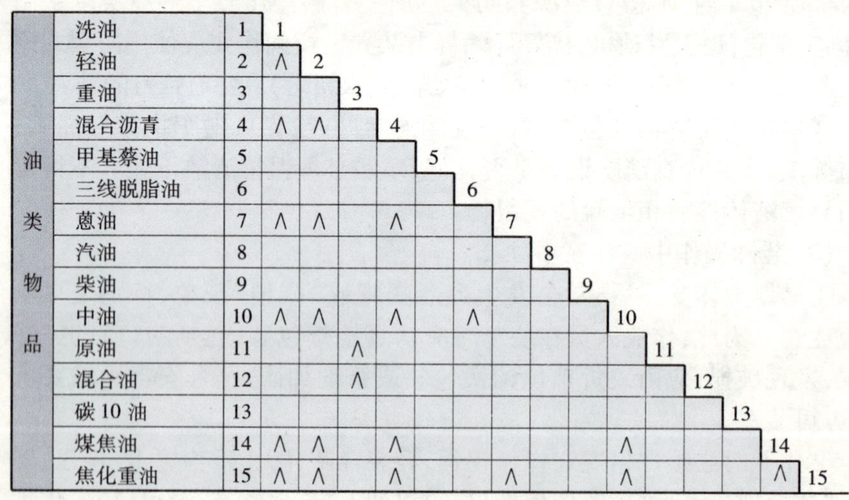

			1	2	3	4	5	6	7	8	9	10	11	12	13	14	15
油类物品	洗油	1															
	轻油	2	∧														
	重油	3															
	混合沥青	4	∧	∧													
	甲基萘油	5															
	三线脱脂油	6															
	蒽油	7	∧	∧		∧											
	汽油	8															
	柴油	9															
	中油	10	∧	∧		∧		∧									
	原油	11			∧												
	混合油	12			∧												
	碳10油	13															
	煤焦油	14	∧	∧		∧						∧					
	焦化重油	15	∧	∧		∧			∧			∧				∧	

注：①表内符号“∧”表示可以换装，表内无符号表示不可以换装。

②不需经过清洗处理的货物，其换装必须待卸尽后进行。

D. 按指定地点停车，关闭发动机，实施手制动。接好静电连接线，管道和管接头连接必须牢靠不泄漏，垫木应有效放置。

E. 作业前核对货物品种及数量是否与提货单相符。

F. 上述事项检查完毕后，方可进行装卸操作，装卸过程中应注意控制物料流速，驾驶人员及押运人员应配合装卸操作人员密切注意罐内液位，确保安全。

G. 罐装、卸放作业完毕后，检查罐内情况，确保数量不缺失短少，按安全规定对装卸货管道进行处理，最后拆除静电连接线。

H. 检查车辆，关闭阀门，撤离垫木，确认车辆周围无障碍物后，指挥车辆启动驶离装卸货地点。

⑧燃油在装卸、运输、保管和使用方面应特别注意安全问题。大部分燃油属于易燃或可燃液体，本身具有燃烧性，而其蒸气与空气的混合物又可形成燃爆性气体，所以危险性较大。因此必须使装卸、运输、保管、发放和使用燃油的人员懂得有关安全知识。例如，易燃液体的流动性、挥发性和扩散性，使其危险性增大。此外，易燃液体的蒸气除了有如同易燃气体的危险性外，它的特殊性在于一般比空气重，易滞留于低洼处，且贴近地面易顺风流向远方。如果在低处有人用火，则很容易着火并把火种引向易燃液体，这是应当特别注意的。同时，易燃液体又比水轻且多不溶于水，它也会随水流动而扩大危险，并难以用水灭火。易燃液体一般导电率很小，易在流动中摩擦产生静电，静电的部分电荷会很快泄漏或逸散掉，但残存部分会形成电荷积累，其带电程度取决于该液体电阻率的大小，而易燃液体的固有电阻率 ρ 很高，一般都大于 $10^{10}\Omega \cdot m$。这往往是导致燃烧爆炸事故的重要原因。根据经验，处理 $\rho < 10^{6}\Omega \cdot m$ 的物质，可不考虑静电问题；若 $\rho < 10^{9}\Omega \cdot m$，产生静电积累的可能性存在，但积累不高，多数情况下可不采取防静电措施；若 $\rho > 10^{10}\Omega \cdot m$ 时，就有静电危害，必须采取防静电措施。许多易燃液体，特别是石油产品的 ρ 都大于 $10^{11}\Omega \cdot m$，若防静电措施不正确或不到位，就会产生静电继而放电火花，导致其蒸气与空气混合物的燃烧爆炸。在燃油的计量、灌注、运输中这样的事故案例是不少的。所以必须仔细采取限速、良好接地等防静电措施。

（3）道路运输燃油的安全要求

目前我国运输燃油一般采用汽车罐车运输，也有采用铁路油罐车运输的。但由于某些原因，铁路专用线不能引进厂矿内时，就需要汽车罐车转运。汽车罐车上部设有入孔，其直径不小于500mm，入孔上有便于开关的盖板。罐体底部设有卸油管和阀门，管径一般为 80～100mm。车体上设有导静电橡胶拖地带。燃油一般自上部入口孔灌入，从底部卸油阀排出。卸油方式有泵卸、自流下卸和虹吸卸油等。

①在装卸油料时，要选择适当的鹤管和管接头，采取适当的装卸速度，以避免油与管道摩擦产生、聚积高电位静电，也要避免管接头与车壁撞击产生火花。

②保管车用汽油，应选择适当的油罐，其呼吸阀单位面积压力应达到设计工作能力。油罐不应漏气，其容量与装满系数要尽可能大，蒸发面积要尽可能小。这样可减少蒸发损失及与空气接触的程度，有利于安全。贮存期间应尽可能降低温度，以保持在 15～20℃为宜。汽油在运输贮存中不应混入水分，因为水的存在会降低汽油中抗氧化剂的浓度，增加酸度和对钢板的腐蚀。车用汽油保管还应注意避光，以延缓胶质的生成。桶装汽油保管中应防止受热，如果没有库房而露天存放时应搭建临时遮荫棚，夏天应洒水降温。汽油桶只能单层放置，不可堆放，也不应放在门口附近，以免发生事故时堵住出入口，不利于扑救。工业用汽油的存放不应与车用汽油混放在一起，因为车用汽油的不饱和程度比较大，混入石油溶剂后，会造成油料的芳香烃和碘值增加，使操作工人发生中毒危险。

③汽车加油时，必须遵循加油站的安全技术规定。使用洗涤用溶剂油的工作场所，空气中的汽油浓度不得超过 0.3ml/L。装卸作业时，在燃油设备及输油系统周围要做到“三清”、“四无”、“五不漏”。

④在灌油前、放油后，驾驶人员要检查罐车阀门和管盖是否关牢，查看接地线是否接牢，不得敞盖行驶，严禁罐车顶部载物。

⑤汽车罐车的灌装采用泵送和自流灌装。

⑥汽车罐车进站卸油时，其他车辆不准进入，停止所有加油作业，并要有专人监护，避免行人靠近。

⑦最好采用密闭卸油，用这种方法卸油是在地下油罐和汽车罐车之间增加一条油气管道，燃油从罐车流向地下油罐，而地下油罐内的油气沿着管道流向油罐车，进行油气置换。

⑧卸油前要检查油罐的存油量，以防止卸油时冒顶跑油。卸油时发动机应熄火，雷雨天停止卸油。卸油时先夹好导静电线，再装好卸油胶管，当确认所卸油品与储油罐存储的油品分类相同时，方可慢慢开启阀门。

⑨卸油时应严格控制流速，在油品没有淹没进油管口前，油的流速应

控制在0.7～1m/s内，以防止产生静电。

A. 卸油过程要做到不冒、不洒、不漏，各部件接口牢固，驾驶人员、押运人员卸油时不得离开现场，与加油站人员共同监视卸油情况，发现问题随时采取措施。

B. 在卸油时，油管应伸至离罐底不大于300mm处，以防止进油时喷溅产生静电。

C. 卸油要尽可能卸净，当加油站人员确认罐内已无储油时方可关闭放油阀门，收好放油胶管，盖严油罐盖。

D. 上下罐车要从扶栏处上下，不得从其他部位登上跳下，防止摔伤。

⑩测量油量要在卸完油30min以后进行，以防测油尺与油液面、油罐之间静电放电。

2. 事故应急措施

(1)灭火方法

易燃液体的大部分密度小于1g/cm^3，且不溶于水，一旦发生火情，用水扑救时因水会沉在燃烧着的液体下面，并能形成喷溅、漂流而扩大火灾；另外，易燃液体所产生的热量较大，而其燃点又较低，很难使温度降到燃点以下，因此，扑救易燃液体火灾的最有效方法是采用化学泡沫灭火剂以及干砂压盖。

(2)撒漏处理

易燃液体一旦发生撒漏时，应及时以砂土覆盖或用松软材料吸附后，集中至空旷安全处处理，覆盖时特别要注意防止液体流入下水道、河道等地方，以防污染，更主要的是如果液体浮在下水道或河流道的水面上，其火灾隐情更重要；在销毁收集物时，应充分注意燃烧时所产生的有毒气体对人的危害，必要时应穿戴好防毒面具。

四、易燃固体、自燃物品和遇湿易燃物品

1. 装卸易燃固体、自燃物品和遇湿易燃物品安全要求

由于本类货物在受热、摩擦、冲击或与氧化剂接触会发生剧烈化学反应，能引起燃烧，其粉尘更具有爆炸性。易燃固体燃点低于400℃，对受热、摩擦、撞击敏感，易被外部火源点燃，燃烧迅速（燃烧速度大于0.5cm/s，并可能散发出有毒烟雾或有毒气体；自燃物品自燃点低（自燃点低于200℃），在空气中易于发生氧化反应，放出热量，自行燃烧；遇湿易燃物品遇水或受潮时，发生剧烈化学反应，放出大量易燃气体和热量，

即能引起燃烧和爆炸。因此,装卸易燃固体、自燃物品和遇湿易燃物品也有相应的安全要求。

(1)装卸作业前准备工作

①认真清扫车厢平台,检查装卸器械和工、属具等,其上不得沾有氧化剂和酸类等物质。

②作业现场要远离明火、高热,应备有相应的消防灭火设备,作业人员不得随身携带火种。

③检查货物的包装。包装破损、物品撒漏的不得装车,尤其要注意包装是否有渗漏现象。例如硝化棉要用水或酒精浸润,金属钠浸没在煤油中,黄磷浸没在水中,以同空气隔绝,保证货物的稳定。如果包装渗漏,稳定剂流失或挥发,就会引起燃烧。

④不得穿着带有铁钉的鞋子进行作业。装卸有毒或有腐蚀性的易燃物品,作业人员应穿戴防护用品,防止货物接触皮肤造成中毒。

(2)装卸操作中应注意事项

①装卸时要轻装轻卸,不得翻滚,防止撞击、摩擦、摔落。

②堆码要整齐、靠紧、平稳。桶口、箱口或有“向上”标志的一律应向上堆放,不得倒置。操作中严禁使用易产生火花的工具,装卸机械应配备火星熄灭器,禁止吸烟。

③注意防水、防潮,在无防护设备和未采取防护措施的情况下,不许在雨雪天进行装卸作业。高温季节装卸易燃、自燃物品,应在早、晚或气温较低时进行。

④严禁氧化剂、强酸、强碱、爆炸性物品同车配装运输。

(3)易燃固体装卸过程中应注意的安全事项

固体物质因其组成和性质不同,而具有各自不同的燃烧特点。各种金属粉,如镁粉、铝粉、锰粉的燃烧是发生在固体表面与空气接触的部分,不产生气体和火焰,而只发生灼热的光,其温度可达千度以上。扑灭金属粉着火时不能用水,因为在高温下金属粉与水反应生产氢气,氢气又可与空气形成燃爆性混合物。此外,水柱喷溅使金属粉飞扬,能与空气混合而发生燃烧爆炸。

萘及其衍生物、三硫化磷、二氯苯、松香等低熔点固体受热易熔化,其燃烧特点类似于液体的燃烧,其燃烧过程是受热熔化→蒸发汽化→分解氧化→起火燃烧。其中萘及其衍生物受热后易于升华,即由固体直接变成气体,故更容易燃烧。燃烧时光弱而烟多,其产物还有一定的毒性。

硝基化合物、硝化纤维素及其制品、重氮氢基球等易燃固体由于本身含有硝基($—NO_2$)、亚硝基(—NO)、硝酰基($—ONO_2$)、重氮基(—N ═ N)等不稳定的基团,受热易于分解,因而它们不仅易燃烧,而且在一定条件下还会爆炸,燃烧爆炸的产物中含有氧化氮和一氧化碳等有毒气体。

化学纤维、合成树脂、合成塑料等高分子化合物的燃烧过程比较复杂,有的易燃或缓燃,有的难燃或不燃,有的是熔融式燃烧,有的是分解式燃烧。在燃烧中会发生变形、软化和溅滴。而许多纤维和塑料的燃烧会发出较大的烟雾,并产生刺激性、毒害性或腐蚀性气体。

除上述燃烧特点外,不少易燃固体属于还原剂,能与强氧化剂接触发生燃烧和爆炸。如硫、磷与过氧化钠或氯酸钾相遇,则会立即燃烧爆炸。还有一些易燃固体,如萘及其衍生物等,与浓硝酸等强酸接触会发生剧烈反应,甚至引起燃烧或爆炸。对于这些情况,在物品的储运管理上都要非常注意。

那么,易燃固体在储运保管中应注意哪些安全问题呢?除了上述的以外,一般还要注意到以下几点:

①易燃固体应贮存在非燃烧材料建成的仓库内。仓库应阴凉、通风、干燥、隔热,并要与酸类、氧化剂等隔开存放。铝粉、镁粉等是不能用水灭火的易燃固体,要单独存放。

②在搬运中要轻搬轻放,严禁滚动、摩擦、拖拉等危及安全的操作。库房内及其周围要严禁烟火。

③易燃固体宜包装在金属密封容器中,少量的也可装入玻璃瓶中。开启包装物时要用不发火金属材料(如铜等)制的工具。

④硝基化合物(如发孔剂 H 等)对撞击敏感,遇高热、酸易分解、爆炸,搬运时应轻装轻卸;装运时不得与酸性腐蚀品及有毒或易燃脂类危险品混装。

⑤易燃固体发生火灾时,可用水、砂土、石棉毡、泡沫、二氧化碳、干粉等灭火剂灭火;但金属粉(如铝粉、镁粉)着火时只能用砂土、干粉灭火或用轻金属灭火剂 7150 灭火,不能用水。

(4)自燃物品的装卸、储运和保管要注意的安全事项

①装运自燃物品须防止日光暴晒,不得与爆炸物品、氧化剂、腐蚀性物品和易燃物等配装混运。搬运装卸堆垛时要轻搬轻放,切不可重摔撞击。对桶装物品不应在地面上滚动,以免损坏包装或因摩擦而发热,引起自燃。

②贮存自燃物品的库房须注意通风、散热、阴凉、干燥，有防热隔热措施。对消防方法不同的三乙基铝、铝铁熔剂等（不能用水消防），须和其他自燃物品分库存放。

③库房应加强温湿度管理。

④平时应随时检查库内及垛间是否有异状异味，包装有无渗漏破损等。如浸没在水中的黄磷，若水漏失而使其露出液面时，黄磷与空气接触后就会散发出蒜味及烟雾；桐油制品氧化发热时会散发出焦臭味等。除了做好日常性的检查外，还必须定期酌情开启包装，检查内部情形。对桐油制品，要用插入式温度计插入内部测量温度，如发现剧烈发热情况，应立即倒垛到阴凉处通风摊晾，但不能立即大开门窗通风，因为骤然大量空气进入反而会使发热的桐油制品发生燃烧。

⑤贮存自燃性物品的库房以及进入库房的车辆底部等事先应仔细清扫，以免促使自燃加速的杂质混入，引起火灾事故。

(5)遇湿易燃物品装卸过程中的安全注意事项

①遇湿易燃物品，不得与酸类、氧化剂及含水的液体货物混装，不宜在潮湿的环境下装卸。若不具备防雨雪的条件，不准进行装卸作业。

②装卸钢桶包装的碳化钙（电石）时，应确认包装内有无填充保护气体。如未填充的，在装卸前应侧身轻轻的拧开桶气口放气，防止爆炸、冲击伤人。电石桶不得倒置。

2. 事故应急措施

1)灭火方法

火灾是对该类物品安全储运的主要威胁，火灾处理不当则会严重危害周围的环境，因此正确采取灭火方法至为重要。

由于该类物品性质各异，因此采取的灭火手段也应有所区别：

(1)易燃固体

根据易燃固体的不同性质，可用水、砂土、泡沫、二氧化碳、干粉等灭火剂灭火。但必须注意：

①粉状物品，例如闪光粉、铝粉等，不可用水灭火。因为闪光粉是镁粉和氯酸钾混合物，化学性质很活泼，能与水产生剧烈的反应，生成氢气能燃烧，被水冲散到空气中的闪光粉或铝粉末，在遇明火还有爆炸的危险。此类物品可用干燥的砂土、干粉等灭火剂进行扑救。

②遇水反应的易燃固体不得用水扑救，可用干燥的砂土、干粉等灭火剂

进行扑救。

③有爆炸危险的易燃固体禁止用砂土压盖。

④遇水或酸产生剧毒气体的易燃固体，严禁用酸碱泡沫灭火剂。磷的化合物和硝基化合物（包括硝化棉、赛璐珞）、硫磺等物品，燃烧时产生有毒和刺激性气体，消防人员须注意带好防毒口罩或防毒面具。

⑤火场中抢救出来的赤磷要谨慎处理。因在火场高温下，赤磷会转化为黄磷而自燃。同时在火场中抢救出来的赤磷，往往被水淋过，赤磷受潮后，也会缓慢氧化自燃。

（2）自燃物品

①自燃物品发生火灾时，一般可用干粉、砂土（干燥时有爆炸危险的易自燃物品除外）和二氧化碳等灭火。与水能发生作用的物品严禁用水灭火，如三乙基铝、铝铁熔剂燃烧时温度极高，能使水分解产生氢气，此类物品可用砂土、干粉等灭火剂。

②对黄磷火灾现象需谨慎处理，黄磷火灾被水扑灭后，火只是暂时熄灭了，而黄磷还残留着，一般不容易清理干净，待水分挥发完毕，黄磷可能又会自燃，造成火灾。所以对黄磷火灾残留现场应有专人密切观察，任其自燃，烧光为止。同时要注意，黄磷燃烧时会产生剧毒的五氧化二磷等气体，扑救时应注意穿戴防护服和防毒面具。

③对不同的危险货物，在作业中应了解其不同的自燃点并注意采取相应的措施，见表4-3-3。

几种自燃物的自燃点　　表4-3-3

物质名称	自燃点（℃）	物质名称	自燃点（℃）	物质名称	自燃点（℃）
黄磷	34～35	乙醚	170	棉籽油	370
三硫化四磷	100	溶剂油	235	桐油	410
赛璐珞	150～180	煤油	240～290	芝麻油	410
赤磷	200～250	汽油	280	花生油	445
松香	240	石油沥青	270～300	菜籽油	446
锌粉	360	柴油	350～380	豆油	460
丙酮	570	重油	380～420	二硫化碳	102

（3）遇湿易燃物品

①本品发生火灾时，应迅速将邻近未燃物质从火场撤离或与燃烧物进行有效的隔离。本品在灭火时绝对不能用水，只能用干砂、干粉扑救。并注意以下各点：

A. 活泼金属及其他与水接触放出氢气的物质；

B. 遇水产生碳氢化合物(气体)的物质；

C. 过氧化物等易放出助燃气体的物质；

D. 酸类等遇水产生高温的物质；

E. 遇水产生有毒或腐蚀性气体的物质；

F. 密度小于水的物质。

②遇水反应产生易燃或有毒气体的物质，不得使用泡沫灭火剂。

③与酸或氧化剂、氢化物等反应的物质，禁止使用酸碱式泡沫灭火剂。

④活泼金属禁止使用二氧化碳灭火剂。因钾、钠等具有极强的还原性，甚至能夺取二氧化碳中的氧。可见，二氧化碳不但起不了灭火作用反而助长燃烧，因此应用苏打、食盐、氮或石墨来扑救。锂的火灾不能用食盐和氮，而只能用氧化锂和石墨扑救。

⑤碳化物、磷化物遇水反应产生剧毒、腐蚀性气体的物质，灭火时，消防人员应穿戴防护用品和隔离式呼吸器。

2)撒漏处理

对该类物品撒漏量大的可以收集起来，另行包装，收集的残留物不能任意排放、抛弃，应作深埋处理。对与水反应的撒漏物处理时不能用水，但清扫后的现场可以用大量水冲洗。

五、氧化剂和有机过氧化物

1. 装卸氧化剂和有机过氧化物安全要求

由于该类货物具有强烈的氧化性，在不同条件下，遇酸、碱，受热、受潮或接触有机物、还原剂即能分解放氧，发生氧化反应，引起燃烧。有的氧化剂还具有毒性或腐蚀性。有机过氧化物更具有易燃甚至爆炸的危险性，运输时须加入适量的抑制剂或稳定剂，有的在环境温度下会自行加速分解，因而必须控温运输。

(1)装车作业前准备工作

①应检查车厢(包括苫布等)，不得有任何酸类、煤炭、木屑、硫、磷等易燃物、可燃的残留物，以免引起化学反应而燃烧，甚至爆炸。

②装运需控温的氧化剂，车辆的制冷系统必须良好，但不能使用液态空气和液态氧作制冷剂。

③带好苫布、大绳等以及必需的防护用品和工具设备。

(2)装卸操作中应注意事项

①装卸本类物品应远离火种、热源,夜间应使用防爆灯具。对光敏感的物品要有遮阳、避光设施。

②在操作中,不能穿有铁钉的鞋子,不能使用易产生火花的工具。切忌撞击、振动、拖拉、倒置,必须轻装轻卸,捆扎牢固,每层之间衬垫妥帖,防止移动、磨擦,并严防受潮。

③发现包装损漏,必须调换或加固包装才能装车,不能自行将破损包装换好包装,不得将撒漏物装入原包装内,必须另行处理。操作时,不得踩踏、碾压撒漏物,绝对禁止使用金属和可燃物(纸、木等)处理撒漏物。

④过氧化物包件,露出车栏板的部分不得超过包件高度的1/3。

⑤堆放场地或仓库应清扫干净,并不得在容易产生可燃性粉尘(如煤场、锯木场等)的场所进行装卸作业。

⑥氧化剂对其他货物的敏感性强,因此绝大多数与酸类等货物严禁同车装运,即使同属氧化剂,由于氧化性强弱不同,配装后极易引起燃烧、爆炸,也不宜同车装运。

⑦漂白粉及无机氧化剂中的亚硝酸盐、亚氯酸盐、次亚氯酸盐不得与其他氧化剂混装。

2. 事故应急措施

(1)灭火方法

①万一发生火灾时,对有机过氧化物、金属过氧化物、有机过氧酸及其衍生物不能用水扑救,因为这些氧化剂和水作用可以生成氧气,能帮助燃烧、扩大火势,只能用砂土、干粉、二氧化碳灭火剂进行灭火。泡沫灭火剂中的药剂是水溶液,故亦禁止使用。

②其余大部分氧化剂都可以用水扑救。粉状物品应用雾状水扑救。

③在扑救时,要配备适当的防毒面具,以防中毒。在没有防毒面具的情况下,可将一般口罩用5%的小苏打水浸泡后使用,但其有效时间短,必须随时更换。

(2)撒漏处理

①在装卸过程中,由于包装不良或操作不当,有部分氧化剂撒漏,应轻轻扫起,另行包装。这些从地上扫起重新包装的氧化剂,因接触过空气,为防止发生变化,不得同车发运,须留在发货处适当地方,观察24h以后,才能重新入库堆存。

②对撒漏的少量氧化剂或残留物应清扫干净，进行深埋处理。

六、毒害品和感染性物品

由于本类货物少量误服、吸入或经皮肤黏膜接触进入肌体后，累积到一定的量，能与体液和组织发生生物化学作用或物理变化，扰乱和破坏肌体的正常生理功能，引起暂时性或持久性的病理状态，甚至危及生命。其中有机毒害品具有可燃性，遇明火、高热或与氧化剂接触会燃烧、爆炸，同时放出有毒气体。因此，装卸类货物应具备下列安全要求。

1. 装卸毒害品和感染性物品安全要求

1）装卸作业前准备工作

（1）毒害品

①除有特殊包装要求的剧毒品采用化工物品专业罐车运输外，毒害品应采用厢式货车运输。

②根据所装卸货物的毒性、状态及包装，应携带好相应的劳动防护用品（如工作服、手套、防毒口罩或面具）、防散失、防雨、捆扎等工、属具。

③对刚开启的仓库、集装箱、全闭式车厢要先通风，使可能积聚的有毒气体排除，以免造成装卸人员中毒，见图4-3-2。进行装车作业前，应认真检查包件，发现包装破损、渗漏，不得装运。

图4-3-2　由于装运毒害品的全闭式车厢未先通风，造成装卸人员中毒

(2)感染性物品

①作业人员应接受相关专业技术、安全防护以及应急处理等知识的培训。应穿戴专用安全防护服和用具。定期进行健康检查,必要时,对有关人员进行免疫接种,防止受到健康损害。

②认真检查盛装感染性物品的每个包件外表的警示标识,核对医疗废物标签,标签内容包括:医疗废物产生单位、产生日期、类别及需要的特别说明等。标签、封口不符合要求时,拒绝运输。

③道路运输医疗废物车辆应有明显的医疗废物标识,须达到防渗漏、防遗撒及其他环境保护和卫生要求。运送医疗废物的车辆不得运送其他物品。

2)装卸操作应注意事项

(1)毒害品

①作业人员应根据不同货物的危险特性,分别穿戴好相适应的防护服装、手套、防毒口罩、面具和护目镜等。严禁赤脚、穿背心短裤,皮肤破伤者不能装卸毒害品。

②认真检查货物包装,尤其是包装外表,应无残留物,特别是剧毒、粉状的货物,包装外表更应加以注意。发现包装破损、渗漏,则拒绝装运。

③装卸操作时,作业人员尽量站立在上风处,不能在低洼处久待,应做到轻拿轻放,尤其是对易碎包装件或纸质包装件不能摔掼,避免损坏包装使毒物洒漏造成危害。

④堆码时,要注意包装件上的图示标志,不能倒置,堆码要靠紧堆齐,桶口、箱口向上,袋口朝里。小件易失落货物(尤其是剧毒品氰化物、砷化物、氰酸酯类),装车后必须用苫布严盖,并捆扎牢固。

⑤对刺激性较强的和散发异臭的毒害品,装卸人员应采取轮班作业。在夏季高温期,尽量安排在早晚气温较低时作业,晚间作业应用防爆式或封闭式的安全照明。雪、冰封时作业,应有防滑措施。

⑥无机毒害品不得与酸性腐蚀品配装,不得与易感染性物品配装。有机毒害品不得与爆炸品、助燃气体、氧化剂、有机过氧化物等酸性腐蚀物品配载。

⑦忌水的毒害品(如磷化铝、磷化锌等)应防止受潮。

⑧毒害品严禁与食用、药用及生活用品等同车拼装。装运后的车辆及工、属具要严格清洗消毒,未经安全管理人员检验批准,不得装运食用、药用、生活等用品及活的动物。

⑨装卸操作人员不能在毒害品上坐卧、休息，见图 4-3-3；不能用衣袖擦汗。如皮肤受到沾污，要立即用清水冲洗干净。

图 4-3-3　装卸操作人员不能在毒害品上坐卧、休息

⑩作业结束后要换下防护服，洗手洗脸后才能进食饮水吸烟。工前、工后都应禁止饮酒。防护用品每次使用后必须集中清洗，不能穿戴回家。

（2）感染性物品

①根据不同的医疗废物分类，作业人员在工作中应穿戴好相适应的防护服装、手套、防毒口罩、面具和护目镜等。

②作业人员被医疗废物刺伤、擦伤等伤害时，应采取相应的处理措施，并及时报告相关部门。

2. 事故应急措施

（1）灭火方法

毒害品因其品类繁多、性质各异，一旦发生火灾其灭火方法必须注意以下几点：

①在无机毒害品中的硒化合物、磷化锌、磷化铝、氰化氢钠、氯化硫、二氯化硫等，因为其氰、氯、硫、硒、磷等都是性质活泼的非金属，遇水后能和水中的氢生成有毒或有腐蚀性的气体。因此，这类物品起火后，不能用

水扑救，而要用砂土或二氧化碳灭火剂扑救。

②毒害品中的氰化物、氰化钠、氰化钾及其他氰化物等，遇酸性物质能生成剧毒气体氢化氰。这类物品发生火灾后，不得用酸碱灭火剂扑救，可以用水及砂土扑救。

③大部分毒害品在着火、受热或与水、酸接触时，能产生有毒和刺激性气体及烟雾，灭火人员必须根据毒害品的性质采取不同的消防方法，在扑救火灾时，尽可能站在上风方向，并戴好防毒面具等。

(2)撒漏处理

对毒害品的撒漏物应视其具体情况作出处理：固体货物通常扫集后装入其他空容器中交货主单位处理；液体货物应以砂土、锯末等松软材料浸润、吸附后扫集，盛入容器中交货主单位处理；对毒害品的撒漏物不能任意乱丢或排放，以免扩大污染，甚至造成不可估量的危害。

七、放射性物品

由于本类货物有块状固体、粉末、晶粒、液体和气体等多种物理形态，能自发地、不断地放出人体感觉器官不能察觉到的射线，放出的射线有α、β、γ、中子流等 4 种类型。不同的射线具有不同的穿透力，能杀伤细胞，破坏人体组织，长时间或大量照射，会引起伤残甚至死亡。其中有些物品还具有易燃、毒害、腐蚀等性质。因此，装卸本类货物更具有严格的特殊安全要求。

1. 装卸作业前准备

①运输放射性物品的车辆必须随车携带经当地核查单位及核查人员(通常为卫生防疫部门)盖章注明的“放射性物质货包表面污染及辐射水平检查证明书”。

②配备相应的安全防护服和用具。

2. 装卸放射性物品安全要求

①从事放射性物品运输人员，必须接受辐射防护的教育和培训，经考核取得合格证书后，才能上岗作业，从业期间接受定期培训和体格检查。

②要严格实行专人专车装运，不得与其他物品混合运输。装载放射性物品的车厢不准载人，工作人员应有专用防护设备。

③能机械操作的应配备专用机械，要求技术熟练，操作迅速，以减少与人体接触，并按时间表作业(每人每天允许作业时间表参见表 3-2-1)。

④运输前发现包装损坏或不符合安全要求，应拒绝装运。

⑤运输完毕后，车辆应彻底清洗，驾驶人员和相关人员也应立即进行清洗，穿过的工作服和手套等均应单独清洗消毒。

⑥放射性物品的隔离、摆放参见第三篇第二章第二节第七项“放射性物品”装卸注意事项。

3. 事故应急措施

(1)灭火方法

万一发生火灾时，可用雾状水扑救，注意不要因水流扩散使污染面积过大而造成大面积污染。消防人员须穿戴防护用具，并站在上风处。

(2)撒漏处理

放射性物品的撒漏对环境影响的程度区别很大，应针对不同的撒漏情况采取相应的处理方法。

剂量率较小的放射性物品的外层辅助包装损坏时，应及时修复。不能修复的，应调换相同的外包装。调换后外包装的运输指数不得大于原来的运输指数，或者按新包装修改相应的运输文件和运输标志。

放射性矿石、矿砂撒漏时，应将撒漏物收集，并调换破包。

如果A、B型包装的内容器受到破坏，放射性物质扩撒到外面，或者外层包装受到严重破坏时，运输人员不能擅自处理，而应立即向公安部门和卫生监督机构报告事故，并在事故地点划出适当的安全区，设置警戒线，悬挂警告牌。

在划定安全区的同时，要用适当的材料进行屏蔽。对于粉末状物品，应该很快地将它覆盖，以防粉尘飞扬扩大污染区域。

铁板、铝片、铅片、有机玻璃、混凝土、岩石、土壤、砖、石蜡等都可作为屏蔽材料。

八、腐蚀品

由于本类货物能灼伤人体组织(皮肤接触在4h内可见坏死现象)，并对金属等物品造成损坏的固体或液体。其散发的粉尘、烟雾、蒸气能强烈刺激眼睛和呼吸道，吸入会中毒。其中，无机酸性腐蚀品大多数具有强氧化性，接触可燃物会引起燃烧。有机腐蚀品都易燃，接触明火、高温或氧化剂会引起燃烧甚至爆炸，同时散发出有毒气体，有机腐蚀品的蒸气能与空气形成爆炸性混合物。因此，装卸该类货物应具备下列安全要求。

1. 装卸腐蚀品安全要求

(1)装卸前的准备

①装货前，要打扫车厢。卸货、搬入仓库前，要打扫仓库。堆货地点不得残留氧化剂、易燃物品以及稻草、油脂、木屑等有机物。

②装卸腐蚀品的工具，不得沾有氧化剂或易燃品。

③装货前仔细检查包装和封口，看看包装是否完好，封口有无破漏，严禁破漏包装件上车，卸货时，对破漏包装应谨慎处理，以免发生危险。

④任何易碎的内容器，如无外包装，严禁装车运输。

⑤装卸作业人员应佩戴口罩、工作服、手套。装卸强酸性腐蚀品应使用防酸橡皮或塑料围裙、手套、高统靴、护目镜或面具等防护用品，严防腐蚀品接触皮肤。一般来说，防酸防护服用毛质的或丝质的纺织品，防碱防护服用棉质的纺织品。

(2)装卸操作中应注意事项

①较装轻卸，防止撞击、跌落，禁止肩扛、背负、揽抱、钩拖腐蚀品。酸坛外包装要用绳索套底搬动，以防脱底致使酸坛摔落发生事故。

②堆装时应注意指示标记，桶口、瓶口、箱盖朝上，不横放倒置，堆码要整齐、靠紧、牢固；没有封盖的外包装不得堆码；

③装卸现场应视货物特性，备有清水或苏打水（对酸性能起中和作用）或稀醋酸（对碱性能起中和作用），以应急救之需。

(3)腐蚀品的配装

①酸与碱会发生中和反应，不仅使货物失去原有特性，而且中和反应发生剧烈时还会引起爆炸。所以，同是腐蚀品，酸性腐蚀品和碱性腐蚀品不能配装。

②无机酸性腐蚀品往往有氧化性，有机酸性腐蚀品则可以燃烧。所以，同是酸性腐蚀品，无机酸性腐蚀品和有机酸性腐蚀品不能配装。同理，无机酸性腐蚀品不得与可燃品配装；有机腐蚀品不论是酸性的还是碱性的，都不得与氧化剂配装。

③硫酸虽然本身是一种强氧化剂，但它不得与氧化剂配装。

④腐蚀品不得与普通货物配装，以免对普通货物造成损害。

2. 事故应急措施

(1)灭火方法

腐蚀品的灭火方法可概括为大量用水、谨慎用水。无机腐蚀品卷入火场，或有机腐蚀品直接燃烧时，除具有与水反应的物品外，一般可用大量的水扑救。即使有些物品会与水反应，但这些物品量较少而大量的水迅速扑上，足以抑制反应时，也应用大量的水扑救。但用水时应谨慎，宜用雾状水，不可用高压水柱直接喷射物品，尤其是酸液。以防飞溅的水珠带上酸碱性，灼伤灭火人员。同时，要控制水的流向，以免带腐蚀性的水流损伤环境。

不少物品燃烧时会产生有毒的气体和烟雾，用水扑救时产生的蒸气也可能带有毒性和腐蚀性。因此，扑救人员应穿防腐服、戴防毒面具，并站在上风处。

与水会发生反应的物品量很大时，估计用大量的水尚不能抑制，应用干砂和干土覆盖。

(2)撒漏处理

腐蚀品撒漏时，应用干砂、干土覆盖吸收，扫除干净后，再用水扫刷。腐蚀品大量溢出，或干砂、干土不足以吸收时，可视货物的酸碱性，分别用稀碱或稀酸中和，中和时注意不要使反应太剧烈。用水扫刷撒漏现场时，不能直接喷射上去，而只能缓缓地浇洗，以防水珠飞溅伤人。

九、杂类

杂类物品的危险特性各异，具有磁性、麻醉、毒害或其他类似性质，其装卸安全要求和事故应急措施应参照产品安全技术说明书的相关要求。

第二节　道路散装危险货物和集装箱危险货物运输装卸安全

一、散装危险货物装卸安全要求

①易撒漏、飞扬的散装粉状危险货物，包装好后方可装运。

②散装煤焦沥青在高温季节应在早晚进行装卸作业。

③散装液体装卸作业时，灌入、卸料应采用封闭方式。

④散装液体装卸作业时要密切注视作业动态，防止介质泄漏、溢出。如果需要换罐时，应先开空罐，后关满罐。

⑤易燃液体装卸始末，管道内流速不超过1m/s，正常作业流速不宜超过3m/s。其他液体产品可采用经济流速。

⑥装卸作业结束，应将管线内剩余的介质清扫干净，易燃液体采用泵吸或氮气清扫管线。

⑦装卸散装液体危险货物时，装卸料管宜专管专用。如果需要一管

多用，必须具备完善的清扫手段。

⑧散装液体的最大充灌度的计算参见第三篇第二章第二节第十项“罐车运输”。

二、集装箱危险货物装卸安全要求

①装箱作业前应详细检查所装集装箱，确认集装箱技术状态良好，并清扫干净，去掉无关标志、标记、标牌。

②装箱前应检查集装箱内有无与待装危险货物性质相抵触的残留物。发现问题，应及时通知发货人进行处理。

③装箱前对待装的包装件应进行检查。破损、撒漏、水湿及沾污其他污染物的包装件不得装箱，对撒漏破损件及清扫的撒漏物交由发货人处理。

④不准将性质相抵触、灭火方法不同或易污染的危险货物装在同一集装箱内。如符合配装规定而与其他货物配装时，危险货物应装在箱门附近。包装件在集装箱内应有足够的支撑和固定。

⑤装箱时要根据装箱要求装箱，防止集重和偏重，装车后货物重心距集装箱中心点不得超过集装箱长度及宽度的10%，或在集装箱1/2长的范围内所承受的负荷不超过总负荷的60%，见图4-3-4。

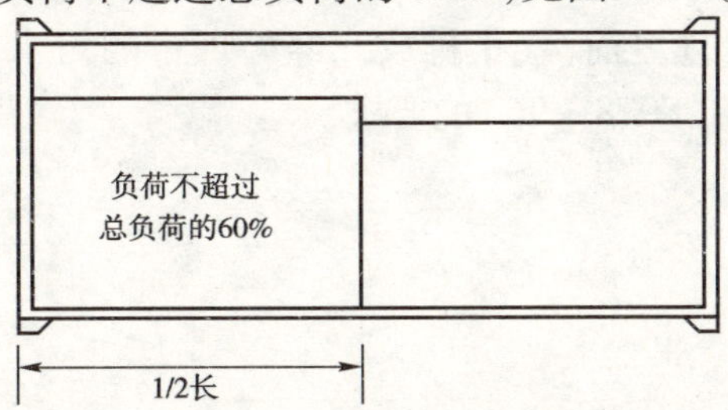

图4-3-4　平均分布负荷：在集装箱1/2长的范围内所承受的负荷不超过总负荷的60%

⑥装箱完毕，关闭、封锁箱门，并按要求粘贴好与箱内危险货物性质相一致的危险货物标志、标牌。处于熏蒸中的集装箱，必须标贴有熏蒸警告符号，见图4-3-5。当固体二氧化碳（干冰）用作冷却目的时，集装箱外部门端明显处应贴有指示标记或标志，并标明“内有危险的二氧化碳（干冰），进入之前务必彻底通风。”

⑦在箱内装有易产生毒害气体或易燃气体的集装箱，开启箱时应先打开箱门，进行足够的通风后方可作业。

⑧对卸空危险货物集装箱要进行安全处理，有污染的集装箱，要在指定地点按规定要求进行清扫或清洗。

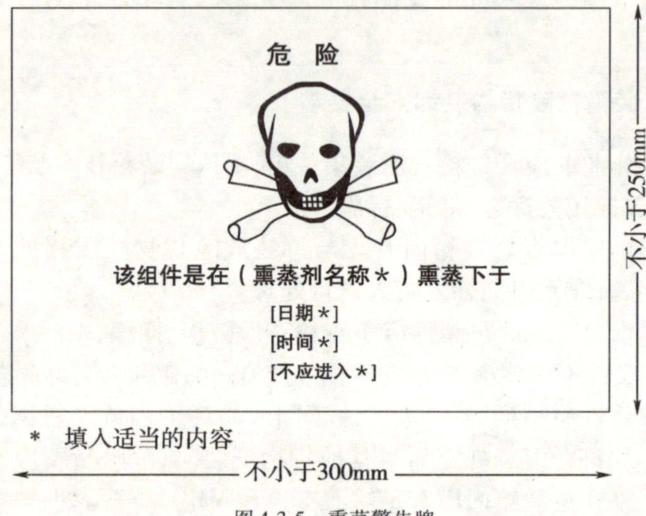

图 4-3-5 熏蒸警告牌

⑨装过毒害品、感染性物品、放射性物品的集装箱在清扫或清洗前，必须开箱通风。进行清扫或清洗的操作人员必须穿戴适用的保护用品。洗箱污水在未作处理之前，禁止排放。经处理过的污水，必须达到《污水综合排放标准》（GB 8978—96）的要求。

第四章　道路危险货物运输装卸事故典型案例分析

案例一　“2000.10.29”广西壮族自治区大化县酒精罐车爆炸事故

一、事故概况及经过

1．发生时间

2000年10月29日凌晨2时左右。

2．肇事车辆情况

某乘龙LZl090MD3J重型罐式货车，出厂日期1997年4月，核载吨位4.5t，车辆技术鉴定一级。

3．运送的危险品

品名：酒精；危险货物编号：32061。

基本性质：无色液体，有酒香味，易挥发，溶于水。与氧化剂、铬酸、次氯酸钙、过氧化氢、硝酸银、过氧酸盐等反应剧烈，有发生燃烧爆炸的危险。

实载吨位：12t。分两次运送（车罐装满酒精的重量为7t），超载1.5t。

4．具体地点

广西壮族自治区河池市大化县城北路82号，由个体工商户覃建军经营的广西河池市大化县大化酒精厂销售点宏发食用酒精销售处。

5．事故经过、危害、损失及伤亡情况

宏发食用酒精销售处业主覃建军从广西壮族自治区崇左市扶绥县柠檬酸厂购买12t食用酒精，由该重型罐式货车运至覃建军商住小楼前。驾驶人员凌华春下车，并按规范程序用胶管将罐车内的酒精卸到安放在覃建军商住小楼内的2个储罐里。第2个储罐因离罐车较远，胶管长度不够，所以覃建军的父亲就私自用机泵将第1个罐内的酒精抽到第2个罐里。当机泵抽了一段时间后，覃建国想查看第2个罐中的酒精是否已经装满，便将胶管从罐内直接敞口抽离。由于胶管尚有残余酒精，而且所用的机泵线路与插座已经老化生锈，残余酒精滴落到发热的机泵上，过热的线路引燃了酒精。火灾发生后，覃建军家内的2个储罐发生爆炸，泄漏的酒精沿街排水沟燃烧，街道变成火海，覃家一楼的墙倒下一面，驾驶人员强行将罐车开到县城外约2km无人处，以避免造成更大的损失。罐车没有燃烧爆炸，只是2个后轮被烧毁。火灾造成2人死亡(覃老板夫妇)，3人重伤，1人轻伤，7户受灾，直接经济损失17万元。

二、承运方基本情况

1. 承运方是否具备资质

承运方具备道路危险货物运输资质，并在公安部门办理了通行证。

2. 驾驶人员情况

姓名:凌华春，性别:男，年龄:35岁，文化程度:高中，驾龄:10年。手持相关证件:危险货物运输《从业资格证》、驾驶证、消防证，证件有效，已经参加相关危险货物运输的培训课程。

三、事故原因分析

事故的直接原因是在酒精卸车过程中，相关人员对酒精罐进行敞口装卸，使用非防爆的机泵和电源插座进行抽罐作业，违反操作，使酒精蒸气遇到电源火花，导致燃烧并引起爆炸。

四、事故发生后采取的措施

1. 应急抢救经过

火灾发生后，驾驶人员凌华春抢先用扳手将抽罐接口断开，但由于火势太大，火苗引燃至罐车旁，驾驶人员本身也受波及。随后，驾驶人员跳上车，将车开出城镇街道外近2km空旷无人处，其间驾驶人员3次跳下车自我扑熄身上尚在燃烧的衣物，再继续开车。

2. 事故发生后采取的措施

承运单位得知消息后，马上派出相关技术人员到事故发生地对事故进行处理，将事故原因彻底查清楚。把在事故中受伤的人员及时送往医院进行抢救。

五、对责任事故处理结果

1. 事故性质、责任认定、对责任者的处理及赔偿情况宏发食用酒精销售处业主覃建军及其父亲在酒精装卸过程中严重违反操作，直接导致火灾的发生，负有直接责任，但鉴于其全家2死3伤，遭受巨大的经济损失，建议免于处罚，但要取缔其酒精销售处资格。

2. 事故的直接及间接经济损失、人员伤亡、环境破坏情况

事故直接经济损失17万元，2死4伤，7户受灾。

3. 事故的教训和建议

(1)此次事故的教训是惨痛的，对此运输企业领导应更加注重危险货物运输过程的管理，强化管理人员、驾驶人员对运输危险货物的学习和培训。

(2)运输企业应加强危险货物运输人员的管理，要求凡是从事危险货物运输的工作人员，必须持证上岗，证件必须齐全。而且从事危险货物运输的工作人员一定要经过严格的培训，务必掌握在危险货物运输过程中发生事故后的应急处理方法。

(3)事故发生后，一定要遵循“四不放过”的原则，将事故发生的原因调查清楚。

(4)运输企业应不断完善危险货物运输的管理制度，规范危险货物运输从业人员的操作行为，并制定出一套切实可行的应急措施，能够应付任何情况下发生的意外事故。

案例二　“2004.3.20”京沪高速公路二硫化碳车辆泄漏爆炸事故

一、事故概况及经过

1. 发生时间

2004年3月20日19时。

2. 肇事车辆情况

某解放CA1110pK212h货车，核载吨位6t，2001年4月入户，车辆技术等级一级。

3. 运送的危险品

品名：二硫化碳；危险货物编号：31050。

基本性质：无色透明液体，有刺激性气体，易挥发，不溶于水，遇火星、明火极易燃烧爆炸，遇高温、氧化剂有燃烧危险。

实载吨位：14t，超载 8t。

4. 具体地点

京沪高速公路下行 240km 处（扬州段）。

5. 事故经过及危害、损失、伤亡情况

3 月 20 日 19 时，该危险货物运输汽车在执行山西阳城—江苏江阴的运输任务时，在行进至京沪高速公路 240km 处（扬州段）时，右后轮胎突然发生爆裂，在巨大的惯性作用下，车厢内放置的 3 个二硫化碳储存罐由于受碰撞、挤压而破裂，泄漏出来的二硫化碳遇到火花，随即发生爆燃。虽然当时驾驶人员采取了措施，但无法灭火，随即拔打的 119、110 赶来救火。火情于 21 日凌晨 3 时左右扑灭，没有造成人员伤亡。上午 10 时左右，中断了近 14 个小时的京沪高速公路恢复畅通。

二、承运方基本情况

承运方资质为货运一级，现有危险货物运输车辆 57 台。

三、事故原因分析

该车核定吨位为 8t，实际载货 14t，属于严重超载，其直接的后果是不仅加大、加快了汽车轮胎磨损，而且加快了轮胎的破裂，导致车辆发生事故。另外，在出车前缺乏对车辆进行必要的检查，车辆轮胎存在重大安全隐患也是发生事故的主要原因之一。而装载质量的多少，装货是第一关卡，因此装卸人员除须具备必要的专业知识外，还需要有高度的责任心，在车辆装载方面把好第一关，严禁危险货物超载装运。

四、事故发生后采取的措施

由于肇事车辆的右后侧轮胎已被完全烧毁，车辆严重向右倾斜，一旦汽车侧翻，后果不堪设想。先到场的江苏省扬州市江都市消队中队官兵全力冷却罐体，防止发生意外。20 日 19 时 42 分，江苏省扬州市高邮市消防中队和特勤中队先后到场，为彻底消灭火灾，特勤中队官兵冒着危险，在水枪的冷却保护下，冲到着火部位，用高倍泡沫覆盖正在熊熊燃烧的火焰。19 时 46 分，明火被全部扑灭。此时，由于罐体的温度太高，高倍泡沫被风刮走，大火又“轰”的一声着了起来。现场指挥人员立刻决定：先把地面流淌火浇灭，然后用持续冷却的办法，把火势控制在车厢内。通过不断冷却，逐渐降低着火罐体的表面温度，直到火焰熄灭。21 时 40 分，消防员冒着寒风和冰冷的细雨,从公路下不远处的小河中取水,轮番对汽车进行冷却降温。21 日凌晨 1 时 35 分,大火被扑灭。

思考题

1. 什么是危险货物装卸？有哪些特点？
2. 危险货物装卸人员应具备的资质和条件是什么？
3. 运输车辆符合哪些条件才可装运危险货物？
4. 装卸危险货物爆炸品的具体要求及应急防范措施有哪些？
5. 装卸危险货物腐蚀品的具体要求及应急防范措施有哪些？

第五篇　新技术应用推广篇

XINJISHUYINGYONGTUIGUANGPIAN

第一章　概　　述

《中华人民共和国安全生产法》第十四条规定，“国家鼓励和支持安全生产科学技术研究和安全生产先进技术的推广应用，提高安全生产水平”。由于道路危险货物运输的车辆、设备技术性、专业性很强，所以其安全管理的技术性、专业性也很强。推广应用先进的技术和产品，是提高安全生产水平，从源头、本质上保证安全的重要措施。本篇介绍在道路危险货物运输行业中，常用的一些先进技术和产品。

第二章 “悍士防御性驾驶技术”——三层空间驾驶法

1. 交通事故原因分析

研究证明：绝大多数交通事故的发生和人员的伤亡本来是可以被避免的。灾难的发生源于人们没有采取“预防措施”。尽管有许多不确定因素可引发交通事故，每起事故本身也都会有一个独特的原因。但是，经过对大量事故的分析研究后发现，在所有这些独特原因背后，总是存在一些共性的东西。这些共性的原因可归为3大类：

(1)机械缺陷

如刹车失灵、轮胎爆裂，占10%。

(2)不可抗力因素

如桥梁突然坍塌、山体滑坡，占5%。

(3)人为错误

如疲劳驾驶、酒后驾驶、没有预测等，占85%。

对于车辆机械缺陷，只要制订一个严格合理的规章制度来加以约束，此类事故是完全可以预防的。而对于不可抗力因素引发的交通事故，驾驶人员无法预测和控制。驾驶人员的人为错误，一方面安全可以控制和预防的，另一方面在实际生活中，又是最难制止和杜绝的一类。归纳起来有“8大人为错误”：

①缺乏自我珍重。明知在某些状态下驾驶是法律明令禁止的，但有些驾驶人员依然我行我素，置法律于不顾。如酒后驾驶、吸食毒品、疲劳驾驶、带病驾驶等，均会导致交通事故。

②缺乏自我调节。人们通常在驾驶时遇事不冷静，喜欢释放情绪。这种具有攻击性的驾驶态度往往会使驾驶人员过度集中于某一件事或一个人，而忽视了其他的更为重要的因素，从而导致事故的发生。

③缺乏全局观念。在川流不息的车阵和人群中，“变化”是个永恒的主题。每时每刻都要求驾驶人员能“眼观六路，耳听八方”，需要驾驶人员能从如此繁多的变化中识别出最重要的事情。

④缺乏随机应变。道路状况、车辆载重、气候条件、驾驶人员当时的精神状态等主客观因素均会影响到车辆的行驶性能和操作性能，驾驶人

员应根据这些情况的变化，相应的调整自己的精神状态和操作方法。

⑤缺乏行动时间。在绝大部分交通事故中，驾驶人员均是在事故发生前的一刹那采取一些“下意识”的动作来试图避免事故。不幸地是，这种仓促间下意识的行动总是显得“太晚”。

⑥缺乏逃生空间。若注意观察一下马路上涌动的车流，就会发现一个有趣的现象。在大部分时间里，大部分车辆是挤在“车阵”中前进的，即便在不太拥挤的时候，也是如此。在这种状况下，一旦遇到紧急情况需要躲避时，已没有空间作为逃生的路线。

⑦缺乏足够沟通。因为车辆总是要行驶在公路或街道上，而这些区域并非某一个车辆所独有的，它必然也必须与别人共享这一区域，这就需要驾驶人员必须与其他的共享者有一个很好的、足够的沟通和理解，以便决定占用这一区域的先后次序，否则，有几个物体同时去占用某一区域时，事故就随之发生了。

⑧缺乏必要培训。对于驾驶人员的资质来说，最重要和最关键的一步是取得驾驶执照，在为获取驾驶执照而学习驾驶的过程中，教学的重点是“如何驾驶车辆”，即在驾驶技能的学习和训练上。而在“如何安全驾驶”这一方面，只是略有涉及，没有一个系统的理论指导，更没有具体的实战训练。

有的专家在分析交通事故原因时，以是否违反“交通规则”作为评判标准，这也是一种分析方法。其结论是“95%以上的交通事故都是违规造成的”，这一结论往往用于“加强交规的宣传和执法力度”的需要。在我们的分析方法中，将“违规”作为人为错误之一。事实上，任何法律只能规定“正常情况下的行为”，而不能涵盖“所有情况下的行为”。“交通规则”更是如此，它只能起到“维持道路秩序”的作用，而不能达到“确保交通安全”的目的，因影响道路交通安全的因素太多且变化无常。比如“某弯道限速40km/h”时，小轿车以80km/h的速度行驶很平稳，而一辆满载货物且重心较高的卡车只能以20km/h的速度行驶才可安全通过，以40km/h的速度行驶肯定要翻车。因此，我们将超越“交规”的范畴，来探讨交通事故的成因和有效解决方案。即：防御性驾驶技术。

2. 防御性驾驶技术

众所周知，驾驶人员在驾驶车辆过程中具有极大的潜在危险，主要是因为车辆是以较高的速度在不断的运动以及车辆行驶的道路环境也在瞬息万变。作为机动车辆的操作者和控制者，驾驶人员如何化解这些无处不在的潜在风险，避免交通事故的发生，最主要的决定因素包括：驾驶人员的精神、心理状态；对车辆操作的熟练程度或称驾驶技能；驾驶人员对突发事件的辨别和反应能力以及驾驶人员的驾驶行为习惯等。

驾驶技能的高低，可以通过培训和练习来提高（这是驾校的任务）。取得驾驶执照并有一定驾驶经验的人，一般被认为是具有基本驾驶技能的驾驶人员。

而驾驶人员的反应能力和行为习惯，则需要用另一种不同的训练方法来获取，这就是“防御性驾驶技术”所要讲授的重点内容。

防御性驾驶技术培训，要求驾驶人员能达到2个目标：

①首先自己在驾驶时不犯错误，即确保自己的车辆不引起“主动性交通事故”；

②在别人犯错误时，不会将自己牵涉其中，即确保不出现“被动性交通事故”。

“悍士防御性驾驶技术——三层空间驾驶法®，准确地说是一种全新的驾驶理念或驾驶技巧，是美国悍士国际技术公司的专家设计的一套针对中国交通状况和驾驶人员素质的培训课程。基于美国50年来防御性驾驶培训的历史经验，结合中国的国情，研制出的“悍士防御性驾驶技术——三层空间驾驶法®。”，完全不同于我国现行的驾校培训和目前上岗培训的内容。它要解决的问题是：教会驾驶人员如何做到事先预防和事先控制事故发生。

三层空间驾驶法®应用人体生理学、心理学的原理，深入浅出、科学系统地分析了各人体器官如大脑、肢体、眼睛等的固有缺陷，教会驾驶人员如何合理运用各器官，最大限度地发挥其作用；如何克服“眼睛”还不能适应机动车快速行驶速度这一“生理缺陷”，有效利用“边缘视觉”和“中心视觉”来观察车辆周围的“信息源”等。

通过系统地学习和不断运用“悍士防御性驾驶技术——三层空间驾驶法®”，驾驶人员有意识地纠正原来的不良驾驶习惯，实现远离事故而达到安全驾驶的目的。这一理念和技巧强调实际应用，易懂易学，准确、科学地规范了驾驶人员在意识、行为领域中如何准确有效和及时地观察、决策和行动。它具备理念的先进性、知识的科学性、应用的可操作性及安全驾驶因素的完整性。由上海悍士安全技术有限公司负责在中国推广此培训课程，旨在为职业驾驶人员和道路运输企业或道路安全管理机构建立全新的安全驾驶理念和“行车安全管理体系”。悍士公司拥有此技术和课程的版权，见图 5-2-1。

三层空间驾驶法®

远观十五中看八，
前车四秒后车二，
凝视二秒危险到，
五至八秒视镜查。

外层空间像雷达，
提前预测全靠它。
中层空间危险多，
尽早决策无惊吓。
内层空间是禁区，
逃生路线要留下。

图 5-2-1　三层空间驾驶法®图示及口诀

上海悍士安全技术有限公司

地址：上海
电话：(86)021－54431255，13764500255
传真：(86)021－54431255
E-mail：info@ husky-tech. com
地址：北京
电话：(86)010－66157888，13552306443
传真：(86)010－66130008
E-mail：beijing@ husky-tech. com
地址：美国
电话：(1)614－4408080
传真：(1)603－9625375
E-mail：usa@ husky-tech. com

第三章 道路危险货物运输车辆安全实时监控管理系统

我国已经出台了一系列的法律法规来规范和管理道路危险货物运输作业。但由于缺乏切实有效的监管手段,无法对危险货物运输的全过程进行有效的监控和管理。事故发生以后,政府主管部门和其他应急救援单位实时获取信息的能力有限,严重影响了应急救援行动实施,延误了最佳救援时机,导致事故波及面广、影响恶劣。

道路危险货物运输车辆安全实时监控管理系统是由专业的运营服务商建立起覆盖全国的运输车辆实时监控管理系统,各级政府监管部门和企业可根据用户使用权限,实时地查看有关车辆的位置、瞬时速度、行驶区域和路线、停车地点和时间以及驾驶人员连续驾驶的时间等信息,系统同时能将车辆和驾驶人员的详细信息存储在数据库中,见图 5-3-1。

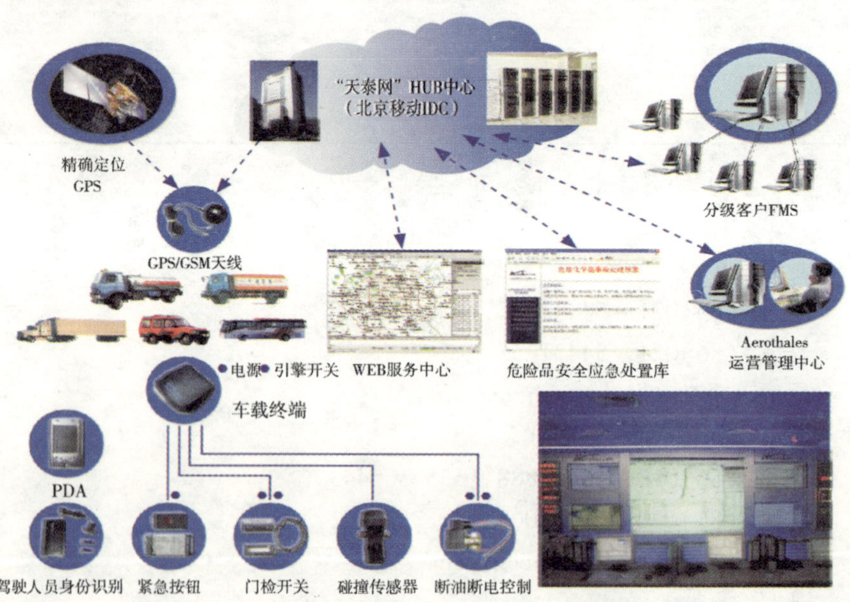

图 5-3-1 道路危险货物运输车辆安全实时监控管理系统

该系统具体功能有以下几方面:

1. 实时监控

对运输车辆的行驶路线、停靠地点和停靠的时间、运行的速度及行驶里程等进行实时监控,确保货物准时、安全地送达各用户指定地点。

2. 自动报警

运输车辆如果偏离路线、驶入禁入区域、发生交通事故(碰撞)、发生其他紧急事故(如抢劫)等情况,系统将自动向监控调度中心报警,并向相关指定人员发出短信报警,以保障驾驶人员和货物的安全。见图5-3-2。

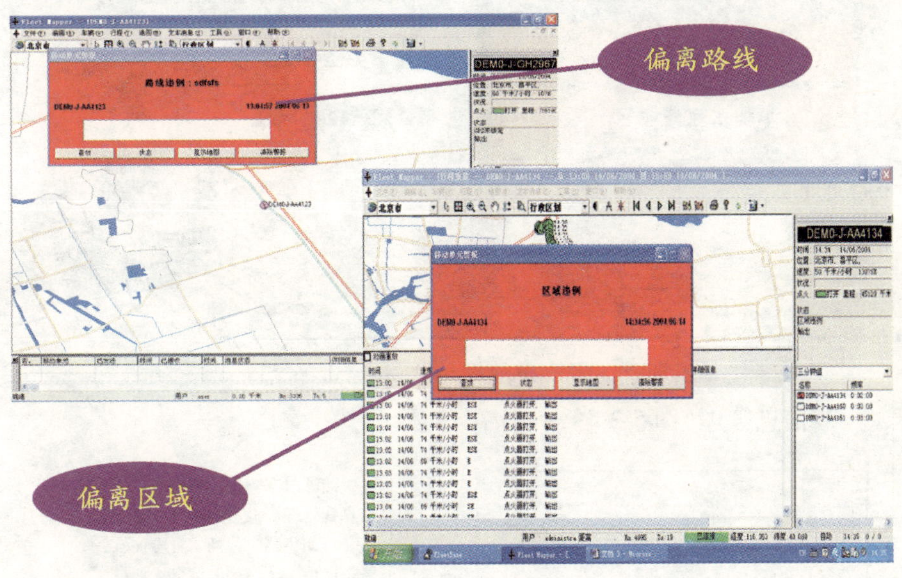

图5-3-2　自动报警

3. 货物状态监测

车载终端产品预留了多个传感器输入接口，可根据用户的特定需要安装多种传感器。针对危险化学品运输过程中的易燃易爆、泄漏、盗窃等严重事故可以提前预警,以便及时采取措施,防患于未然。

4. 统计报表

系统自动采集数据,并通过报表功能对这些记录加以汇总、统计和分析,可以根据用户的实际需要,为用户度身定制几十种直观的数据或图形报表,帮助运输企业优化管理。

5. 事故分析

当车辆发生交通事故时,车载终端将自动启动“黑匣子”功能,记录和上传事故发生前26秒车辆状态的详细信息，以便事后进行科学的事故分析。

6. 智能调度(图5-3-3)

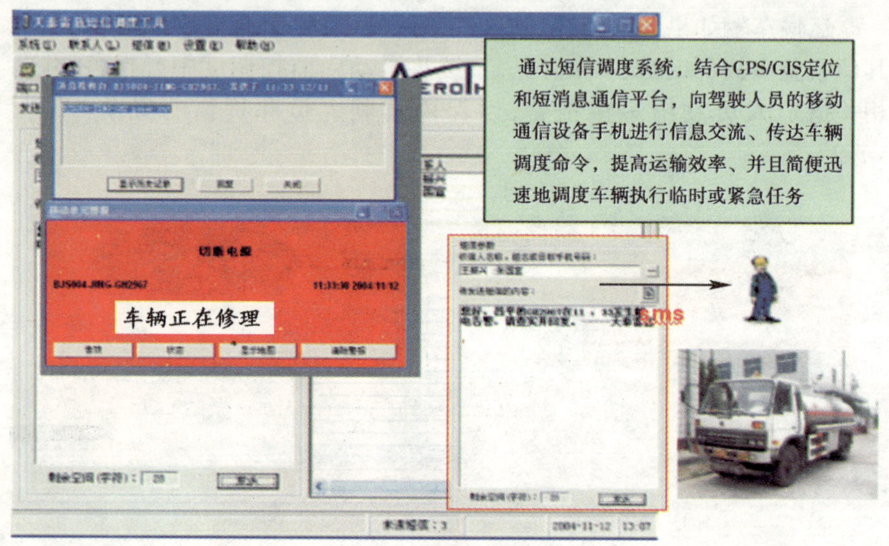

图5-3-3　智能调度

7. 信息管理(图5-3-4)

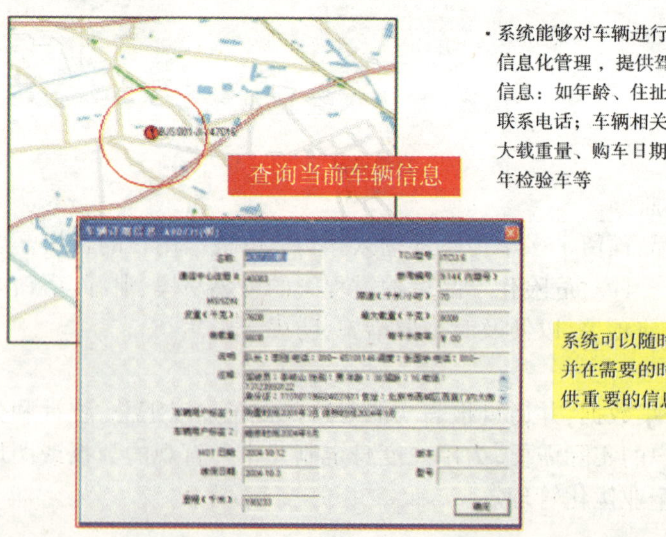

· 系统能够对车辆进行集中统一的信息化管理，提供驾驶人员相关信息：如年龄、住址、身份证号、联系电话；车辆相关信息：如最大载重量、购车日期、续保日期、年检验车等

系统可以随时查询这些信息，并在需要的时间向管理者提供重要的信息

图5-3-4　信息管理

8. 应急救援

①一旦发生突发事件，车载终端将同时向监控中心和管理者手机报警；同时，监控中心可以通过低速断油的方式对事故车辆实施远程遥控停车。

②系统将自动调出关于事故车辆和所承运的危险货物的有关数据，以便帮助各级救援部门迅速制定正确的救援方案。

9. 紧急按钮

当危险货物运输车辆在行驶过程中遇到险情或车辆故障等情况时，驾驶人员只需要按下紧急报警按钮，即可向监控中心发出求救信号。车载终端会自动向监控中心发送报警数据，在监控中心显示出车辆的准确位置，并发出声光提示。见图5-3-5。

按下紧急按钮

图5-3-5　紧急按钮

10. 撞车报警

一旦发生撞车事故，车载终端将立即向各级监控中心和车队管理者的手机发送报警信息，以便立即采取行动。

第四章 车辆抢险救援无火花堵漏技术

江西慰诺集团是一家高新技术企业,成立于 1988 年。主要生产 BF 系列无火花快速堵漏器材,该产品属中国专利,被列入国家火炬计划项目。集团总裁、中国管理科学研究院研究员金雹峰先生,多年来一直从事抢险救援器材的研究,所开发的产品在全国各地抢险救援中发挥了重要作用。经过实践和技术查新,证明 BF 系列无火花快速堵漏器材技术独一无二,属国际领先水平,见图 5-4-1。

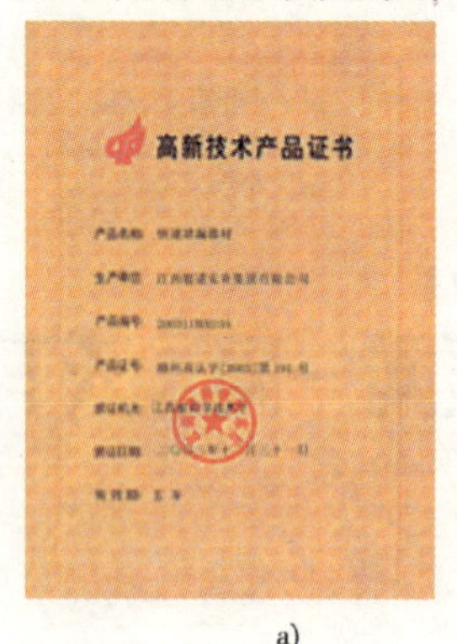

高新技术产品证书

a)

高新技术企业认定证书

企业名称:江西慰诺实业集团有限公司

统一编号:0336011B0022

有效期二年

江西 科学技术厅

b)

图 5-4-1 高新技术企业认定证书

近年来,储运危险化学品、液化石油气的车辆泄漏事故时有发生,对人民生命财产安全造成很大威胁,堵漏便成了一项必不可少的防范、救援措施,槽车事故资料图见图 5-4-2。

图 5-4-2 槽车事故资料图

集团生产的BFG—DYJ4粘贴式车辆堵漏工具适用于各种车辆，能迅速有效的解决汽车的水箱、油箱以及槽车储罐上的罐体、阀门、安全阀、液相阀、气相阀、液位计、法兰、管道等部位的泄漏问题，加以BFG—DC12磁压式堵漏工具，可对大型各种运输液化石油气和各类易燃易爆危险化学品槽车的泄漏抢险。堵漏演示图见图5-4-3。

a)　b)　c)　d)　e)　f)　g)　h)

图5-4-3　堵漏演示图

集团还提供无火花常规工具作为堵漏工具的补充工具，见图5-4-4。该产品由高强度铜合金制成，既保证其机构强度又保证使用中无火花的安全性。

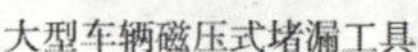

大型车辆磁压式堵漏工具

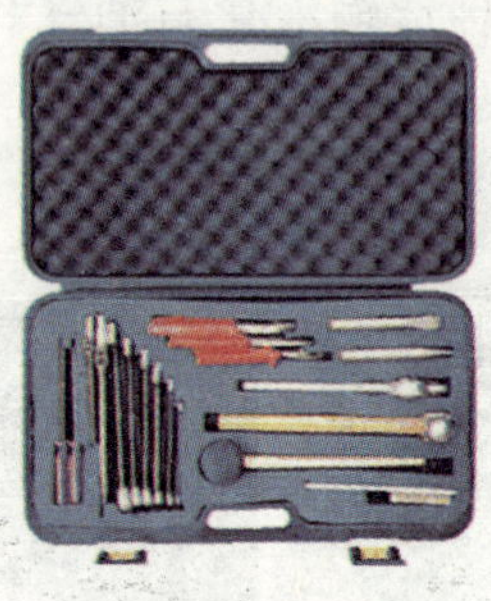

无火花防爆工具

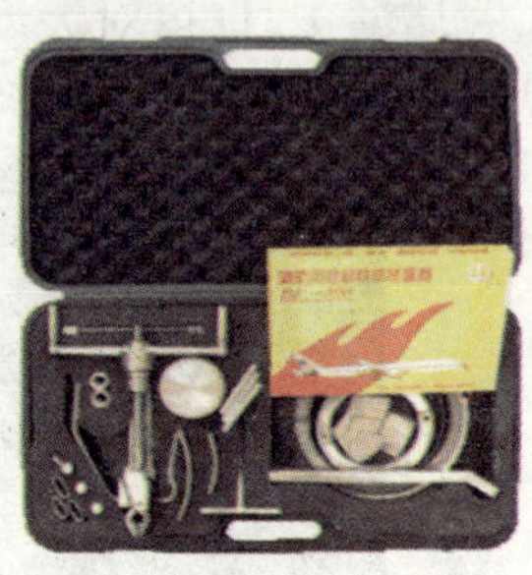

车辆堵漏工具

图5-4-4 无火花常规工具

第五章　道路集装箱运输的产生、发展与新产品

一、集装箱运输的产生与发展

集装箱运输是交通运输现代化的产物。追溯它的渊源可以早到19世纪初。根据成组化(集成化)运输的思想,在1801年有人就提出箱成组运输的设想。但真正使用集装箱运输货物是从1900年英国的铁路运输开始,并在20世纪30~40年代的欧洲、美国、日本等地的陆上运输(铁路、公路运输)中得到迅速发展。在世界范围内大力发展集装箱运输是在50年代后期,即把集装箱运输推向海上运输以后。最早提出现代化集装箱运输设想的人是美国人马克康·麦克林(Malcon Mclean)。他首先建议集装箱运输应由陆上推向海上运输,并主张在一个公司控制下实现海—陆联运。在1956年4月他通过自己拥有的大西洋轮船公司(后更名为海陆联运公司)首先在纽约—休斯顿航线上开展了海陆集装箱联运试验。该试验取得了巨大的成功并获得了巨大的经济效益,每吨货物装卸成本仅为原来的1/37。随后几年内海陆公司不断开辟新航线,到1965年该公司宣布了大型集装箱船周游世界的计划,并取得巨额利润。该公司的成就引起了世界航运界的重视,一些大的航运公司竞相效仿,从此集装箱运输开始发展成为国际贸易中通用的运输方式。

1967~1983年期间,集装箱运输在世界范围内迅速发展,是世界交通运输进入集装化时代的关键时期。这一阶段,在世界范围内完成了集装箱箱型的标准化,世界集装箱保有量达到440万TEU(国际标准箱),集装箱运输工具(陆上、海上)也逐渐完成了由改装型向专用型的过渡,集装箱专用码头(泊位)和专用作业线大量建立和投入使用,大型的专用装卸设备(装卸桥、龙门起重机等)和堆场机械投入使用。与此同时,传统的件杂货运输管理体系(包括管理方法、技术工艺、信息管理等)得到了全面改革,与集装箱运输相适应的管理体系逐步形成。到20世纪70年代中期由于石油危机的影响,集装箱运输发展速度有所减慢。一般把这一时间称为集装箱运输的发展阶段。

1984年后,世界经济摆脱了石油危机带来的影响,集装箱运输又重新开始稳定发展,使集装箱运输进入了成熟阶段。该阶段的主要特征体现以

下4个方面。一是箱子保有量，专用泊位和作业线，大型化、专业化工具和集装箱货物运输量（吞吐量）迅速增加，世界货物运输的集装箱化已成为不可阻挡的发展趋势。二是集装箱运输的硬件（运输工具、线路、设施等）、软件（管理方法、手段、法规、惯例等）及成套技术趋于完善。三是开始进入“门到门”的多式联运阶段。四是集装箱运输的理论与实务日臻完善。

目前，集装箱运输方兴未艾，预计到21世纪初仍将稳步持续发展。从世界范围来看，集装箱运输发展的总趋势是：降低运输成本、缩短运输周期和提高服务质量。

二、集装运输的主要特点

1. 是一种高效率的运输方式

由于货物的标准化和装卸机械、运输工具的专业化和大型化，使集装箱运输成为一种高效率的运输方式，具体体现在：

①装卸效率高；

②运输工具利用率高；

③货物运达速度快，使之流动资金周转率高；

④节省货物的运输包装费用和运杂费用；

⑤提高库场使用率。

2. 是一种高质量的运输方式

①集装箱运输是以箱为运输单元，在装卸、换装、运输暂存过程中都是以箱为单位整体进行的；加之在运输过程中，货物都是装在箱内且箱子又有较高强度和较好的封闭性，货物装载又有较高要求。因此使用集装箱运输货物，可以减小全程运输过程中由于各种原因引起的货损、货差、被盗、丢失的可能性。

②为了保证集装箱运输的高效率，货物全程运输所涉及的各环节（托运、装卸、通关等）都简化了手续，大大方便货主办理单据和各种财务及行政手续。

3. 是一种资金高度密集型的运输产业

集装箱运输中的集装箱，各类运输工具，各种港站设施、机械设备及整个集疏运系统都需要投入大量的资金。随着运输工具的现代化、大型化，装卸机械的大型化、专业化和管理的现代化，集装箱运输需要的人力资源将会进一步减少，但对人员素质将提出更高的要求。

4. 是一种专业化、标准化的运输方式

①箱型的标准化及货物装在箱内运输带来的货物重量和外型尺度的

附录五　各类危险货物事故应急措施说明

各类危险货物事故应急措施说明　　附表 5-1

货物类别	需配备的专用应急器材	泄漏应急行动	火灾(爆炸)应急行动
爆炸品(1.1类)	防护服(手套、靴子、防火工作服、带护镜的头盔);自给式呼吸器;防火花软底鞋;软刷和塑料簸箕	扫除或收拾起这些物品,如物品仍然完整但出现损害,将其隔离并寻求指示。 应保持物质的湿润。如可行,使用软刷和塑料簸箕收集泄漏物,以便将泄漏物和污染了的设备安全地予以转移处置	如包件没有直接卷入火中,要尽量防止火触及爆炸物。通常的做法是保持包件湿润,在尽可能远的地方用水射流将火隔开。如实际可行,转移可能卷入水中的包件。如火触及爆炸物,人员放弃包件并撤离该区域
爆炸品(1.2类)	防护服(手套、靴子、防火工作服、带护镜的头盔);自给式呼吸器;防火花软底鞋;软刷和塑料簸箕	扫除或收拾起这些物品,如物品仍然完整但出现损害,将其隔离并寻求指示 应保持物质的湿润。如可行,使用软刷和塑料簸箕收集泄漏物,以便将泄漏物和污染了的设备安全地予以转移处置	如包件没有直接卷入火中,要尽量防止火触及爆炸物。通常的做法是保持包件湿润,在尽可能远的地方用水射流将火隔开。如实际可行,转移可能卷入水中的包件。如火触及爆炸物,人员撤离至安全区域并继续从安全的位置灭火。如可行,应将已经暴露过在火中的物品分离开,并在安全的距离外进行监视,寻求指示
爆炸品(1.3类)	防护服(手套、靴子、防火工作服、带护镜的头盔);自给式呼吸器;防火花软底鞋;软刷和塑料簸箕	扫除或收拾起这些物品,如物品仍然完整但出现损害,将其隔离并寻求指示。 应保持物质的湿润。如可行,使用软刷和塑料簸箕收集泄漏物,以便将泄漏物和污染了的设备安全地予以转移处置	如包件没有直接卷入火中,要尽量防止火触及爆炸物。通常的做法是保持包件湿润,在尽可能远的地方用水射流将火隔开。如实际可行,转移可能卷入水中的包件。如火触及爆炸物,人员撤离至安全区域并继续从安全的位置灭火。如可行,应将已经暴露过在火中的物品分离开,并在安全的距离外进行监视,寻求指示

6

续上表

货物类别	需配备的专用应急器材	泄漏应急行动	火灾(爆炸)应急行动
爆炸品(1.4类)	防护服(手套、靴子、防火工作服、带护镜的头盔);自给式呼吸器;防火花软底鞋;软刷和塑料簸箕	扫除或收拾起这些物品,如物品仍然完整但出现损害,将其隔离并寻求指示。 应保持物质的湿润。如可行,使用软刷和塑料簸箕收集泄漏物,以便将泄漏物和污染了的设备安全地予以转移处置	如包件没有直接卷入火中,要尽量防止火触及爆炸物。通常的做法是保持包件湿润,在尽可能远的地方用水射流将火隔开。如实际可行,转移可能卷入水中的包件。如火触及爆炸物,人员撤离至安全区域并继续从安全的位置灭火。如可行,应将已经暴露过在火中的物品分离开,并在安全的距离外进行监视,寻求指示
爆炸品(1.5类)	防护服(手套、靴子、防火工作服、带护镜的头盔);自给式呼吸器;防火花软底鞋;软刷和塑料簸箕	应保持物质的湿润。如可行,使用软刷和塑料簸箕收集泄漏物,以便将泄漏物和污染了的设备安全地予以转移处置	如包件没有直接卷入火中,要尽量防止火触及爆炸物。通常的做法是保持包件湿润,在尽可能远的地方用水射流将火隔开。如实际可行,转移可能卷入水中的包件。如火触及爆炸物,人员撤离至安全区域并继续从安全的位置灭火。如可行,应将已经暴露过在火中的物品分离开,并在安全的距离外进行监视,寻求指示
压缩气体,易燃的,有毒的	自给式呼吸器;喷雾水枪	如实际可行,采取措施阻止泄漏	在尽可能远的地方使用水雾、泡沫或干粉灭火。用大量水使相邻的容器保持冷却。将未受损坏经冷却的容器移至安全地点
压缩气体,易燃的	喷雾水枪	如实际可行,采取措施阻止泄漏	在尽可能远的地方使用水雾、泡沫或干粉灭火。用大量水使相邻的容器保持冷却。将未受损坏经冷却的容器移至安全地点
压缩气体,非易燃的;有毒的和/或腐蚀性的和/或氧化剂	防护服(手套、靴子、连体工作服、安全帽);自给式呼吸器;喷雾水枪	如实际可行,采取措施阻止泄漏	使用水雾使容器保持冷却。将未受损坏已被冷却的容器移至安全地点

续上表

货物类别	需配备的专用应急器材	泄漏应急行动	火灾(爆炸)应急行动
液化气体,易燃的;剧毒的	防护服(手套、靴子、连体工作服、安全帽);自给式呼吸器;喷雾水枪	如实际可行,采取措施阻止泄漏,让泄漏的液体蒸发掉,但人员要远离现场	在尽可能远的地方使用水雾、泡沫或干粉灭火。用大量水使相邻的容器保持冷却。将未受损坏经冷却的容器移至安全地点
液化气体,易燃的;有毒的和/或腐蚀性的	防护服(手套、靴子、连体工作服、安全帽);自给式呼吸器;喷雾水枪	如实际可行,采取措施阻止泄漏,让泄漏的液体蒸发掉,但人员要远离现场	在尽可能远的地方使用水雾、泡沫或干粉灭火。用大量水使相邻的容器保持冷却。将未受损坏已被冷却的容器移至安全地点
液化气体,易燃的	防护手套;自给式呼吸器;喷雾水枪	如实际可行,采取措施阻止泄漏,让泄漏的液体蒸发掉	在尽可能远的地方使用水雾、泡沫或干粉灭火。将未受损坏已被冷却的容器移至安全地点
液化气体,非易燃的;有毒的和/或腐蚀性的和/或氧化剂	防护服(手套、靴子、连体工作服、安全帽);自给式呼吸器;喷雾水枪	如实际可行,采取措施阻止泄漏,让泄漏的液体蒸发掉,但人员要远离现场。用大量水使相邻的容器保持冷却。将未受损坏已被冷却的容器移至安全地点	用大量水使相邻的容器保持冷却。将未受损坏已被冷却的容器移至安全地点
冷冻液化气体,易燃的和/或有毒的和/或腐蚀性的	适合的防护服(手套、靴子、连体工作服、安全帽);自给式呼吸器	如实际可行,采取措施阻止泄漏。在尽可能远的地方用水射流以加速蒸发,不要直接将其喷于泄漏物上。保证水流方向不将液体推向应急队伍、靠近火源或与其交界的区城。不要将水射流直接喷于排放裂口处	用大量水从尽可能远的地方冷却相邻的容器。在可能的情况下,将未受损坏已被冷却的容器移至安全地点

续上表

货物类别	需配备的专用应急器材	泄漏应急行动	火灾(爆炸)应急行动
冷冻液化气体;氧化剂	适合的防护服(手套、靴子、连体工作服、安全帽);自给式呼吸器	如实际可行,采取措施阻止泄漏。在尽可能远的地方用水射流以加速蒸发,不要直接将其喷于泄漏物上。保证水流方向不将液体推向应急队伍限定的区域。不要将水射流直接喷于排放裂口处	用大量水从尽可能远的地方冷却相邻的容器。在可能的情况下,将未受损坏已被冷却的容器移至安全地点
冷冻液化气体,非易燃的	适合的防护服(手套、靴子、连体工作服、安全帽);自给式呼吸器	如实际可行,采取措施阻止泄漏。在尽可能远的地方用水射流以加速蒸发,不要直接将其喷于泄漏物上。保证水流方向不将液体推向应急队伍限定的区域。不要将水射流直接喷于排放裂口处	用大量水从尽可能远的地方冷却相邻的容器。在可能的情况下,将未受损坏已被冷却的容器移至安全地点
含有压缩或液化气体的物品	防护手套和护目镜;喷雾水枪	将未损坏的容器收集并重新包装起来。将已损坏的容器收集起来,以便安全处置	在尽可能远的地方用尽可能多的消防软管喷射水雾。保持相邻的容器冷却
易燃液体,有毒的和/或腐蚀性的,不与水反应(第3类)	防护服(手套、靴子、连体工作服、安全帽);自给式呼吸器;喷雾水枪	如在室内,进行充分通风。及时用砂土覆盖或用松软材料吸附,集中收集后移至空旷安全处销毁。急救时防止液体流入下水道、河流造成污染,以免更有可能引起火灾和爆炸	使用水雾、泡沫或干粉灭火(与水相溶的物质不能用泡沫)。不能使用水射流。如可能,转移可能卷入火中的容器或用大量的水保持其冷却
易燃液体,有毒的和/或腐蚀性的,与水反应(第3类)	防护服(手套、靴子、连体工作服、安全帽);自给式呼吸器;干粉	如在室内,进行充分通风。及时用砂土覆盖或用松软材料吸附,集中收集后移至空旷安全处销毁。急救时防止液体流入下水道、河流造成污染,以免更有可能引起火灾和爆炸	用干粉(或其他非灭火装置)灭火。如可能,转移可能涉入火中的容器

续上表

货物类别	需配备的专用应急器材	泄漏应急行动	火灾(爆炸)应急行动
其他易燃液体(第3类)	防护手套和靴子;自给式呼吸器;喷雾水枪	如在室内,进行充分通风。及时用砂土覆盖或用松软材料吸附,集中收集后移至空旷安全处销毁。急救时防止液体流入下水道、河流造成污染,以免更有可能引起火灾和爆炸	使用水雾、泡沫或干粉灭火(与水相溶的物质不能用泡沫)。不能使用水射流。如可能,转移可能卷入火中的容器或用大量的水保持其冷却
退敏的爆炸品	自给式呼吸器;喷雾水枪;软刷和塑料簸箕	保持泄漏物湿润。如实际可行,用软刷和塑料簸箕收集起泄漏物,以便安全处置	使用水雾。转移可能卷入火中的容器。如该物质脱水,火可将其引爆
易燃固体	防护服(手套、靴子、连体工作服、安全帽);自给式呼吸器;喷雾水枪;惰性材料	如实际可行,收集起泄漏物并重新包装	用水冷却物品和包件,并在可能时将其转移,使用雾状水,不得使用水射流(不适用遇水易燃物品)
易自燃物质	防护服(手套、靴子、连体工作服、安全帽);自给式呼吸器;喷雾水枪;惰性材料	泄漏会导致火灾,用惰性材料收集或使其窒息,将未损坏的容器转移到安全地点	在尽可能远的地方用消防软管喷射水雾
氧化物	防护服(手套、靴子、连体工作服、安全帽);自给式呼吸器;喷雾水枪;惰性材料	根据货物特性,用惰性材料(或其他)收集,不得使用木屑或其他易燃材料作为吸收物。在适当地点观察确认不会发生意外再入库存放	在尽可能远的地方使用大量的水,转移可能卷入火中的容器或用大量的水使其保持冷却

续上表

货物类别	需配备的专用应急器材	泄漏应急行动	火灾(爆炸)应急行动
过氧化物	防护手套、靴子、护目镜;自给式呼吸器;喷雾水枪	如实际可行,采取措施阻止泄漏	在一个确认受到保护的地方用雾状水,避免使用水射流,当火灾扑灭后,应当保持对其监视,尽可能与容器制造商联系
有毒液体	防护服(手套、靴子、连体工作服、安全帽);自给式呼吸器;喷雾水枪	如实际可行,用吸收材料(砂土、锯末等)收集起泄漏物,封闭区域应进行通风	使用大量的水或其他方法灭火(如物品易燃,使用水雾,不得使用水射流)。如可能,转移可能卷入火中的容器或用大量的水保持其冷却
有毒固体	全套防护服(手套、靴子、连体工作服、安全帽、护目镜);自给式呼吸器;喷雾水枪	如实际可行,收集起泄漏物,以便安全处置	使用大量的水或其他方法灭火(如物品易燃,使用水雾,不得使用水射流)。如可能,转移可能卷入火中的容器或用大量的水保持其冷却
有毒物质,与水反应	防护服(手套、靴子、连体工作服、安全帽);自给式呼吸器;干粉	如实际可行,收集起泄漏物,以便安全处置。封闭区域应进行通风,保持干燥	使用干粉(或其他非水)灭火剂。如有可能,转移可能涉及的容器
有毒物质,自燃的	防护服(手套、靴子、连体工作服、安全帽);自给式呼吸器;喷雾水枪	如实际可行,保持湿润,收集起泄漏物,以便安全处置	在尽可能远的地方使用雾状水

续上表

货物类别	需配备的专用应急器材	泄漏应急行动	火灾(爆炸)应急行动
熔融的毒性物质	防护服(手套、靴子、连体工作服、安全帽);自给式呼吸器;喷雾水枪;惰性材料	隔开热源。让其凝固,可能的话堵住泄漏处。在固体物质冷却后,收集起来以便安全处置	使用大量的水或其他灭火剂
放射性物质	防护服(手套、靴子、连体工作服、安全帽);自给式呼吸器;喷雾水枪;惰性吸收材料	划定设置安全区域,设置警戒线,用惰性材料覆盖泄漏物。覆盖包件和内装物以防止和避免扩散。迅速收集和隔离可能被沾染的设备并覆盖。征求专家意见	有选择地使用水雾和水射流(征求专家意见),保持相邻的容器冷却。如有可能,转移可能卷入火中的容器。对UN2977和UN2978的泄漏区不得直接用水射流,水不得进入其容器内
腐蚀性物质	防护服(手套、靴子、连体工作服、安全帽);自给式呼吸器;喷雾水枪	用干砂、干土或其他惰性材料吸收,清扫干净后再用水扫刷。如大量泄漏,或用干砂干土不足以吸收时,可视泄漏物的酸碱性,分别用稀碱或稀酸中和。中和时注意不要使反应太激烈。用水扫刷现场时,不能直接喷射而只能缓缓地浇洗,防止带酸碱性的水珠飞溅伤人	有选择地使用水雾和水射流(征求专家意见),保持相邻的容器冷却。如有可能,转移可能卷入火中的容器

附录六 危险货物配装表

危险货物

大类	类别	项别	品名	序号	1	2	3	4	5	6	7	8	9
危险货物	爆炸品		起爆炸器材	1	1								
			炸药及爆炸性药品[a]	2	×	2							
			其他爆炸品[b]	3	×	×	3						
	压缩气体		剧毒气体[c]	4	×	×	×	4					
			易燃气体	5	×	×	Δ		5				
			助燃气体	6	×	×	×		×	6			
			不燃气体	7	×	×					7		
	易燃物品		易燃液体	8	×	×	×	×		×		8	
			易燃固体	9	×	×	Δ	×		×			9
			易自燃物品[d]	10	×	×	×	×		×			
			遇潮湿时放出易燃气体物品	11	×	×	×	Δ	Δ	×		g	g
	氧化剂	氧化剂	硝酸盐类	12	×	×	×	×	×			×	×
			亚硝、亚氯、次亚氯酸盐类	13	×	×	×	×	×			×	×
			其他氧化剂	14	×	×	×	×	×			×	×
			有机过氧化物	15	×	×	×	×	×	×		×	×
	毒害品		无机毒害品	16	Δ	Δ	Δ						
			有机毒害品	17	×								
			易感染物品	18	×	×	×	×	×	×	×	×	×
	腐蚀物品	无机酸性	溴	19	×	×	×		Δ			Δ	Δ
			硝酸、发烟硝酸	20	×	×	×	×	×	×	×	×	×
			硫酸、发烟硫酸、氯磺酸	21	×	×	×	×	×	×	×	×	×
			其他无机酸性腐蚀物品	22	×	×	×	×	×	×	×	×	×
			有机酸性腐蚀物品	23	×	×	×	×	×	×	×	×	×
			碱性腐蚀物品[e]	24									
			其他腐蚀物品	25									
普通货物[h]	化学可燃物品			26	×	×	Δ	×		×			
	非化学可燃物品			27	×	×	Δ			×			
	饮食品、饲料、药品、药材			28	×	×	Δ	×				f	f
	活动物			29	×	×	Δ	×	×			f	f
	其他货物			30									

表内无符号表示可以配装；“×”符号表示不得配装；“Δ”表示可以配装，但堆放时应隔离 2m 以上。

[a] 不同的炸药及爆炸性药品相互间不得配装。

[b] 其他爆炸品中的点火绳、点火线等点火器材与本项的其他爆炸物品，隔离 2m 以上；

[c] 其中液氯和液氨不得配装；

[d] 易自燃物品中的黄磷，不得与其他易自燃、易燃物品配装，需配装时要隔离；

[e] 生石灰、

[f] 有恶臭有

[g] 含水的易

[h] 放射性货

配装表

附表 6-1

	10	11	12	13	14	15	16	17	18	19	20	21	22	23	24	25	26	27	28	29
10																				
11	×																			
12	×																			
13	×	×	×																	
14	×	×		×																
15	×	×		×	×															
16			Δ	Δ	Δ															
17	Δ		×	×	×		×													
18	×	×	×	×	×	×	×	×												
19	×	×	Δ	Δ	Δ	×	×	Δ	×											
20	×	×		×	×	×	×	×	×	Δ										
21	×	×	×	×	×	×	×	×	×	Δ	×									
22	×	×	Δ	Δ	Δ	×	×	×	×		×	×								
23	×	×	×	×	×	×	×		×	×	×	×	×							
24		Δ							×	×			×	×						
25		Δ							×	×	×	×	Δ	Δ						
26	Δ	g	×	×	×	×			×	×	×	×	×	×						
27	Δ		×	×	×	×			×	×	×	×	×	×	Δ					
28		×	×	×	×	×	×	×	×	×	×	×	×	×	×					
29		×	×	×	×	×	×	×	×	×	×	×	×	×	×	×				
30		g							×	×	×	×								

漂白粉与起爆器材、炸药及爆炸性物品、其他爆炸品、易燃液体隔离配装；
毒易燃液体及易燃固体，不得与活动物、饮食物、饲料、药品、药材等配装；
燃物品和用水、泡沫、二氧化碳作主要灭火方法的物品，不得与遇潮湿时易放出易燃气体的物品配装；
物与其他危险货物不可在同一车厢内配装，与普通货物应按附表 6-2 条件隔离。

危险货物配装隔开距离(单位:m)　　附表6-2

对象	包装等级		
	一级	二级	三级
行李包裹	不隔离	不隔离	不得配装
普通货物	不隔离	不隔离	1.5
未定影的照相底片和感光材料	0.5	1	5

附录七　液体危险货物与罐体材质的相容性

液体危险货物与罐体材质的相容性　　附表 7-1

液体	浓度(%)	危规编号(GB 12268)	联合国编号(UN)	碳素钢温度(℃)				不锈耐酸钢温度(℃)				铝和铝合金温度(℃)				玻璃纤维增强塑料温度(℃)			
				25	50	80	100	25	50	80	100	25	50	80	100	25	50	80	100
汽油		31001 31002	1203 1257	√	√			︾	︾	︾	︾	√	√	√		√	√	√	√
丙酮	<100 100	31025	1090	√ ︾	︾			︾	︾	︾	︾	√	√	√	√	○	○	×	×
二硫化碳		31050	1131	√	√			√	√	√	√	︾	︾	︾	︾	Φ	×		
石油原油(原油)		32003	1267	√	√			√	√	√	√	√	√	√	√	√	√	√	√
石脑油(溶剂油)		32004	1256 2553	︾	︾			︾	︾	︾	︾	︾	︾	︾	︾	√	√	√	√
纯苯		32050	1114	√	√			︾	︾	︾	︾	√	√	√	√	√	○	×	
粗苯		32051		√	√			︾	︾	︾	︾	√	√	√	√	√	○	×	
重质苯		32051		√	√			︾	︾	︾	︾	√	√	√	√	√	○	×	
甲苯		32052	1294	︾	︾			︾	︾	︾	︾	︾	︾	︾	︾	√	√	×	
甲醇	<100 100	32058	1230	√ ︾	√ ︾			︾ ︾	︾ ︾	︾	︾ ○	︾ √	√ √	︾	︾	○	○	Φ	
乙醇		32061	1170	︾	︾			︾	√	√	√	√	√	√	√	√	√	Φ	
异丙醇		32064	1219	︾	︾			√	√	√	√	√	√	√	√	√	√		
乙酸乙酯		32127	1173	︾	︾			︾	︾	︾	︾	︾	︾	︾	○	√	√	Φ	×
乙酸丁酯		32130	1123	︾	︾			︾				︾	︾			√	Φ	×	
二甲胺溶液		32166	1160	︾	︾			︾	︾	︾	︾	√				×			

续上表

液体	浓度(%)	危规编号(GB 12268)	联合国编号(UN)	碳素钢温度(℃)				不锈耐酸钢温度(℃)				铝和铝合金温度(℃)				玻璃纤维增强塑料温度(℃)			
				25	50	80	100	25	50	80	100	25	50	80	100	25	50	80	100
煤油		33501	1223	✓	✓			︾	︾	︾	︾	✓	✓	✓		✓	✓	✓	✓
石碏(重碏、轻碏)		33501	1223	✓	✓			︾	︾	︾	︾	✓				✓			
二甲苯		33535	1307	✓	✓			︾	︾	︾	︾	︾	︾	︾	︾	✓	Φ	×	
苯乙烯(乙烯苯)		33541	2055	︾	︾			︾	︾	︾	︾	︾				✓			
丁醇		33552	1120	︾	︾			︾	︾	︾	︾	︾	︾	︾	︾	✓	✓	Φ	
异丁醇		33552	1112	︾	︾			︾	︾	︾	︾	×	×	×	×	✓	✓	Φ	
过氧化氢	20~60	51001	2014	×				✓	✓	✓	✓	︾	︾	︾	︾	×	×	×	×
氧化钠溶液		61001	1689	︾	︾			︾	︾	︾	︾	×				✓	✓	✓	✓
三氯甲醛(氯油)		61079	2075													✓	✓		
丙酮氰醇(丙酮和氰化氢)		61088	1541	✓	✓	✓		✓	✓	✓	✓	✓	✓	✓	✓				
硝酸	<30	81002	2031	×	×	︾	︾	︾	︾	×				×					
	40~60					︾	︾	✓	✓	×				×					
	70					︾	✓	✓	○					×					
	80~100						✓	✓		✓	○	×		×					
发烟硫酸	100~102	81006	1831	×															
	>102				✓	✓	✓	×				✓				×			
硫酸	<65	81007	1830	×	×							×				✓	✓	✓	✓
	65~75			○	○	×	×	×	×			×				✓	✓	×	
	75~100			✓	○	×	×	✓	○		×	×				×			

续上表

液体	浓度(%)	危规编号(GB 12268)	联合国编号(UN)	碳素钢温度(℃)				不锈耐酸钢温度(℃)				铝和铝合金温度(℃)				玻璃纤维增强塑料温度(℃)			
				25	50	80	100	25	50	80	100	25	50	80	100	25	50	80	100
废硫酸	<7	81009	1832 1906	×	×			×	×			×				✓	✓	×	
盐酸	37	81013	1789	×				×				×				✓	✓	Φ	Φ
氯磺酸	20 30 90 100	81023	1754	× × × ✓	 ✓	 ○	 ○	○ × × ✓	 ✓			× × × ✓	 ✓			× × ×			
三氯化磷	干	81041	1809	︾				︾	︾	︾		×							
三氯化铝溶液		81512	2581	×				×				×				✓	✓	✓	✓
乙酸(冰醋酸)	<20 30~60 70~100	81601	2789	×	×			✓ ○ ✓	✓ ○ ✓	✓ ○ ✓	✓ ○ ×	 ︾ ︾	 ✓ ︾	 ○ ✓	 × ✓	✓ ✓ Φ	✓ ✓ Φ	✓ Φ ×	✓ ×
氢氧化钠溶液	<30 30~40 50~60	82001	1824	︾ ︾ ✓	✓ ✓ ✓	✓ ✓ ×	✓ ○ ×	︾ ︾ ︾	○ ○ ○	○ ○ ○	× × ×	× × ×				✓ ✓ ✓	✓ ✓ ✓	Φ Φ Φ	
氢氧化钠(高纯度)	<30 30~40 50~60	82001	1824					︾	︾										
硫化钠溶液	10 20 30~50	82011	1849	○ × ○	× × ○	× × ○	× × ○	✓ ✓ ✓	✓ ✓ ✓	✓ ✓ ✓	× ✓ ✓	×				✓	✓	✓	✓
氨水	<30 40	82503	2672	︾ ︾	✓	✓	✓	︾ ︾	︾ ︾	︾ ︾	︾ ︾	︾ ︾	︾ ︾			✓ ✓	✓ ✓	✓ ✓	
甲醛溶液	<40 50	83012	1198	✓ ✓	✓ ✓	✓ ✓	✓ ✓	︾ ︾	︾ ︾	︾ ✓	︾ ✓	✓ ✓	✓ ✓	✓ ✓	✓ ✓	✓ ✓	✓ ✓	Φ ×	×
次氯酸钠(漂白水)	<5 10	83501	1791	× ×				× ×				× ×	× ×	× ×	× ×	✓ ×	× ×		

附表 7-1 中的符号说明 附表 7-2

符号		说明(耐蚀情况,腐蚀率)
金属部分	︾	优良,<0.05
	✓	良好,0.05~1.5
	○	可用,但腐蚀较重,0.5~1.5
	×	不适用,腐蚀严重,>1.5
非金属部分	✓	良好,腐蚀轻或无
	○	可用,但有明显腐蚀
	×	不适用,腐蚀严重
	Φ	同类材料由于配方等的不同,腐蚀性有差异,选用时要慎重

附录八 道路危险货物运输从业人员培训教学计划与教学大纲

道路危险货物运输从业人员
培训教学计划

一、培训目的

通过培训,使道路危险货物运输从业人员了解我国有关道路危险货物的法律、法规和技术标准方面的基本知识;熟悉所运危险货物的安全知识;掌握常见危险货物的基本常识;熟练使用道路危险货物运输应急预案。

二、课程设置及基本要求

(一)课程内容

1.基础知识篇

(1)概述;

(2)道路危险货物运输法规及标准简介;

(3)道路危险货物运输管理;

(4)危险货物的分类与相关特性;

(5)《危险货物品名表》及其适用;

(6)危险货物包装常识;

(7)道路危险货物运输托运及承运;

(8)道路危险货物运输事故应急预案。

2.驾驶人员篇

(1)道路危险货物运输驾驶人员基本要求;

(2)道路危险货物运输车辆基本要求;

(3)道路危险货物运输安全及事故应急措施;

(4)道路危险货物运输事故典型案例分析。

3. 押运人员篇

(1)概述;

(2)道路危险货物运输押运安全及事故应急措施;

(3)道路危险货物运输押运事故典型案例分析。

4. 装卸管理人员篇

(1)概述;

(2)道路危险货物运输装卸条件及基本要求;

(3)道路危险货物运输装卸安全及事故应急措施;

(4)道路危险货物运输装卸事故典型案例分析。

5. 新技术应用推广篇

(1)“悍士防御性驾驶技术”——三层空间驾驶法;

(2)道路危险货物运输车辆安全实时监控管理系统;

(3)车辆抢险救援无火花堵漏技术;

(4)道路集装箱运输的产生、发展与新产品;

(5)HAN 阻隔防爆运油(气)槽车;

(6)罐车用内置式安全止流底阀。

(二)基本要求

1. 驾驶、押运和装卸管理人员要熟知道路危险货物运输基础知识;重点了解道路危险货物运输包装常识和有关法规、标准;了解道路危险货物运输管理知识;掌握《危险货物品名表》及其适用,掌握道路危险货物运输的托运与承运,掌握危险运输货物事故应急预案的事项。

2. 驾驶人员要掌握道路危险货物运输车辆基本要求;熟知道路危险货物运输安全及事故应急措施。

3. 押运人员要掌握道路危险货物押运基本要求;熟知道路危险货物押运安全及事故应急措施。

4. 装卸管理人员要掌握危险货物装卸机具基本要求;熟知危险货物运输车辆及设备特殊要求和危险货物运输装卸基本要求;熟知各类危险货物运输装卸安全及事故应急措施;熟知散装危险货物和集装箱危险货物运输装卸安全。

5. 了解在道路危险货物运输行业中,常用的一些先进技术和产品。

三、课时安排

<table>
<tr><th>篇 章</th><th>内 容</th><th>驾驶人员</th><th>押运人员</th><th>装卸管理人员</th></tr>
<tr><td>第一篇</td><td>基础知识篇</td><td>16</td><td>16</td><td>16</td></tr>
<tr><td>第一章</td><td>概述</td><td rowspan="2">(6)</td><td rowspan="2">(6)</td><td rowspan="2">(6)</td></tr>
<tr><td>第二章</td><td>道路危险货物运输法规及标准简介</td></tr>
<tr><td>第三章</td><td>道路危险货物运输管理</td><td>(2)</td><td>(2)</td><td>(2)</td></tr>
<tr><td>第四章</td><td>危险货物的分类与相关特性</td><td>(2)</td><td>(2)</td><td>(2)</td></tr>
<tr><td>第五章</td><td>《危险货物品名表》及其适用</td><td>(2)</td><td>(2)</td><td>(2)</td></tr>
<tr><td>第六章</td><td>危险货物运输包装常识</td><td>(1)</td><td>(1)</td><td>(1)</td></tr>
<tr><td>第七章</td><td>道路危险货物运输托运及承运</td><td>(2)</td><td>(2)</td><td>(2)</td></tr>
<tr><td>第八章</td><td>道路危险货物运输事故应急预案</td><td>(1)</td><td>(1)</td><td>(1)</td></tr>
<tr><td>第二篇</td><td>驾驶人员篇</td><td>8</td><td></td><td></td></tr>
<tr><td>第一章</td><td>道路危险货物运输驾驶人员基本要求</td><td>(2)</td><td></td><td></td></tr>
<tr><td>第二章</td><td>道路危险货物运输车辆基本要求</td><td>(2)</td><td></td><td></td></tr>
<tr><td>第三章</td><td>道路危险货物运输安全及事故应急措施</td><td>(2)</td><td></td><td></td></tr>
<tr><td>第四章</td><td>道路危险货物运输事故典型案例分析</td><td>(2)</td><td></td><td></td></tr>
<tr><td>第三篇</td><td>押运人员篇</td><td></td><td>8</td><td></td></tr>
<tr><td>第一章</td><td>概述</td><td></td><td>(2)</td><td></td></tr>
<tr><td>第二章</td><td>道路危险货物运输押运安全及事故应急措施</td><td></td><td>(4)</td><td></td></tr>
<tr><td>第三章</td><td>道路危险货物运输押运事故典型案例分析</td><td></td><td>(2)</td><td></td></tr>
<tr><td>第四篇</td><td>装卸管理人员篇</td><td></td><td></td><td>8</td></tr>
<tr><td>第一章</td><td>概述</td><td rowspan="4"></td><td rowspan="4"></td><td rowspan="2">(4)</td></tr>
<tr><td>第二章</td><td>道路危险货物运输装卸条件及基本要求</td></tr>
<tr><td>第三章</td><td>道路危险货物运输装卸安全及事故应急措施</td><td rowspan="2">(4)</td></tr>
<tr><td>第四章</td><td>道路危险货物运输装卸事故典型案例分析</td></tr>
<tr><td></td><td>学时小计</td><td>24</td><td>24</td><td>24</td></tr>
</table>

道路危险货物运输从业人员
培训教学大纲

第一篇　基础知识篇

第一章　概述

教学要求：

了解道路危险货物运输的重要性。

第二章　道路危险货物运输法规及标准简介

教学要求：

1. 了解道路危险货物运输有关行政法规体系和主要要求；

2. 了解道路危险货物运输有关技术标准体系和主要要求。

教学内容：

第一节　道路危险货物运输行政法规

第二节　道路危险货物运输技术标准

第三章　道路危险货物运输管理

教学要求：

1. 了解道路危险货物运输企业资质要求；

2. 了解道路危险货物运输管理的特点；

3. 了解道路危险货物运输管理的内容；

4. 了解道路危险货物运输行业管理的内容；

5. 了解道路危险货物运输管理人员的基本要求。

教学内容：

第一节　道路危险货物运输企业资质要求

第二节　道路危险货物运输管理的特点

第三节　道路危险货物运输企业管理的内容

第四节　道路危险货物运输行业管理的内容

第五节　道路危险货物运输管理人员的基本要求

第四章 危险货物的分类与相关特性

教学要求:

1. 了解货物物理及化学特性;
2. 熟悉危险货物分类及品名编号;
3. 熟悉各类危险货物定义及特性。

教学内容:

第一节 货物物理及化学特性

第二节 危险货物分类及品名编号

第三节 各类危险货物定义及特性

第五章 《危险货物品名表》及其适用

教学要求:

1. 熟悉《危险货物品名表》的结构和作用;
2. 熟悉危险货物运输的限制;
3. 了解相关免除。

教学内容:

第一节 《危险货物品名表》的结构和作用

第二节 危险货物运输的限制与相关免除

第六章 危险货物运输包装常识

教学要求:

1. 了解危险货物运输包装基本要求;
2. 了解危险货物运输包装分类;
3. 熟悉危险货物运输包装标志;
4. 了解危险货物运输包装英文标识。

教学内容:

第一节 危险货物运输包装基本要求

第二节 危险货物运输包装分类

第三节 危险货物运输包装标志

第四节 危险货物运输包装英文标识

第七章　道路危险货物运输托运及承运

教学要求：

1. 熟悉道路危险货物运输托运人责任；
2. 掌握道路危险货物运输承运人责任；
3. 熟悉道路危险货物运输受理；
4. 熟悉道路危险货物运输相关文件。

教学内容：

第一节　道路危险货物运输托运人责任

第二节　道路危险货物运输承运人责任

第三节　道路危险货物运输受理

第四节　道路危险货物运输相关文件

第八章　道路危险货物运输事故应急预案

教学要求：

1. 了解制定事故应急预案的原则；
2. 了解制定事故应急预案的基本指导思想；
3. 了解制定事故应急预案的基本要求和基本内容。

教学内容：

1. 制定事故应急预案的原则；
2. 制定事故应急预案的基本指导思想；
3. 制定事故应急预案的基本要求；
4. 事故应急预案基本内容。

第二篇　驾驶人员篇

第一章　道路危险货物运输驾驶人员基本要求

教学要求：

熟悉道路危险货物运输驾驶人员基本要求。

教学内容：

第一节　道路危险货物运输驾驶人员职业道德

第二节　道路危险货物运输驾驶人员基本要求

第二章 道路危险货物运输车辆基本要求

教学要求:

1. 了解道路危险货物运输车辆车型要求;
2. 了解道路危险货物运输车辆基本要求。

教学内容:

第一节 道路危险货物运输车辆车型要求

第二节 道路危险货物运输车辆基本要求

第三章 道路危险货物运输安全及事故应急措施

教学要求:

1. 熟悉道路危险货物运输安全及事故应急措施;
2. 掌握常运危险货物安全及事故应急措施。

教学内容:

第一节 爆炸品运输安全及事故应急措施

第二节 压缩气体和液化气体运输安全及事故应急措施

第三节 易燃液体运输安全及事故应急措施

第四节 易燃固体、自燃物品和遇湿易燃物品运输安全及事故应急措施

第五节 氧化剂和有机过氧化物运输安全及事故应急措施

第六节 毒害品和感染性物品运输安全及事故应急措施

第七节 放射性物品运输安全及事故应急措施

第八节 腐蚀品运输安全及事故应急措施

第九节 杂类运输安全及事故应急措施

第四章 道路危险货物运输事故典型案例分析

教学要求:

1. 了解典型案例发生的基本过程、原因分析;
2. 了解典型案例给予的经验与教训。

教学内容:

典型案例发生的基本过程,原因分析,经验与教训。

第三篇　押运人员篇

第一章　概　　述

教学要求：

了解道路危险货物运输押运人员须知。

教学内容：

第一节　道路危险货物运输押运人员素质

第二节　道路危险货物运输押运人员须知

第二章　道路危险货物运输押运安全及事故应急措施

教学要求：

1. 掌握道路各类危险货物运输押运安全及事故应急措施；

2. 掌握着火防范措施、医疗急救常识；

3. 掌握危险化学品事故的报告和上报程序。

教学内容：

第一节　道路危险货物运输押运安全基本要求

第二节　道路各类危险货物运输押运安全

第三节　道路危险货物运输押运事故应急措施

第四节　常见火灾事故及其防范措施

第五节　医疗急救常识

第六节　道路危险货物运输事故的报告和上报程序

第三章　道路危险货物运输押运事故典型案例分析

教学要求：

1. 了解典型案例发生的基本过程、原因分析；

2. 了解典型案例给予的经验与教训。

教学内容：

典型案例发生的基本过程，原因分析，经验与教训。

第四篇　装卸管理人员篇

第一章　概　　述

教学要求：

了解道路危险货物运输装卸概念、地位、特点、分类以及加快汽车运输装卸作业机械化、自流化。

第二章　道路危险货物运输装卸条件及基本要求

教学要求：

1. 了解道路危险货物运输装卸机具及设备条件；
2. 熟悉道路危险货物运输装卸基本要求。

教学内容：

第一节　道路危险货物运输装卸管理人员要求及车辆条件

第二节　道路危险货物运输装卸机具及设备条件

第三节　道路危险货物运输装卸基本要求

第三章　道路危险货物运输装卸安全及事故应急措施

教学要求：

掌握道路各类危险货物、散装危险货物和集装箱危险货物运输装卸安全及事故应急措施。

教学内容：

第一节　道路各类危险货物运输装卸安全及事故应急措施

第二节　道路散装危险货物和集装箱危险货物运输装卸安全

第四章　道路危险货物运输装卸事故典型案例分析

教学要求：

1. 了解典型案例发生的基本过程、原因分析；
2. 了解典型案例给予的经验与教训。

教学内容：

典型案例发生的基本过程，原因分析，经验与教训。

第五篇　新技术应用推广篇

教学要求：

了解在道路危险货物运输行业中，常用的一些先进技术和产品。

教学内容：

一、“悍士防御性驾驶技术”——三层空间驾驶法

二、道路危险货物运输车辆安全实时监控管理系统

三、车辆抢险救援无火花堵漏技术
四、道路集装箱运输的产生、发展与新产品
五、HAN 阻隔防爆运油(气)槽车
六、罐车用内置式安全止流底阀

参考文献

[1] 《新编危险物品安全手册》编委会. 新编危险物品安全手册. 北京:化学工业出版社,2001.4.

[2] 国家安全生产监督管理局,安全科学技术研究中心编. 危险化学品安全管理法规汇编. 北京:化学工业出版社,2003.10.

[3] 交通技工学校教材编委会编. 营运汽车驾驶员职业培训教材. 北京:人民交通出版社,2001.12.

[4] 竺柏康. 油品储运. 北京:中国石化出版社,2003.4.

[5] 张国顺. 燃烧爆炸危险与安全技术. 北京:中国电力出版社,2003.11.

[6] 陈慕忱. 装卸搬运车辆. 北京:人民交通出版社,1999.8 第2版.

[7] 编委会编. 道路危险货物运输从业人员培训教材. 北京:人民交通出版社,2001.7.

[8] 刘敏文等编著. 危险货物运输管理教程. 北京:人民交通出版社,2002.3.

[9] 湖南省公路运输管理局编,汽车运输企业经营管理,北京:人民交通出版社,2001.5.

[10] Recommendations on the TRANSPORT OF DANGEROUS GOODS Model Regulations Thirteen revised edition, UNITED NATIONS(ST/SG/AC.10/1/Rev.13(VoL.I)).

[11] 联合国. 国际公路运输危险货物协定(ADR,ECE/TRANS/140).2003.

[12] 大连交通危险货物咨询中心译. 国际海运危险货物规则(2002版). 中华人民共和国海事局.

[13] 王德学主编. 危险化学品安全管理条例. 北京:化学工业出版社,2002.8.

[14] 马天山主编. 汽车运输企业管理. 北京:人民交通出版社,2001.7.

[15] 刘锐主编. 汽车使用与技术管理. 北京:人民交通出版社,

2000.9.

[16] 国家安全市场监督管理局编. 安全评价. 北京:煤炭工业出版社,2002.10.

[17] 霍红主编. 危险化学品储运与安全管理. 北京:化学工业出版社,2004.5.

[18] GB 18564—2001《汽车运输液体危险货物常压容器(罐体)通用技术条件》实施指南. 北京:人民交通出版社,2002.5.

[19] 交通部公路司组织编写. 汽车货物运输规则及释义. 北京:人民交通出版社,2000.3.

[20] 汽车运输危险货物品名表编写组编. 汽车运输危险货物品名表. 北京:人民交通出版社,1992.5.

[21] JT 617—2004　汽车运输危险货物规则.

[22] JT 618—2004　汽车运输、装卸危险货物作业规程.

[23] GB 11806—2004　放射性物质安全运输规程.

[24] JB/T 6897—2000　低温液体运输车.

[25] JT 397—99　港口危险货物集装箱安全管理规程.

[26] JT/T 198—2004　营运车辆技术等级划分和评定要求.

[27] 化学危险品运输安全管理体系. 上海交运化工储运有限公司. 2003.

[28] 企业管理制度. 南通化学危险品运输有限公司. 2003.

[29] 作业指导书. 南通化学危险品运输有限公司. 2003.

7